版权声明

Copyright © 2020 Kerry Kelly Novick, Jack Novick, Denia Barrett, and Thomas Barrett

All rights reserved. This book may not be reproduced, transmitted, or stored in whole or in part by any means, including graphic, electronic, or mechanical without the express permission of the publisher except in the case of brief quotations embodied in critical articles and reviews.

保留所有权利。非经中国轻工业出版社"万千心理"书面授权，任何人不得以任何方式（包括但不限于电子、机械、手工或其他尚未被发明或应用的技术手段）复印、拍照、扫描、录音、朗读、存储、发表本书中任何部分或本书全部内容，以及其他附带的所有资料（包括但不限于光盘、音频、视频等）。中国轻工业出版社"万千心理"未授权任何机构提供源自本书内容的电子文件阅览、收听或下载服务。如有此类非法行为，查实必究。

PARENT WORK CASEBOOK

父母工作案例集

精神分析的视角

[美] 克丽·凯莉·诺维克（Kerry Kelly Novick）
杰克·诺维克（Jack Novick） 主编
德尼亚·巴雷特（Denia Barrett）
托马斯·巴雷特（Thomas Barrett）

闫玉洁 施以德 肖广兰 译

中国轻工业出版社

图书在版编目（CIP）数据

父母工作案例集：精神分析的视角／（美）克丽·凯莉·诺维克（Kerry Kelly Novick）等主编；闫玉洁，施以德，肖广兰译. —北京：中国轻工业出版社，2023.5（2024.2重印）

ISBN 978-7-5184-4194-5

Ⅰ.①父… Ⅱ.①克…②闫…③施…④肖… Ⅲ.①儿童−精神分析 Ⅳ.①B844.1

中国版本图书馆CIP数据核字（2022）第221739号

责任编辑：林思语　　　责任终审：张乃柬
策划编辑：阎　兰　　　责任校对：刘志颖　　　责任监印：吴维斌

出版发行：中国轻工业出版社（北京鲁谷东街5号，邮编：100040）
印　　刷：三河市鑫金马印装有限公司
经　　销：各地新华书店
版　　次：2024年2月第1版第3次印刷
开　　本：710×1000　1/16　印张：18.75
字　　数：197千字
书　　号：ISBN 978-7-5184-4194-5　　定价：78.00元
读者热线：010-65181109
发行电话：010-85119832　　010-851199912
网　　址：http://www.chlip.com.cn　　http://www.wqedu.com
电子信箱：1012305542@qq.com
版权所有　侵权必究
如发现图书残缺请拨打读者热线联系调换
240280Y2C103ZYW

致我们的父母和祖父母
致我们孙儿的父母
致与我们一起工作和让我们学习的父母

译者序

序 1

非常感激本书英文版的四位主编予以信任，把翻译任务交给我们。感谢中国轻工业出版社"万千心理"编辑阎兰接受我们引进出版此书的建议，以及编辑林思语负责后续的统筹编辑工作。此次是我们三名译者的第一次合作，由闫玉洁全程协调和提供技术支持，让整个过程顺利进行，并由她和肖广兰细心雕琢中文文字，大大提高本书中文版的可读性。在撰写译者序时，我们三人决定采用书中的评论方式，每名译者各自发表翻译此书的体验，以丰富视角。

在得知本书英文版出版时，我们便迫不及待地买来阅读。拿到书，我惊叹于参与此书的作者数量之多、名气之大。本书的案例是按照年龄阶段分类的，每个案例都附上至少两名治疗师的评论，以及主编的总结。这样的安排带来惊喜，让读者能从多个视角看同一个案例，丰富了精神分析理论（例如安娜·弗洛伊德、克莱茵、依恋理论）与实践的层次。书中的案例包括递进的发展阶段（学龄前期、学龄期、学龄后期、青少年初期、青少年中期、青少年后期、成年初显期）、众多的问题类型与让人目瞪口呆的难度（例如自杀、自伤、精神病、物质滥用、性别认同障碍、跨代和早期创伤、秘密、分离、互相"厮杀"的父母）、多种多样的设置（例如私人执业、医疗机构、只与父母工作、父母与孩子分开工作或者一起工作、父和母一起工作或者分开工作、一名咨询师分别见孩子和父母、一名咨询师见孩子而另一名咨询师见父母）、类型各异的工作对象（例如双亲、单亲、同性照看者、领养父母、未婚父母、离婚父母、后父母、患有精神疾病的父母、祖父母），其丰富性和多样性令人叹为观止。一般来说，文献所展示的案例通常都是最后取得成功结果的，而此书同时收录了失败的和具争议性的案例，难得案例中的治疗师坦诚地分享他们在治疗过程中的挣扎和冲突，其开放的态度与勇气让人敬佩。案例由不同的分析师或治疗师点评，有些评论者非常抱持，也有一些则非常敢于提出质疑，不但展示了父母工作的多元性和复杂性，而且示范了如何创造能容纳多方体验和见解的反思空间，拓宽了讨论范围和维度，鼓励读者在不确定中保持好奇和探索精神，这正是动力学咨询师与父母工作时需要具备的素质。另一个值得学习的部分是，案例撰稿者以及评论者都是匿名的，这既考虑了案例保密的伦理原则，也照顾了出版案例作为学习用途的需要。

诺维克夫妇的《与父母工作让治疗成功》（*Working with Parents Makes Therapy Work*）一书及其倡议已经逐渐为中国心理专业界所认识。然而，我在督导工作中发现，近年来青少年个案不断增加，并且成了新手咨询师的个案来源。但是一些咨询师对于与父母工作完全没有概念，这令本来已经困难的咨询工作变得更加艰巨，尤其是与自杀、自伤相关的个案，只依靠咨询师一个人的单薄力量的情况实在让人触目惊心。而咨询师与父母建立联盟，无论对青少年、父母以及咨询师来说，都提供了一张更安全的保护网。继《与父母工作让治疗成功》后，这本《父母工作案例集》进一步介绍和加强了父母工作的方方面面。我们希望通过翻译此书，普及和巩固有关父母工作的理念和教育，与心理专业同仁和其他相关专业人士分享，并一起学习，为儿童和青少年及其照看者的个人成长与亲子关系的持续发展发挥更有效的促进作用。

最后，感谢巴雷特优俪，无论在芝加哥精神分析学院精神分析课程内还是外，对我的父母和儿童及青少年工作的悉心指导，以及对我个人的亲切关怀。

施以德

序 2

国内从事儿童和青少年咨询的同行对于和父母工作的重要性已达成基本共识。但每位咨询师如何进行这项工作，其具体设置各不相同。在我的观察中，许多咨询师并没有很确定的设置。他们往往在觉得需要时才约见父母，或者只是在每次和孩子工作完简短与家长交流十来分钟，甚至有人对这些父母工作是不收费的。这种设置的不稳定会带来一些问题，比如每次家长觉得有说不完的话，交流无法正常结束；或者咨询师觉得很多重要议题没有充分的时间和空间去沟通。

在开始从事儿童和青少年咨询之初，我有幸接触到诺维克夫妇倡导的同步父母工作的模式，即咨询师在与孩子持续咨询的同时，也与父母以固定的频率和时间段进行咨询。目前国内的儿童和青少年咨询，绝大多数由父母转介和付费，所以父母对咨询的认可，是孩子可以持续得到帮助、降低脱落率的前提。这样的工作设置，使得父母与咨询师有更多机会去沟通和交流，增加咨询师与父母建立稳固的治疗联盟的机会。

本书中的案例基本都是基于这种同步父母工作的理念进行的父母咨询，虽然每个案例可能在细节上有所不同。而在这样一个充分、持续的设置下，咨询师可以进行的工作也是丰富多彩的：从借由父母给出的成长信息完成更加充分的评估和对孩子的理解（见本书第 6 章），到通过促进父母对孩子及自身的理解，催化父母的改变，甚至没有见到孩子就完成了对孩子的干预（见本书第 4 章）。咨询师还可以更从容地为父母答疑解惑；及时处理父母对孩子的咨询进展带来的负面感受，比如对孩子的变化的不解，对咨询师的嫉妒等；对父母的处境有更多了解与共情，减轻他们在养育孩子的过程中承受的焦虑与压力。

当然，同步父母工作意味着需要同时与多个对象进行工作，同时处理众多关系的动力，如咨询师分别与孩子、父亲、母亲的关系，孩子分别与父亲、母亲的关系，以及伴侣（或养育合作者）之间的关系等。在这些复杂关系中保持动态的中立与平衡是极其重要的。比如很多与儿童和青少年工作的咨询师比较容易陷入对孩子的认同，而产生对父母的负向反移情，认为是父母的问题导致了孩子的问题，对父母有愤怒情绪。或者，当一方家长很不愿意配合父母工作时，咨询师就容易和配合度高的一方认同，对另一方感到愤怒，或认为更大的问题在这个人身上。这时咨询师可能需要对问题和动力的形成更有觉察，比如看到孩子发展中生理、心理、社会因素的共同作用，孩子本身的气质，以及孩子特点与父母人格的匹配度的影响；或者了解伴侣关系中的人格配对和循环动力，意识到这可能会造成问题只被投射在特定个体身上。而其实，同步父母工作让咨询师有机会看到更多父母的痛苦与困难，从而更深刻地理解父母的内在动力，有利于修通或平衡咨询中那些影响咨询师中立的反移情。我个人以为，如果咨询师有一些家庭治疗、伴侣咨询或团体治疗的受训，以及处理多人动力的临床经验，可能对于做好同步父母工作会有很大助益。

多对象同时工作的另一个重要挑战是保密的议题。我们在工作中可能会遇到，有的家长非常想知道孩子对我们说了什么，甚至觉得让孩子做咨询，就是为了了解那些孩子不愿意告诉他们的"秘密"。我们也会纠结什么可以告诉父母，什么不能。说什么，既可以让家长了解我们和孩子的工作在进行，但又不会破坏我们对孩子的保密承诺。或者如果不是很小心，也会混淆哪些信息来自孩子，哪些又是家长告诉我们的。关于这一点，本书主编诺维克夫妇提出了隐私与秘密的区别，对我的启发很大（参见本书第一章）。另外，我会在开始工作前的知情同意阶段，向父母和孩子（一起或者分别地）明确说明保密原则，即孩子在咨询中的绝大多数表现和表达我都不会直接告诉父母。但在出现严重威胁孩子福祉的情况，我认为监护人需要了解时，以及符合国家强制报告制度的情况时，我会突破保密原则，让必要的人了解情况。如果父母无法接受这样的约定，可能我们都不会开始咨询。

对儿童和青少年的咨询本来就很困难，同步父母工作虽然可能对我们的工作有很多帮助，但不是每一对父母都准备好去面对自己更深刻的心理现实，哪怕是为了孩子的成长。在这样的情况下也不是完全不能工作的。对我做儿童咨询特别有启发的一本书《阿德找阿德》(Dibs in Search of Self)中的案例，呈现的就是在对孩子进行治疗的初期，治疗师甚至没有机会和孩子的父母做一次完整的访谈。好在父母至少可以让孩子持续接受治疗，直到孩子有了明显的改善后，父母才有勇气和孩子的治疗师会谈，说出孩子的发展史以及他们为人父母的痛苦与挣扎。但我个人其实比较坚持同步父母工作的设置。现在回看，更多地与那些能接受这种设置的孩子和家长工作，算是在我自己胜任力的舒适区工作，这也会让我在与儿童和青少年的工作中多一些信心吧。

肖广兰

序3

很荣幸能与两位小伙伴共同翻译《父母工作案例集》，这对于我来说是一次宝贵的、收获满满的经历！对于我个人来说，实践工作中太需要这样一本对同步父母工作有指导和借鉴意义的书了！翻译时，我尤其感叹于案例提供者和评论者的勇敢和真诚，他们敢于提供一些并不成功的案例，让大家从中去思考和借鉴失败的经验。虽然他们作为成熟的咨询师，甚至是认证分析师都已经有很多年的经验了，但他们还是呈现了自己在工作中遇到的困难，这样的呈现对于国内的新手咨询师是很大的鼓励。另外，让我印象深刻的是，本书对于来访者与咨询师的保护采用了新的措施：治疗师、评论者以及主编的名字只展示在本书的开头，在后面的章节中并没有列出对应的作者姓名。我衷心赞赏这种多重的保护方式！

在翻译的过程中，我时时能够感受到各位评论者的发展、代际以及文化的视角，尤其对于第十四章《成为心理上的父母：父母初显期》，我的体验尤深。

在与儿童和青少年的工作中，识别并理解他们父母的发展是否进入为人父母阶段，以及进入这个阶段遇到的障碍是至关重要的一个环节，尤其对于一些较为年轻的父母。第十四章中的案例谈到了父母初显期与成年初显期，如书中所述，相当多的年轻人在现实层面面临成为父母的同时，他们的内在也经历着成为更加成熟的成年人的转变，双重转变的叠加使得他们所要面临的挑战是巨大的。这两个发展阶段对于与儿童和青少年工作的咨询师尤其重要，就目前我个人的学习和实践经验来说，它们需要得到进一步的重视和加强。在第十四章的案例中，莎伦与她妈妈的关系以及她们对卡森的养育，是中国家庭结构的一个缩影，中国的年轻父母面临的情况会更加复杂，案例中咨询师的工作策略，引起了我的共鸣。但是这位治疗师的处理方式，并没有得到所有评论者的赞同，这正是本书最吸引人的部分，评论者都是工作经验丰富的分析师或治疗师，他们所表达的都是几十年工作中所积累的真知灼见，读起来真的有很"灼热"的感受！既对他们犀利的角度所带来的深刻理解和思辨感到兴奋，又对自己的稚嫩感到急迫！

评论2中，评论者从文化的角度，对案例咨询师的解决方案提出质疑，这引起了我的共鸣：个体凌驾于集体之上的个人中心主义的模式、分离个体化的概念、对母婴依恋的强调等，真的适合所有文化、种族或阶层中的个体和家庭吗？小家庭和大家庭间紧密的关系模式，以及对祖父母加入育儿的刚性需求，使得个体进入成年期与父母阶段面对的挑战异常复杂，需要我们发挥自己的创造性找到更适当的解决方案。案例中，莎伦需要进入成年期与为人父母阶段，同时由于历史原因，她的妈妈也在无意识地想要达成她自己作为父母的任务——让女儿完成学业和发展事业，从而更多替代女儿的母亲角色。类似的冲突在家庭中很常见，需要咨询师敏锐地识别出这样的情况，特别是祖辈的内在动力，然后选择文化适当的解决方案。评论者指出的这个方面对我深有启发，我在进行父母评估时，会添加上一个需要觉察的选项。

评论3中，提到准父母的身份以及关于成为父亲的假设："带着所有这些个体的过去、倾向以及障碍，成为父亲最佳的发展在于三元环境，即父母彼此的关系，以及父母各自与孩子的关系。"一个男孩成长为一位父亲的过程中所面对的因素是极其复杂和富有挑战的。传统中男孩出生即有一种文化背景赋予的自恋加持，但是男孩在成长的过程中，由于缺乏父性形象作为认同的榜样，使得这份自恋在现实检验中没有发展成自体感中稳定的支持性部分。各种文化中，对于母亲都有天然的全能母亲（Ur-mother，参见本书第三章"父母妄想的影响"）的过度苛责，使得母亲在男孩的成长过程中，对于孩子的养育承担了太多的责任，这令母子关系变得复杂，加上父亲角色的边缘化、夫妻关系的亲密远逊于紧密的母子关系，使得男孩成长为男人、成长为父亲的发展过程变得异常复杂与艰辛，以致很多男性不知该如何自处，在孩子的成长过程中处于几乎缺席的状态，造成"云配偶""丧偶式"养育现象的出现。因此，在与儿童、青少年的工作中，与父母双方建立治疗同盟，将促进父母双方恢复对孩子原初的爱并发展出新的开放的自体调节系统，进而帮助孩子重回正常的向前发展的道路，顺利进入成熟的成年阶段，甚至为人父母阶段！

闫玉洁

中文版序言

我们非常荣幸，也非常高兴能向中国同行提供这本《父母工作案例集》。本书主编和几位特约撰稿者有幸督导和（或）教授从事与儿童及其家庭工作的中国心理健康专业人士。我们希望这本案例集能够鼓励他们努力地把父母工作整合到临床实践中。

这本案例集汇聚了来自世界各地四十位精神分析师的声音，阐述了当代关于是否以及如何与父母一起工作的诸多不同观点。通过临床案例、经验丰富的儿童和青少年分析师的评论以及本书主编的反思，阐述和探讨了动力性同步父母工作模式中提出的观点。父母工作被认为对务实、有效和改变人生的儿童和青少年分析做出了实质性贡献。

我们知道本书中的案例片段主要包括与美国儿童有关的工作，并主要反映了在当地文化中的工作。我们希望中文译本的读者能够和我们分享对与中国儿童、青少年以及他们的家庭一起工作的经验的思考。

例如，我们注意到在中国文化中，祖父母和其他大家庭成员经常参与对新生儿及幼儿的日常照顾。往往，祖父母和亲戚居住在孩子的家里或附近，所以他们感觉孩子是他们原生家庭中的一员。我们还意识到，中国儿童通常在三岁（有些会更早）就进入幼儿园或学前班。在上小学之前，他们每个工作日的大部分时间都在那里度过。在这些传统做法的环境中，从出生开始，儿童就有多样化的照顾者。结果是，多样化的早期人际关系和照顾行为都会对中国孩子的依恋关系质量产生影响。

我们觉得，在与中国儿童和青少年及其家庭的工作中，我们的中国同行必须仔细地（和创造性地）考虑这一事实。正如本书第十五章"总结和未来方向"所指出的，"所有儿童分析师在父母工作中呈现的内在阻力之一，是倾向于只关注作为患者的儿童或青少年"。然而，"如果孩子是唯一与我们结盟的患者，那么对父母（以及祖父母等）的许多感觉就会发挥作用。我们可以感受到竞争、挑剔、评判"。有了这样的感受，我们可能会首先避免与父母建立紧密一致的工作关系，甚至最终避免与他们，或那些与我们一起工作的儿童和青少年的日常生活最密切相关的人见面，避免邀请他们参与正在进行的工作。根据我们的经验，如果让这种模式继续演变下去，那么父母可能会决定停止孩子的治疗。

我们认识到，就像祖父母及大家庭其他成员广泛参与中国儿童的婴儿期和童年早期的生活一样，当这些儿童成为父母时，他们也同样期待向自己的父母寻求帮助，让父母参与自己孩子的照顾及其早期生活体验。

鉴于这种可能性，也正如我们的结论中所指出的，我们期待儿童和青少年治疗的"双重目标"对中国儿童及其父母也同样重要：

- 使儿童回到发展前进的道路上；
- 修复亲子关系，使之成为双方的终身资源。

本书主编真诚地希望这本《父母工作案例集》的读者能够从儿童分析师的案例和评论中找到一些资源，以深入思考自己的工作。

克丽·凯莉·诺维克（Kerry Kelly Novick）

杰克·诺维克（Jack Novick）

德尼亚·巴雷特（Denia Barrett）

托马斯·巴雷特（Thomas Barrett）

致谢

衷心感谢所有撰稿者付出的努力,感谢他们的创造性想法,以及慷慨地参与本书的编写工作。感谢美国精神分析协会和国际精神分析协会为这一话题的创新讨论创造了空间。

撰稿者简介

安妮·阿尔瓦雷斯（Anne Alvarez）
哲学博士，咨询心理学艺术硕士

儿童和青少年心理治疗师顾问（伦敦塔维斯托克诊所儿童和家庭部孤独症服务项目联合召集人，现已退休）。《生活的陪伴：孤独症、边缘障碍、被剥夺和被虐待儿童的心理治疗》(*Live Company: Psychotherapy with Autistic, Borderline, Deprived and Abused Children*) 一书作者；与苏珊·里德（Susan Reid）合作编辑了《孤独症和人格：塔维斯托克孤独症工作坊的发现》(*Autism and Personality: Findings from the Tavistock Autism Workshop*)。由朱迪思·爱德华（Judith Edwards）编辑，于2002年出版的《充满活力：建立在安妮·阿尔瓦雷斯的工作之上》(*Being Alive: Building on the Work of Anne Alvarez*) 是向她致敬之作。2005年11月在美国旧金山精神分析学会担任客座教授，加利福尼亚州精神分析中心荣誉会员。她的最新著作《思考的心：对受困扰儿童三个层次的精神分析治疗》(*The Thinking Heart: Three Levels of Psychoanalytic Therapy with Disturbed Children*) 于2012年4月由劳特利奇（Routledge）出版。

德尼亚·巴雷特（Denia Barrett）（主编）
社会工作硕士

美国芝加哥精神分析研究所的儿童和青少年督导分析师。曾任教于汉娜·帕金斯（Hanna Perkins）中心，《儿童精神分析：临床、理论与应用》

(*Child Analysis: Clinical, Theoretical, and Applied*)的编辑。《儿童的精神分析研究》(*The Psychoanalytic Study of the Child*)和《精神分析性社会工作》(*Psychoanalytic Social Work*)编辑委员会成员。关于儿童和父母工作中的临床、理论、督导和伦理方面论文的演讲者和作者。曾任儿童精神分析协会主席。

托马斯·巴雷特(Thomas Barrett)(主编)
哲学博士

美国芝加哥精神分析研究所的儿童和青少年督导分析师,芝加哥埃里克森研究所婴儿和童年早期心理健康客座教授。1990—2010年,俄亥俄州克利夫兰汉娜·帕金斯中心的执行和临床主任。就与儿童、青少年及其父母相关的工作主题,在美国和国际范围内广泛撰写文章和定期发表演讲。儿童精神分析协会候任主席。

贾尼斯·A. 博伊尔莱因(Janis A. Baeuerlen)
医学博士

在美国加利福尼亚州伯克利私人执业的儿童和成人精神分析师。旧金山精神分析中心儿童和青少年督导分析师、儿童部教员、儿童分析培训项目前主席,旧金山精神分析中心成人部教员。

B. 詹姆斯·贝内特(B. James Bennett)
医学博士

私人执业的儿童、青少年和成人精神分析师及精神科医生。美国得克萨斯大学达拉斯西南医学院精神病学系临床教授;达拉斯精神分析中心和休斯敦精神分析研究中心教师。

萨拉·拉布·贝内特（Sarah Rabb Bennett）

社会工作硕士

达拉斯精神分析中心的儿童、青少年和成人精神分析师和教师。毕业于美国史密斯学院社会工作学院，并成为耶鲁儿童研究中心、伦敦安娜·弗洛伊德中心和达拉斯精神分析中心的研究员。

彼得·布林德尔（Peter Bruendl）

哲学博士

在德国慕尼黑私人执业的儿童、青少年和成人精神分析师。美国医师协会，德国精神分析、心理治疗、心身医学和深层心理学协会，慕尼黑心理分析特别工作组，德国分析性儿童及青少年心理治疗师协会成员。慕尼黑心理分析特别工作组的培训和督导分析师。发表过许多与青少年期，移民，创伤，纳粹恐怖主义对第一代、第二代和第三代的影响，男性发展以及为人父母相关的文献。

恩里科·德维托（Enrico DeVito）

医学博士

精神科医生和精神分析师，意大利精神分析学会和国际精神分析协会会员，在意大利米兰私人执业。创立并主管青少年咨询和心理治疗中心项目 A。曾任国际青少年精神病学与心理学学会主席。

乔舒亚·埃利希（Joshua Ehrlich）

哲学博士

在美国密歇根州安娜堡私人执业的临床心理学家和精神分析师。密歇根精神分析研究所和密歇根大学精神病学系教员。2014 年出版的《离婚与丧失：帮助婚姻解体中的成人和孩子进行哀悼》（*Divorce and Loss: Helping Adults and*

Children Mourn When a Marriage Comes Apart）一书的作者。

小西奥多·法伦（Theodore Fallon Jr.）

医学博士，公共健康硕士，美国儿童和青少年精神病学学会会员，美国精神分析委员会委员

内科、精神科、儿童精神科执业医生，儿童和成人精神分析师。曾任美国费城精神分析中心儿童精神分析培训项目主席，德雷塞尔医学学院和华盛顿特区圣伊丽莎白医院临床副教授。积极从事研究、教学和临床实践，发表过大量论文、文章、图书章节，并著有《混乱的思维及其发展：从混沌到条理的瞬间》（Disordered Thought and Development: From Chaos to Organization in the Moment）一书。在费城私人执业，从事儿童和成人精神分析、心理治疗和法医的工作，在宾夕法尼亚州马尔文的家庭中心担任顾问。

菲利普·赫申菲尔德（Philip Herschenfeld）

医学博士

美国纽约精神分析研究所培训和督导分析师，儿童和成人精神分析师。纽约精神分析研究所前院长，担任多门课程的老师。之前在纽约爱因斯坦医学院和西奈山医学院任教。

詹姆斯·赫佐格（James Herzog）

医学博士

成人和儿童精神科医生和精神分析师。此前曾在美国波士顿儿童医院和贝斯以色列医院从事临床工作和研究。波士顿精神分析学会和研究所的成人和儿童督导与培训分析师，瑞士苏黎世西格蒙德·弗洛伊德研究所的督导分析师。写过大量关于父性（fatherhood）和精神分析技术的文章。

利昂·霍夫曼（Leon Hoffman）

医学博士

帕塞拉（Pacella）研究中心联合主任，美国纽约精神分析学会和研究所的儿童、青少年和成人培训与督导分析师。作为研究者和临床工作者发表的论文主题广泛，其中包括关于以聚焦调节（Regulation-Focused）的儿童心理治疗的著述。

克劳迪娅·拉芒（Claudia Lament）

哲学博士

美国纽约精神分析协会（纽约大学朗格尼医学院的附属机构）的培训和督导分析师。《儿童的精神分析研究》主编，安娜·弗洛伊德基金会主席。

杰奎琳·兰利（Jacqueline Langley）

哲学博士

在美国圣路易斯地区私人执业超过三十五年的心理学家和儿童、青少年精神分析师。在圣路易斯和密歇根精神分析研究所，对候选人和高级精神动力学心理治疗师教授关于青少年和儿童的心理发展及精神分析工作，以及与父母的同步工作。就这些话题广泛地与学校和家长进行交流。

玛莎·利维-沃伦（Marsha Levy-Warren）

哲学博士

当代弗洛伊德学会、国际精神分析协会和独立学会联合会的培训和督导精神分析师。美国纽约大学心理治疗与精神分析博士后项目的教员和临床顾问。在纽约市私人执业，与青少年、成人和父母工作，是《青少年之旅》（*The Adolescent Journey*，2004）一书的作者，并发表了许多关于心理发展、文化、临床理论和治疗的文章。

诺尔卡·T. 马尔贝格（Norka T. Malberg）
心理学博士

认证儿童和青少年精神分析师、成人精神分析师。美国耶鲁医学院儿童研究中心临床助理教授，在康涅狄格州纽黑文私人执业，当代弗洛伊德学会和西新英格兰精神分析学会会员。著有大量关于情绪、心理治疗和心智化的文献。

马利·曼（Mali Mann）
医学博士

培训和督导分析师，美国旧金山精神分析中心的儿童分析师和督导。斯坦福大学医学院精神病学与行为科学系临床教授。曾写过与移民和辅助生殖技术相关的著述。

安娜·米寥齐（Anna Migliozzi）
医生

意大利精神分析学会儿童和青少年督导分析师，意大利米兰儿童和青少年评估和转诊服务部主管。

吉尔·M. 米勒（Jill M. Miller）
哲学博士

毕业于安娜·弗洛伊德中心，美国华盛顿巴尔的摩精神分析中心儿童、青少年和成人培训与督导分析师，曾任儿童精神分析协会主席。在本地和国际上教授与督导精神分析候选人，并就与儿童和青少年有关的各种主题撰写文章。在华盛顿特区私人执业。

维维亚娜·斯普林泽·蒙德扎克（Viviane Sprinz Mondrzak）
医学博士

巴西阿雷格里港精神分析学会正式会员和培训分析师、前任主席，该学会的精神分析认识论研究小组主席。

埃利萨·鲍德温·墨菲（Elissa Baldwin Murphy）
哲学博士

在美国北卡罗来纳州教堂山对儿童、青少年和成人工作的私人执业临床社工。卡罗来纳精神分析中心的儿童分析师和高级成人精神分析候选人。卡罗来纳精神分析中心教员，史密斯大学社会工作学院讲师和研究顾问。

杰克·诺维克（Jack Novick）（主编）
医学博士，哲学博士

成人、青少年和儿童培训与督导精神分析师。与他人合作著有关于父母同步工作的一本书和许多文章，以及关于结束治疗、施受虐、儿童和成人治疗技术等主题的其他五本书和许多论文。联合创办艾伦·克里克（Allen Greek）幼儿园、密歇根精神分析研究院儿童分析和综合培训项目，以及精神分析学校联盟。儿童精神分析协会主席，曾任国际精神分析协会董事会和执行委员会成员。

克丽·凯莉·诺维克（Kerry Kelly Novick）（主编）
国际精神分析协会会员

儿童、青少年和成人培训与督导精神分析师，在美国的许多精神分析中心及国际精神分析协会任教。曾任国际精神分析协会儿童和青少年精神分析委员会主席，儿童精神分析协会主席。艾伦·克里克幼儿园创办人，《美国精神分析协会杂志》（Journal of the American Psychoanalytic Association）编辑委员会成员。曾与人合著六本书和许多关于各种主题的文章。

德博拉·W. 帕丽斯（Deborah W. Paris）
社会工作硕士，取得美国临床社会工作委员会认证证书

与儿童和父母工作长达四十五年的儿童精神分析师。她曾担任学校顾问、教师和督导，并在汉娜·帕金斯儿童发展中心带领了许多父母团体。

费利西娅·鲍威尔–威廉斯（Felecia Powell-Williams）
教育博士

私人执业的儿童、青少年和成人精神分析师。美国得克萨斯州精神分析研究中心董事会主席和教师。注册游戏治疗督导，并为得克萨斯州执业委员会提供临床督导。在大学里教学，并为许多幼儿园、州立及地方机构提供识别儿童、成人和家庭心理健康服务需求的临床顾问和专业培训。

露丝·阿克塞尔罗德·普雷斯（Ruth Axelrod Praes）
哲学博士

墨西哥国立自治大学临床心理学家，她被授予加维诺·巴雷达（Gabino Barreda）奖章。精神分析师，曾在国际精神分析协会董事会担任职位，并曾担任国际精神分析协会妇女和精神分析委员会联合主席。曾任墨西哥精神分析协会主席，墨西哥精神分析协会研究所及研究生学习中心主任。著有关于收养、离婚、离婚子女、性别、创伤和背叛的文章和几本书。在墨西哥城私人执业。

贾丝廷·考洛什·里夫斯（Justine Kalas Reeves）
社会工作硕士，心理学博士

美国华盛顿特区的儿童、青少年和成人精神分析师。曾在安娜·弗洛伊德中心和当代弗洛伊德学会受训。目前是儿童精神分析协会秘书，也是当代弗洛伊德学会华盛顿分部课程委员会成员。帮助启动了当代弗洛伊德学会华盛顿分部的综合培训课程，并撰写了关于儿童分析的历史、幼儿、诊断概要和精神分析中的发展观的文章。

蒂莫西·赖斯（Timothy Rice）

医学博士

美国纽约西奈山伊坎医学院精神病学副教授。西奈山卫生系统儿童和青少年住院服务主任，西奈山西圣卢克斯精神病学医学生教育主任。哥伦比亚大学精神分析培训与研究中心儿童与成人精神分析高级候选人。

唐纳德·罗森布利特（Donald Rosenblitt）

医学博士，美国精神分析委员会委员

美国卡罗来纳精神分析中心的成人培训和督导，及儿童和青少年督导分析师。创建并任露西·丹尼尔斯（Lucy Daniels）中心临床／执行主任（1991—2019）。在专业期刊和大众报刊上广泛发表文章。

塞缪尔·C. 罗思（Samuel C. Roth）

哲学博士

在美国马萨诸塞州牛顿市私人执业的儿童和成人精神分析师。任教于波士顿精神分析学会和研究所、马萨诸塞州精神分析研究所和马萨诸塞州心理健康中心。

马吉利斯·温贝里·萨洛蒙松（Majlis Winberg Salomonsson）

在瑞典私人执业，在斯德哥尔摩妈妈米娅儿童健康中心的培训分析师和儿童精神分析师。斯德哥尔摩大学心理系讲师，斯德哥尔摩卡罗林斯卡研究所研究员，撰写了关于儿童和青少年精神分析的多篇论文和图书。

卡罗琳·泽恩（Caroline Sehon）
医学博士，美国精神分析委员会委员

国际心理治疗研究所主管，国际心理治疗研究所的国际精神分析培训研究所前主席和督导分析师，国际精神分析协会儿童和青少年精神分析委员会成员，美国乔治敦大学精神病学临床副教授，美国精神分析协会和国际精神分析协会成员。关于伦理、儿童、夫妻和家庭治疗，以及远程分析的文章和图书章节的作者。儿童和成人分析师，在马里兰州贝塞斯达与个体、夫妻和家庭工作。

威廉·辛格尔特里（William Singletary）
医学博士

儿童和成人精神科医生，在美国费城精神分析中心任教的精神分析师，玛格丽特·S. 马勒（Margaret S. Mahler）儿童发展基金会董事会主席。在宾夕法尼亚州费城附近私人执业。

迈克尔·斯莱文（Michael Slevin）
社会工作硕士

私人执业以及在医院里与成年人和青少年工作。与贝弗利·斯托特（Beverly Stoute）医生共同编辑了由劳特利奇出版的图书《精神分析与种族主义创伤：治疗邂逅中的教训》（*Psychoanalysis and the Trauma of Racism: Lessons from the Therapeutic Encounter*）和《治疗室外的精神分析与种族主义》（*Psychoanalysis and Racism beyond the Consulting Room*）。

唐娜·罗思·史密斯（Donna Roth Smith）
社会工作硕士，国际精神分析协会会员

  儿童、青少年和成人精神分析师。在美国纽约市私人执业，通过年轻人及其家庭与婴儿工作，与成年人和夫妻工作，并为私立和公立学校、研究和治疗性托儿所提供顾问服务。当代弗洛伊德学会研究所的（儿童、青少年和成人）培训与督导分析师及教师；精神分析培训与研究学院和安妮·伯格曼（Anni Bergman）父母–婴儿项目的督导和教师。曾任银行街（Bank Street）研究生院婴儿和父母发展及早期干预项目，以及犹太家庭和儿童服务委员会婴儿、幼儿和父母临床研究所的教员。

安·什莫伦（Ann Smolen）
哲学博士

  美国费城精神分析中心培训和督导分析师，以及儿童和青少年培训主任。在宾夕法尼亚州阿德摩尔私人执业，与儿童、青少年和成人进行精神分析和心理治疗。撰写和编辑了多本关于儿童治疗和无家可归儿童的发展有关的图书。

艾伦·休格曼（Alan Sugarman）
哲学博士

  圣地亚哥精神分析中心的儿童、青少年和成人培训与督导精神分析师。加利福尼亚大学圣迭戈分校精神病学临床教授，美国精神分析协会精神分析教育系主任。许多常被引用的文章的作者，他也是《美国精神分析协会杂志》《精神分析季刊》（*Psychoanalytic Quarterly*）和《精神分析心理学》（*Psychoanalytic Psychology*）的编辑委员会成员。

弗朗西丝·汤姆森 – 萨洛（Frances Thomson-Salo）
哲学博士

成人和儿童精神分析师，也专门从事婴儿和父母的工作。撰写和编辑了许多关于女性和婴儿的图书，是澳大利亚精神分析学会的前主席。

肯尼思·维纳瑞克（Kenneth Winarick）
哲学博士

美国精神分析研究所学术事务主任、培训和督导分析师。精神分析培训与研究学院成人、儿童和青少年精神分析综合培训课程指导委员会成员和教员。

目录

第一章　导言：假设和基本原理　　　　　　　　　　　/ 1

第二章　通过父母治疗性别烦躁　　　　　　　　　　　/ 9
　　　　学龄前期

第三章　父母妄想的影响　　　　　　　　　　　　　　/ 25
　　　　学龄期

第四章　父母工作与鉴别诊断　　　　　　　　　　　　/ 49
　　　　学龄期

第五章　秘密与谎言　　　　　　　　　　　　　　　　/ 71
　　　　学龄期

第六章　永无止境的毒性离婚　　　　　　　　　　　　/ 85
　　　　学龄后期

第七章　两名母亲的父母幽灵　　　　　　　　　　　　/ 101
　　　　学龄后期

| 第八章 | 在风险评估中家长的否认 | /125 |

青少年初期

| 第九章 | 严重的见诸行动：维持多方联盟 | /149 |

青少年中期

| 第十章 | 重新配置父母工作 | /171 |

青少年期

| 第十一章 | 成人依恋访谈：创建治疗联盟 | /181 |

青少年期

| 第十二章 | 物质滥用和父母工作的挑战 | /193 |

青少年后期

| 第十三章 | 精神病与同步父母工作 | /211 |

成年初显期

| 第十四章 | 成为心理上的父母：父母初显期 | /233 |

成年初显期

| 第十五章 | 总结和未来方向 | /255 |

参考文献 /263

第一章

导言：假设和基本原理

基本假设

本书所有撰稿者都是专门与儿童、青少年、成年初显期的成年人、父母和家庭工作的精神分析师。我们这些人生活在世界的不同地方，在不同的设置中与不同的群体工作，所使用的治疗模式也有很大的差异；我们所接受的训练传统各异，所借鉴的精神分析思想也很广泛。

然而，我们有一些共同的基本假设，这些假设塑造了本书中的论述。我们都把发展视为生命的核心，也是精神分析理解和技术的核心。发展的概念告诉我们儿童如何成长为成年人，以及其他成年人在这个过程中如何提供帮助，同时成年人自己也发生着改变。我们有一个后天渐成、生命全周期的发展观点，假设发展发生在生命的所有阶段，在一个复杂、不断演化的相互作用中，受到来自内部和外部的影响。

这种整体的发展观意味着我们对整个人感兴趣，也就是一个人发展的各个方面，而不仅仅是病理的部分。当我们考虑临床技术时，我们将致力于优势与脆弱性、人格中向前进步的力量与退行的力量、线性的与非线性的成长。

所有儿童和青少年治疗师都必须与患者的父母接触，因为儿童不会自行来参加治疗。但是，我们如何处理这种情况会引发许多不同的观点和做法。本书包含一系列关于是否与父母工作以及如何做的看法，根据孩子的年龄和发展阶段以及家庭结构的不同，也会有不同的观点。

本书中的许多内容来自美国精神分析协会（American Psychoanalytic Association）年会上"父母工作讨论组（Parent Work Discussion Group）"的会议记录，而其他内容则来自不同的学术大会和会议。该讨论组的召集人和本书的主编试图提供一个空间，以供考虑一个不断发展的父母工作模型，这一模型曾在一本书（Novick, K.K. & Novick, J.; 2005）和图书出版前后发表的文章中被介绍过。

该模型认为父母工作是具有实质性意义的和必要合理的，并且充分利用了精神分析干预的全部手段。儿童治疗各个阶段的进展既会影响父母工作中的互动，也会被这个互动动力性地影响。在为人父母阶段，父母身份的巩固也可能受到儿童发展变化的深刻影响。

与父母工作

与父母工作的主要原因是务实的，因为我们可以证明，这有助于人们进入治疗、留下来并完成必要的工作，然后适时离开，同时保持从治疗工作中获得的益处（Novick, K.K. & Novick, J.; 2005）。

父母是孩子世界的重要组成部分。他们也是孩子的困难的一部分，要么他们是造成孩子问题的主要原因，要么他们是受到紊乱所影响的次要因素。父母或其他成人照顾者也是评估和治疗孩子不可或缺的部分。儿童持续地生活在他们的家庭和环境中，并且在治疗结束后终将返回其中。父母的适应性成长能支持孩子的改变；父母病理会破坏孩子的治疗成果。目前的神经科学研究证明了父母和孩子之间亲密的依恋关系和沟通的重要性。孩子大脑的可塑性会持续到青春期晚期和成年初显期，为在家庭纽带中产生深层次和持久的改变提供了希望。

我们假设大多数治疗的核心是与儿童或青少年进行的个体治疗，并且希望是高频次的。但是，如果我们将儿童分析的概念仅限于儿童个体，那么我们将否认精神分析提供的关于发展的复杂性，以及人际关系会促进健康和病理的认知。如果我们只关注孩子的症状，那就不是精神分析的方式。从评估阶段开始，我们就假设并向孩子和家长传达，孩子的困难是更广泛的父母－孩子历史的一部分，根植于社区、社会和文化之中。为了获得充分的理解和治疗性改变，我们认为个体和家庭方面都需要被关注。然而，就如何建构这种关注，在这一领域内出现了不同的观点。

从历史上看，在精神分析师群体内部对于父母工作也有许多方面的阻抗，包括社会历史、理论、政治以及精神动力方面的各种顾虑，这些都会干扰有效的临床工作。本书包含一些排斥父母工作的分析师的评论，也包含其他接受父母工作的分析师，但是他们认为在某些情况下，父母工作应该由治疗师以外的人来完成。我们希望通过这种方式提出一个可以容纳争议的儿童和青少年精神分析的观点。本书的不同章节将说明这些阻抗的一些影响。

在治疗性过程中，困难也可能来自许多方面。对于精神分析师来说，面对孩子和家长的痛苦，不马上开始孩子的治疗是很难的。但是，如果没有与父母初步的治疗联盟作为基础，许多治疗就会失败。一个显著的因素可能是分析师的观念模式或自我状态，他们只是将自己定位为孩子个体的治疗师。在这个传统的角色中，父母被视为尊重分析师专业知识的其他成年人，并且只负责带孩子来治疗、支付费用、处理后勤和支持治疗工作而已。父母很少被视为有多重需要的人，他们需要处理羞耻、内疚、怨恨的感受，承受支持儿童或青少年进行治疗所带来的实际负担，以及婚姻压力和关系紧张等问题。我们也希望本书将阐明这些复杂性。

为什么是案例集？

精神分析师与个体工作。正如温尼科特所观察到的，在我们的职业生涯中，"一名分析师所拥有的案例不可能涵盖所有可能情况……"（1958，p. 123）。他指的是，我们每个人在任何时候，甚至在一生中都只有相对较少量的案例。然而，分享工作可以帮助我们扩展经验，并通过其他人的案例去思考关于我们如何制订治疗方案、明确目标、实施干预以及何时结束工作的各种选择。我们借由对每一个独特的治疗性关系和治疗性情境的了解，得出一般的概念和方法，并开始发展模型和理论。

模型和理论可以提供治疗过程中要穿越的未知领域的粗略地图。但是模型和理论可能在感觉上与工作体验相去甚远，甚至有树立"应该怎么做"的理想化形象的风险。这样一个理想化形象会束缚治疗师，或者在案例不符合模型时，让他们觉得自己在某种程度上没有达到标准。

本书的目标是收集临床片段作为与父母的实际工作的例子，来展示做父母工作的现实状况：这项工作有多难；具有什么样的挑战；人们是如何努力去迎接挑战的；有时能达成什么，以及有效工作所带来的回报和快乐；是什么让我们即使付出了巨大的努力却没有效果；其中的陷阱；技术及其原理；以及一起工作与否对分析师、患者和父母的影响。我们不是从理论、传统或观点上的优势视角来思考这些问题的，而是试图收集关于父母工作的实际数据，为务实、有效的儿童和青少年精神分析做出实质性的贡献。

我们知道，儿童或青少年个体治疗的同步父母工作是一个迅速变化的领域，对此存在着范围广泛的各种意见和实践。为了涵盖这一范围并收集一组有用的想法和意见，我们邀请了有着丰富实践经验的同事对每个临床案例进行评论。正如当我们与值得信赖的同事讨论案例时，有时会打破僵局或揭示问题一样，我们希望评论者的不同视角能够引发对每个治疗师面临技术选择和挑战时的深思熟虑，让读者在解决两难困境和难题时感受到有多种可选择的方法。本书每一章都包含临床案例、评论，以及突出本章要点的编者反思。我们也希望这本汇集了全球四十位儿童精神分析师的观点的案例集，能够在临床教学中发挥作用，提供真实生活中的实践示例，并且让学生和受训者获得宽慰：我们都面临并设法解决着类似的困境。

本书的另一个目的是基于工作中的儿童分析师的经验，为父母工作模型的持续发展演变做出贡献。我们寻求扩展和完善我们的知识以及对基本理念的理解、调整经验所显示的需要改变的部分、增加技术储备，最终使得儿童和青少年精神分析更易得、更实用、更可行、更有效。

在这篇导入性章节中，我们会阐述一些形成此项目的基本思想。在本书最后的总结性章节中，我们将根据从各章节中收集到的信息重新审视这些观点，确定本书撰稿者经验中的共同主题，并探讨结论和对未来方向的建议。

同步动力性父母工作模型的几个方面

发展性方法是根本

亲子关系是基础

在孩子的发展进程中，父母构成的原初环境是主要的影响因素，并贯穿始终。

- 任何当前行为的第一个决定性因素都可能在亲子关系中被找到，可以回溯到婴儿时期，在某些情况下甚至是产前发育中，特别是在快乐/痛苦的无意识盘算（economy）中，以及在伴随着这种关系的幻想中。
- 行为的发展经历不同的阶段，在每个阶段，当前的心理和生理运作水平会影响之前的阶段，并且也会被之前的阶段所影响，也就是沿着时间维度产生向前和向后的影响。被儿童、父母、兄弟姐妹、教师、同龄人以及许多其他人所幻想和期望的未来发展，会对发展过程以及对过去的理解产生强有力的影响。
- 转化（transformation）是这种后天渐成的演化过程的主要特征。
- 没有一个阶段比任何其他阶段更重要，发展性转化持续贯穿整个生命周期。
- 每一个阶段都会给发展的混合结果带来独特的东西，可能会弥补先前的困难，或唤起先前蛰伏的议题，使其上升到造成困难的强度 [事后（德语为 Nachträglichkeit，法语为 après-coup，英语为 deferred action）]。

治疗性联盟决定结果

建立多方联盟

精神分析和相关领域的研究发现，治疗性或工作联盟的质量是预测治疗结果的关键因素。我们认为建立联盟主要是治疗师的责任；联盟是整个治疗性关系的一个维度。如果我们希望有好的结果，就必须与参与治疗的各方都建立关系。

每次治疗的双重目标

安娜·弗洛伊德（Anna Freud）将儿童治疗和分析的目标定义为使儿童回到向前发展的道路上（1970）。考虑到渐成（epigenesis）的原理，我们将这一概念扩展到亲子关系上，以囊括第二个目标：
- 使儿童回到发展前进的道路上；
- 修复亲子关系，使之成为双方的终身资源。

贯穿治疗过程的父母工作
使用各种干预措施

在整个治疗过程中，父母都有建立治疗性联盟的任务，因此保持关系非常重要，以便在出现新的焦虑和担忧时可以得到及时处理。有规律的定期会面创建了牢固和安全的关系，能够更好地抵御不可避免的危机和压力。

当孩子经历某个发展阶段时，大多数父母会受到他们自己在相同阶段时的发展状况的影响。如果在一个特定时期，创伤是持续的或发生的冲突没有得到解决，父母的相关情绪可能会从压抑中突破，并且表现在他们的态度和防御中。这些可能会影响他们与家庭各个成员的互动。因此，有些父母可能会变得不太愿意配合父母工作，而对另外一些父母来说，这能够为修复性工作和重获掌控感提供"机会之窗"。在整个治疗过程中，通过定期会面保持联盟有助于每个人经受住这些波动。

除了传统使用的教育、支持、肯定、示范、促进等家长指导的主要手段外，我们还将传统上被称为动力性治疗的干预措施纳入父母工作中。这些干预包括对防御的分析、言语化、领悟、重构、诠释，以及为促进理解并作为技术而使用的移情和反移情。我们可以使用儿童和成人精神分析治疗中制订的结束标准（Novick, J. & Novick, K.K.; 2006）。

我们认为，治疗的双重目标之一是将亲子关系从以权力斗争为主的封闭系统转变为合作、互惠、尊重及爱为主的开放系统。这将为儿童提供更强健的能力，让他们带着复原力、灵活性以及创造力去面对未知的未来，并为父母提供更多的机会，与他们的孩子一起改变。这源于我们的经验，即儿童及其父母的动力性改变在整个工作过程中都会发生，并相互影响，而且在治疗结束后，这些影响会随着时间的推移而持续。

区分隐私和秘密

保密性和维护治疗性关系对治疗师来说是法定的重要问题。这些目标最常被当作不与父母工作的理由。我们的经验表明，当我们对隐私和秘密做出区分，有助于我们更精准地定义保密性。我们与父母和年轻人谈论思想和感受是内在的隐私，但表明行为是公开的。安全是首要的临床要求，如果不安全行为被隐瞒，对治疗具有破坏力，对儿童和青少年也可能有危险。

应该保持保密性以保护隐私，而不是反射性地共谋以保守秘密。我们的临床目标是使秘密成为治疗性探索和洞察的对象，以便患者及其父母能够开始享受富有成效的分享和交流。

本书的设计

关于父母工作的写作带来了新的挑战。阐述几个人之间复杂互动的动力就意味着要描述材料和关系的细节；为了使临床实例有意义和有用，必须在某种程度上要具体一些。然而，我们有临床、道德及伦理上的责任来保护儿童和家庭的隐私及其临床资料的保密性。

作为本案例集的主编，我们从两个方面来解决隐私与保密性的问题。一方面是要求撰稿者在描述中采取一切可能的预防措施，包括那些已经获得许可可以披露的部分。另一方面是匿名呈现临床案例和评论。撰稿者都慷慨地同意了这项规定，来努力为保密性增加一层保障。① 这样，读者就只能在撰稿者简介中看到每个人的名字和相关介绍，而不会把他们与特定的章节联系起来。

我们希望读者能从本书中获益，也期待你们的反馈和想法。

---

① 这种方法最近被国际精神分析协会认可为一种正确的伦理操作（2019）。

第二章

通过父母治疗性别烦躁

学龄前期

临床案例

乔治的父母打电话来寻求评估，因为他们四岁的儿子想穿姐姐的衣服。我回电话给他们，并且交谈了一会儿，他们说乔治这样已经有一年的时间了，但儿科医生建议他们忽略这种行为，因为他"长大就不这样了"。这次通话是因为他们担忧乔治在幼儿园的表现，老师注意到他不愿和男孩玩，并开始受到同学的嘲笑。父母感到困惑和焦虑，不知道如何应对，也不知道该如何看待这种"女性化"的行为。

父母带乔治去看了一些心理学家和医学专家，但没有得到任何确定性答案。内分泌学家向他们保证乔治没有潜在的生理障碍。乔治曾告诉父母，他想成为一个女孩，穿衣打扮让他感觉"非常棒"。乔治的父母想让我评估原因，见见乔治，然后告诉他们，"究竟乔治是一个假装女孩的男孩，还是一个'住在'男孩身体里的女孩"。

我没有急于得出诸如考虑跨性别或躯体变形等问题的诊断结论，而是建议父母先和我见面，探讨乔治的个人史，看看我们是否可以一起开始弄清楚这一谜团。"也许，"我说，"如果我们明白这对你们所有人意味着什么，你们自己就能帮助乔治解开困惑。"

乔治的父母显然非常焦虑，尤其他的父亲施压让我立即与乔治会面。他们反复表达对于乔治在学前班被取笑的担忧，也非常担心乔治上小学后会发生什么。他们被告知乔治的问题可能是心理上的，也被告知我是专家，尽管我的办公室离他们的住所有一个多小时的路程。他们说，如果他们能一起来，并且我见他们的同时也带上乔治，那就更方便了。

这是相当困难的，因为我既理解他们在距离和时间上的现实困难，也感受到了应对他们痛苦的内在压力——想让我给出他们认为可以缓解痛苦的东西。然而，我从这样的感受中后退一步，回应说，通常我发现与父母作为团队一起工作，把我们的认知和感知都汇集在一起是有帮助的。我说，以我的经验来看，这些情况会引发很多强烈的感受和担心，但父母往往比他们意识到的更了解正在发生的事情。在他们互相了解的过程中更多地了解乔治的故事，事情可能会开始变得清晰。停顿了一会儿，我听到母亲轻轻地哭了起来，父亲说他明白了，于是我们安排在两天后的晚上见面。我的想法是，肯定他们对情况有所了解，加上向他们保证我们能解决问题，这让母亲松了一口气，让父亲平静下来。也许这样他们就不会感到如此无助和困惑，即使我们仍然不知道问题是什么。

见面时，父母感谢我这么快就见他们，也感谢我坚持先同他们单独见面。他们认为毕竟可能有很多事情要讨论。他们开始讲述那天他们和乔治进行的一次谈话。谈话中，乔治明确地说，他知道自己是个男孩，但感觉如果做女孩将会"更安全"。我说，这就是为什么开始时我们共同工作是有用的，刚刚他们就提供了一个重要线索。我们可以探索乔治身为一个男孩可能会感觉到什么危险。

他们开始推测这种担心的可能来源，想象如果一位男性亲人死了，小男孩可能会害怕等，但他们一无所获。父亲身材高大，能看出他过去是个运动员，他提到他的工作不会带来任何身体上的风险。他们看着我，期待我能给出答案。我有些一般性的想法，但忍住没说，让他们运用自己的头脑更多地探索什么可能会让一个小男孩感到危险。

短暂的沉默后，母亲开始痛哭；丈夫抱住她并道歉。我说这是一个可以分享情感的安全的地方，等她准备好了，我们就可以用语言代替泪水来表达了。我再一次制止自己提供假设和答案，强迫自己只坐在那里，重复说着这没问题，并把纸巾递给母亲。过了一会儿，父母告诉我，乔治从九个月大的时候开始接受了一系列的三次大手术，以解决颅骶融合的问题，下一次手术预计是在乔治九岁的时候。这些信息清楚地表明，我们要一起处理很多东西；于是在之后的六个月里我和乔治的父母每周见面一次，而没有安排与乔治见面。

在最初的几次会面里，我为他们提供了一个表达强烈悲伤和焦虑的空间。他们说，他们从来没能和照顾他们儿子的众多医务人员谈论这些问题。我克制着自己对这些专业人士的愤怒，他们在危机时刻没有让父母和孩子得到关键的支持，也对儿童分析师无法更好地对儿科医疗专业人员进行心理教育感到无力。我还要必须涵容翻涌着的因共情他们而产生的担忧、无助以及对最初几年有多糟糕的想象，并且使用这些来与他们一起探讨这些体验。

手术本身就已经很可怕了，每次手术后他们都必须束缚乔治，防止任何大肌肉活动。父母二人都担心乔治的未来，曾经是明星高中摔跤手和足球运动员的父亲非常悲痛地说，乔治永远不能参加接触性运动。我好奇地问他为什么专注于接触性运动，如果乔治愿意，还有很多非接触性运动，比如游泳、击剑或网球，他可以享受这些运动。父亲开始探讨这个问题，并意识到他和他的父亲一样把接触性体育等同于阳刚之气。他回忆起他的父亲和兄弟称非接触性运动为"娘娘腔游戏"。"这太疯狂了。"他说，然后我们开始讨论，越来越多的证据表明，接触性运动对所有男孩都有长期危害，不仅仅是对他的儿子。

这项工作很快让他们意识到，他们相信并告诉乔治，因为男孩喜欢粗野的运动，所以他作为一个男孩面临着严重的危险。当他们明白了这一点，他们就能更容易地把这种想法和他们对身为男孩的乔治的爱分开。他们告诉乔治他们将如何和医生一起工作，帮助他保持安全，远离伤害。他们指出，他可以做大男孩喜欢做的各种事情，比如跑步、游泳和打网球。

在向我澄清医疗干预的历史和预后的过程里，父母有机会练习如何和乔治谈论他还是婴儿时发生的可怕事情，以及如何就他的状况对他做出适当的解释。然后乔治告诉他们，他记得自己曾经被束缚，受到了限制。他回忆起自己的沮丧、恐惧和愤怒，透露说他觉得好像因为自己是个坏男孩而受到惩罚。当我好奇乔治是否在手术与作为男孩的危险之间建立了额外的联系时，父母想起在他六岁时，他的姐姐出于她自己的恐惧而告诉乔治，女孩从来不需要做那种手术。

最后一部分工作是关于乔治自慰的快乐，以及他那带有俄狄浦斯色彩的结论：他的阴茎感受到对母亲和姐姐的"男孩"感觉会给他带来进一步医学创伤。父母自身也遭受了精神创伤，首先是因为有一个有损伤的孩子，其次是因为非支持性的医疗体验。经过几个月的分享、表达悲伤和重温他们的恐慌和痛苦，为了乔治的利益他们彼此合作，并且与我有效地合作。乔治在几个星期内就有了回应。

和父母一起就乔治的内疚感，以及乔治所持有的"手术是对俄狄浦斯欲望和自慰的惩罚"的信念进行工作，让我能和母亲针对关于生育了一个有损伤的孩子的内疚感进行工作。她仍然对三次手术的记忆有强烈的反应，并且在想到乔治九岁时将进行的下一次手术时感到恐慌。我用乔治的内疚感作为置换（displacement）的诠释（interpretation），描述了当面对让我们感到无助的事情时我们倾向于如何反应。我们讨论了内疚感如何传递责任感。如果我们想象是因为自己做了坏事才导致了危险的发生，那么我们就认为我们可以修正它，我们就不会被无助感压倒，也就是说，我们不会遭受创伤和僵化（immobilized）。如果乔治把手术归因于他触摸了阴茎，他就可以用内疚感来否认他的男性气质及其伴随的冲动，从而阻止自己遭受麻醉、切割以及受限制的危险。他运用了神奇思维，他认为成为女孩，穿上姐姐的衣服，就可以防止遭受创伤。随着母亲眼中闪现出光芒，我把这种内疚与有用的关注区分开，谈论那些在他们不会感到无助的领域，她和她丈夫可以做，以及可以鼓励乔治去做的现实的事情。他们可以找最好的外科医生，和乔治谈论他们和医生将如何尽可能好地医治他，并表达他们的信心，相信这种感觉在手术前后都会有所帮助。

在我与乔治的父母一起工作了六个月后，乔治在家里和学校里都表现出了与年龄相适应的男子气概。他和男孩、女孩都一起玩耍，喜欢消防车，不再说想成为女孩，仍然喜欢芭蕾。这个个案暂时结束了，父母了解到医疗状况使乔治在压力大的时候很容易寻找"神奇的"解决方法。他们觉得自己有能力更有效地帮助他，他们也知道如何利用专业人士的帮助，在顺境和逆境中提高他们的养育水平。他们谈到乔治进入青春期后还要回来寻求帮助。

他们再也没有回来，但在乔治九岁做完手术并恢复后，他们给我写了一封信。他们运用从我们的工作中学到的东西，让乔治和他们自己获益。母亲特意告知，在她已经开始恐慌，感到内疚和不知所措的时候，她能够制止自己，在心里提醒自己："这没用！什么会有用呢？"然后她对乔治（和她自己）做出现实的保证：很可能一切都会很顺利。

最后，在乔治十五岁的时候，我收到了一张卡片，告诉我他们要搬到另一个州去工作。乔治加入了高中游泳队，而且是一名"非常优秀的网球运动员"。

评论 1

乔治很幸运。治疗师理解他的父母，并针对他们的忧虑和焦虑进行工作——这样也帮助了他们的儿子。但是，现在让我们从头说起。

乔治出现了症状，并且之后在与学前班同学的关系上也有问题——同学们取笑他，因此父母来寻求帮助。在第一次通话中，治疗师就已经被置于要与乔治见面并对他进行评估的压力之下。治疗师想先与父母见面，这在儿童治疗工作中很常见（Blake，2008）。治疗师设法以令人信服的方式向父母表达了他/她的观点。在与父母的交谈中，治疗师展现出了很好的能力去涵容父母的焦虑，并保持自己清晰的思路。他/她还具有"负性能力*"，正如比昂（Bion，1970）所定义的那样，即不做预设的能力，因此能克制自己不提供建议或意见。

与父母工作的专业角色基础是父母以孩子的福祉为焦点来到治疗师这里，他们不是作为"病人"而来。治疗师试图让父母感受到是他们在主导，他们知道正在发生着什么，只是当时并没有完全意识到。许多作者都聚焦于和父母的治疗性工作（Jacobs，2006；Novick，K.K. & Novick，J.；2005）。他们强调，治疗师可以提供一个抱持的环境、探索父母的忧虑、激发他们对动力过程的好奇、增强他们的自尊，以及发展出更好的反思能力（Fonagy & Target，1996；Fonagy & Target，1997）。

回到这个案例，在通话后两天，治疗师见到了乔治的父母。治疗师在第一次电话交谈后不久就安排了会面，父母对此表示感谢。这次会面开始时和上次通话一样，父母在不停地索要答案，治疗师再一次需要克制和等待。这一次，父母透露了小男孩接受过几次手术的经历，很明显，整个家庭都由于这些创伤性事件而遭受了痛苦。由于有一个"有损伤"的孩子，而且没有得到医疗和心理专业人员的充分支持，父母遭受了精神创伤。孩子的创伤有身体上的——要接受手术而且不能进行大动作活动；也有心理上的——与手术有关的恐惧和焦虑。

父母开始谈论他们的悲伤和焦虑。当父母把孩子的问题看作自己失败的反映时，他们往往会产生内疚感。治疗师帮助父母处理了他们的创伤。他/她

---

* 英文为 negative capability，是比昂提出的概念，指忍受混乱和无知的感受的能力。——译者注

还将他们的一些恐惧追溯到他们自己的成长史。在父母工作中针对父母自己的童年经历工作有着独特的技术问题，这不同于与父母一方进行个体治疗时对其童年经历的工作（Whitefield & Midgley，2015）。有人可能会问，是否有一种与父母的潜意识工作的方法，可以特别地用于让他们接纳他们与孩子的关系（Altman，2004）。在本案例中，治疗师帮助父母审视和修通他们的童年经历，是为了理解他们自己以及乔治的内心状态。在这种情况下，他／她显然也在与自己的反移情工作，包括与手术带来的创伤情境相关的无助感，以及对其他专业人员的愤怒。通过这种方式，他／她可以帮助父母审视发生了什么以及他们对此的反应。治疗持续着，但治疗师只是与父母工作，而没有和男孩见面。

这似乎是一个强调聚焦父母工作的范式转变。人们认为亲子关系构成了孩子关于自我和他人的内在表征（Jacobs，2006）。因此，父母工作致力于通过改变投射和内摄来重塑关系模式，这继而能改变儿童的自我体验（Jacobs，2006）。这种关系视角是由依恋理论家进一步发展的（Bowlby，1969；Ainsworth，1985；Ainsworth，1991；Ainsworth et al.，1991），他们提出亲子互动被内化为心理结构，并最终组织着孩子的心理和人际生活。

那么对于乔治来说是怎样的呢？一段时间后，乔治的症状消失了。然而，作为分析师，我们认为他有一个充满潜意识幻想的内心世界。克莱茵甚至声称，孩子"在童年时期，周围人的爱和理解可以给其带来极大的帮助，但是这既不能替代性地解决深层问题，也不能消除深层问题"（1937，p. 316n）。你真的能仅仅通过父母来处理孩子的创伤吗？什么时候可以只通过父母进行工作？你能如何做呢？治疗师在他／她与父母的工作中使用了诠释。他／她也间接地使用了关于乔治的诠释。这个男孩在九个月大的时候第一次经历了创伤。后来，在俄狄浦斯愿望以及内疚感更强烈的年纪，症状开始出现。治疗师将他／她的诠释传达给父母，因此他们可以更好地理解和对待他们的孩子。在六个月的治疗中，单独与父母工作被证明是可行的，可以帮助他们所有人。但是如果男孩的症状仍然存在呢？我们可以想到很多原因。很可能，治疗师会与男孩见面，去了解他的冲突被内化得有多深。他/她是否会与男孩工作就是另一个问题了。

评论 2

与父母工作是儿童治疗的一个重要组成部分，特别是对年幼的儿童来说。只与父母工作并不罕见。这个临床案例说明了与父母合作时的倾听、评估和临床选择等重要方面。

我们如何开始与父母工作会影响治疗的目标和结果、儿童和父母的成长与发展，以及亲子关系。父母经常带着紧迫感、困惑和焦虑来找我们，希望我们能够尽快给他们答案，并立即与他们的孩子见面。与分析师第一次通话时乔治的父母就展现了这种情况。通话中，分析师倾听并回应了父母的焦虑和实际考虑，同时也表达了这样的信念，即最初在孩子不在场的情况下会见父母更有效。分析师识别出这对父母的急迫感和脆弱，并肯定他们实际上对儿子的了解比他们意识到的要多。

在最初的通话和咨询会谈中，分析师做了很多。在咨询期间，乔治的父母很快对分析师的做法表示赞赏，并承认"毕竟有很多事情要讨论"。分析师在倾听和了解，不仅是关于当前的情况，还有父母在面对强烈的情感时能够容忍和承受什么。对家长能力的评估指导了分析师在初始会谈中的做法。

在通话和初次会谈之间的两天里，父母和他们的儿子进行了一次谈话。分析师已经告诉他们，还有更多的东西需要了解，而且可以让乔治在不来咨询室的情况下参与这个过程。父母非常希望理解他们的儿子，并对他有所回应。四岁的乔治想穿姐姐的衣服。他们曾经征求了各种医学专家和心理学家的意见。幼儿园老师很担心。父母打电话给分析师，想让他告诉他们"究竟乔治是一个假装女孩的男孩，还是一个'住在'男孩身体里的女孩"。分析师所感受到的压力不仅来自父母，也来自所有相关的专业人士。

乔治告诉父母，他知道自己是男孩，但是做女孩会更安全。利用父母的长处和能力，分析师迅速建立了一个设置，让父母坐下来面对他们的焦虑和不适，让他们更广泛地联想，为什么做男孩对乔治来说可能是危险的。分析师开启了这个探索的空间，并且与父母坐在一起，帮助他们忍受不能立即获得答案的情况，从而使他们自己去思考。值得注意的是，分析师涵容了提供一般性答案的冲动，这帮助父母容忍和表达他们自己的悲伤、困惑和无能。在与这些感受相处一段时间后，父母透露了他们儿子的重要病史。手术过程和病史的情绪影响以及后遗症显然从来没有得到父母此前咨询的专家的考虑。在这次会谈中，父母允许自己承认和理解他们共同经历的事情的严重性，以及处理以前似乎与当前问题无关的事情的价值。这时，父母同意每周与分析师见面。

经过几周与父母的谈话，分析师了解了乔治觉得做女孩会更安全的心理动力。这个案例详细描述了事件的许多心理意义，以及孩子和父母在努力应对中所使用的防御机制。对于乔治和父母来说，手术既有丰富的体验，也有重大的意义。无助和沮丧，恐惧和愤怒。随之而来的许多困惑和幻想反映了乔治的每个发展水平。乔治认为手术是对他作为坏男孩的惩罚。乔治和父母处理无助、内疚以及惩罚的方式。姐姐出于自我保护而说这些手术不会发生在女孩身上，这进一步支持了女孩优势的幻想。父母非常担心和害怕儿子的未来也是可以理解的。对于父亲来说，儿子不能参加接触性运动让他感到极度悲伤，因为这些运动曾为他以及他的家庭带来了快乐和回报。由于不能与儿子分享这些快乐，这位父亲经历了巨大的失望和丧失感。

与父母敏感、细致入微的临床工作扩展了他们对他们所知所感的重要性的理解。父母学会了如何运用自己的心智来理解孩子的言语和行为上的沟通。在分析师的帮助下，父母能够发现他们自己的想法和感受如何提供线索，揭示那些看似神秘的事物的心理意义。虽然眼前的"问题"对他们来说不合逻辑，但是他们正在从心理上理解它，并发现了他们以前从未想象过的联系。他们与分析师一起寻找表达的方式，并练习如何与他们的儿子谈论这些事情。

分析师非常有效地帮助父母理清了他们认为接触性运动与男子气概的等同关系。一个更加广泛和现代的对男子气概的看法、接触性运动的危险性，以及探索如何与乔治谈论这一点，对这个家庭都特别有帮助。此外，与父母谈论他们对孩子的失望感受有着更广泛的长期影响，这一点也值得考虑。

儿子因医疗状况而行动受限，父亲不能与儿子分享一项特别有意义的活动，因此感到悲伤，许多父母对他们的孩子都可能会有某种"失望"。可能孩子不擅长运动、不喜欢书籍或阅读、不懂艺术，或者父母的愿望与孩子的长处之间有差异。许多父母会回避这些想法，发现自己不能接受。他们不允许自己有机会去承认和处理这些失望，或者充分地修通它们。相反，他们的感受被无意识地传达给孩子。当孩子意识到他们对父母来说是一个"失望"的存在时，他们会感受到父母悲伤和/或愤怒的目光。这会被孩子内化并塑造孩子的自体意象、自体感和自尊。找到一种方式与父母探讨这种感受非常重要。

在这个案例里，当面对无助感时心智如何运转，分析师与父母关于这个部分的临床工作也至关重要。分析师提供了一个深刻的洞察：乔治认为应该为自己过去和未来的手术负责，他在自己的这一信念中获得了控制感。尽管对乔治来说感到内疚和负有责任很可怕，但这让他有了掌控的错觉，让他相信他可以做一些事情来控制未来。想成为女孩，只是他的一个尽管神奇但富有创意的解决方案。分析师还意识到，需要使用置换来工作，因为父母也需要找到办法来处理自己的无助感。

父母很好地利用了他们与分析师的工作。父母经过六个月单独与分析师的工作，乔治在家里和学校里都能以与年龄相适应的方式行动，享受各种各样的活动，不再说想要成为女孩。治疗结束时，父母知道如果觉得有必要，他们还可以回来。乔治在九岁做完手术并康复后，父母写了一封信表示他们运用了从之前的父母工作中学到的东西，并让他们自己和儿子受益。

值得注意的是，父母觉得在儿子九岁再动手术之前没有必要回到分析师那里，这正说明了我们最希望父母从我们的工作中获得的东西。我们向他们介绍一种接近孩子的方式，如何思考和理解孩子的体验，以及如何为他们及孩子提供抱持和涵容。当父母能够内化这些能力和思维方式时，他们会觉得作为父母的自己更有胜任力、更有效能感，亲子关系也被拓展和深化了。他们拥有内在资源来了解孩子、理解体验的意义，并识别行为的含义。父母通常会带着特定的问题来找我们，然而我们所提供的东西能够帮助他们在持续一生的为人父母的过程中，应对前路上各种各样的关于孩子和家庭的困境。

评论 3

这是一个令人愉快的案例，用于展示父母指导的至关重要的方面，既适用于通常情况，也适用于特定情况。乔治的父母带着和大多数寻求帮助的父母一样的痛苦、焦虑和困惑参与父母工作。对大多数父母来说，这是一个陌生的领域，所以需要从他们原有的水平开始，这对工作的进展至关重要。理解向不认识的专业人士咨询的感受，以及理解父母对孩子担忧的感受，是在父母和治疗师之间建立相互尊重的工作关系的必要条件。这次干预如此成功的原因之一是在咨询开始时采取的方法。

从第一次接触开始，该案例的治疗师不仅可以倾听表面问题的"事实"，还可以听到父母当时所体验到的深切恐惧和困惑。治疗师能够从开始就让父母作为合作伙伴参与进来，传达他/她需要合作性质的帮助来弄清楚这是怎么回事，而作为父母的他们可以成为帮助乔治理解和把事情弄清楚的代理人。向专家咨询（就像有人比他们更了解他们的孩子）的这个想法，可能会破坏父母的自体感；但更重要的是，它可能会妨碍获得完整的历史信息和了解每个人是谁所必需的合作。把为人父母的职能移交给一个不是父母的人，这既不健康，也没有帮助。由于他们的孩子有问题，而他们没能防止也无法提供帮助，参与这种类型的工作的父母会感到自己不好和/或内疚、自恋受损，因此非常重要的是，治疗师要牢牢记住工作中的自我任务，帮助父母运用他们的自我和观察的能力。牢记自己的目标是强化父母功能，这是有帮助的。这不是一种父母传递信息，我们来接收的练习。我们实际上是在帮助改变父母的思维方式，以帮助孩子，并加强父母功能。

从通话到第一次见面，这个最初阶段是工作的开始。治疗师意识到并做到了聆听和理解父母的焦虑和困惑。当父亲在第一次会谈就催促治疗师与乔治见面时，治疗师并没有承接焦虑的外化。治疗师意识到父亲的痛苦，以及自己对这种痛苦的内心反应，对父亲的请求做出了有帮助并且中听的回应。治疗师面对压力所做出的反应有时可能是无益的。有时这源于建立善意关系的渴望，有时则源于我们对自己提供帮助的能力的内在焦虑。

作为治疗师，我们试图理解产生问题、症状或功能障碍的潜在过程，我们会急于下结论，不仅因为作为专家的我们需要证明我们知道事情的真相，而且想要避免不确定带来的不适。当利用我们的知识和整合功能试图理解正在发生的事情时，我们提出的假设可能在正确的轨道上，也可能不在。在这种情况下，治疗师能够忍受无知、安于不确定、模棱两可以及这个过程，直到事情变得明朗。治疗师也等待父母能够从不同的角度思考问题，并且能够从治疗师或乔治的角度听到发生了什么。有能力等待、待在困惑和不清楚的状态中，在任何治疗工作中都是至关重要的。

接下来，工作进展慢慢"浮出水面"，而不是以被迫的节奏推进工作。治疗师很清楚自己对这段艰难和痛苦经历的情绪反应，这段经历对父母和乔治来说很糟糕。能够容忍我们自己对痛苦经历的反应，又能够对此共情而不隔离，需要通常的自体觉察（我们是谁，我们自己的议题是什么）也需要特定的自体觉察（在特定情况下，什么能触碰到我们自己的议题和脆弱点）。

关于所发生的事情和父母对其的感受，这些历史资料的浮现需要治疗师花时间了解父母，也需要父母花时间了解和信任治疗师。建立关系需要时间，而不能靠需求来建立。因此，在父母开始讲述（对乔治和他们来说）痛苦的病史和创伤的会谈里，成就了一种事实以外的深度。

另一个向前推动进程的部分是围绕着父亲心中激起的感受进行的敏感工作。为人父母是巨大的发展性的一步，因此挑战了自我的现状。父母早期的历史被挖掘和激起，但这些历史来自一个被压抑的、在记忆中不一定存在的时期。它可能以压倒性、令人惊讶以及困惑的情感方式回来。这并不意味着父母一定要成为治疗中的病人，但确实意味着我们可能有机会帮助父母，利用他们观察性的自我功能，从成人的角度来看待和理解他们自己的过去。父亲能够记起自己过去的某些方面，有能力理解以及因此整合新的想法，从而使他能够以原来不具备的方法来帮助儿子。对父母双方来说，这项工作让他们以一种新的方式来理解乔治，并在扭曲的想法被曝光的同时，加强现实检验。

随着工作的进展，通过一些概念帮助父母理解乔治变得更有可能。这是父母工作的一个主要目标，通过加深他们对儿童总体发展的理解，特别是对他们的孩子的理解，支持和丰富他们的父母功能。因此，关于乔治的行为有其根源和意义的概念——即他感受到的某种东西和他内心的某种东西的交流，以及他的行为是有原因的——使得父母接触到他们自己关于那段重要历史的延迟和边缘化的感受，而那段历史使得乔治作为一个男孩的挣扎开始变得可以理解。否认重大手术带来的痛苦和恐惧，导致无法理解和整合这一重大创伤事件。一旦这些事件的艰难现实得到承认和证实，父母就能够看到他们自己的反应（对激烈运动的恐惧等）如何形成一些态度，而这些态度如何强化了乔治的焦虑并且肯定了他那些扭曲的想法。

治疗师没有取代父母的角色；相反，他/她帮助父母找到一种与乔治交谈的方式，使得他表达了之前被他回避的沮丧、恐惧和愤怒，以及歪曲的想法，认为手术是对他本能愿望和行为的惩罚。在很大程度上，他们能够帮助乔治解决本我和超我的问题。这种开放的表达除了帮助乔治消除恐惧外，还加强和修复了亲子关系。而成功的父母工作最重要的结果之一就是加强这个核心关系，这是儿童的第一个社会和世界；提供支持，并帮助这种关系发展，会带来长期的丰厚的回报。

父母来寻求帮助时乔治四岁，因此通过父母来工作是可能的和重要的。因为父母在真正的症状形成之前为乔治的前压抑寻求帮助，当父母干预时，对乔治就非常有效。他表现出来的是绝望的防御姿态，而不是作为压抑结果的妥协形成。最终结果如此令人满意，乔治的发展没有了阻碍，他能够获得进步。同时，历史并没有被否认，使得大家以一种健康的方式来面对现实，让乔治和他的父母适应他身体上的受限，并面对即将到来，可能重新唤醒所有人的焦虑、冲突和扭曲的医疗干预。因此，自我工作对这个干预的成功结果是至关重要的。治疗师帮助父母和孩子不仅观察外部世界，还观察他们的内在和情感世界，这让每个人都有能力用洞见和理解来处理未来的发展和未来的事件。

该干预成功的标志之一是，在孩子九岁的手术期间，父母和治疗师保持联系，传达他们是如何使用之前工作中的理解来帮助他们所有人的。这个消息以及后来乔治十五岁时的消息，反映了他们从早期工作中获得了持久的认知和理解。这是父母工作的主要目标，不仅通过父母来帮助孩子，而且通过针对孩子的工作来帮助父母。在这个案例中，这是成功的。

主编反思

与本书中其他章节不同，本章描述了一个治疗师自始至终没有与儿童会面的临床工作，所有治疗性努力都发生在分析师和父母之间。治疗工作采用最初由 E. 弗曼（Ema Furman, 1969）描述的治疗结构，分析师和父母为了学龄前儿童的需要而一起工作。我们采用这个案例来展示父母工作的广泛类型。它还印证了在其他案例和评论中出现的许多主题，并为我们进入相对未知的父母工作领域时引起的理论考量做一些铺垫。

我们从该案例中了解到父母的焦虑以及对孩子的担忧带来的巨大压力，它如何逼迫治疗师去快速反应来缓解他们的痛苦，以及当治疗师顶住这种压力，花时间与父母更全面地描绘事情的全貌，共同容忍不确定性，并在匆忙做出一般性解释或过早制订治疗计划之前，合作弄清楚最初的情况，这是多么富有成效。本章证实了，创建信任关系需要时间，在这种信任关系中，治疗师可以与父母结成联盟。

更具体地说，它说明了压力来自父母的无助以及他们把无所不知的能力赋予"专家"的防御性需要。我们也必须承认，被视为专家并做出相应的反应会对治疗师产生强大的吸引力。然而这对父母已经见过许多专家，他们都给出了答案，包括这位治疗师也是被当作专家，其他人才把这对父母转介过来的。当我们处理亲子关系时，从父母身上能得到什么？在所有案例里，父母来时都感到无助，但这位分析师没有自居全知者来回应，而是通过等待并与父母创建合作关系，三个成年人共同工作找出为什么这个男孩想要打扮得像个女孩。

作为父母感到无助的另一个后果是内疚感，正如该案例所描述的；这种感受经常调用主动的自体斥责去努力地减少痛苦、被动的无助感。当这一点被揭示时，分析师努力帮助父母辨别可以用实际行动来应对的"合理担忧"。这项工作产生了持久的影响。父母在乔治九岁接受手术时写信给分析师，"母亲特意告知，在她已经开始恐慌，感到内疚和不知所措的时候，她能够制止自己，在心里提醒自己：'这没用！什么会有用呢？'然后她对乔治（和她自己）做出现实的保证：很可能一切都会很顺利。"

亲子关系的变化对孩子有什么影响？在什么层面上？该案例中描述的工作改变了父母对自己和孩子的看法，以及他们对孩子的行为和感受的意义的理解。他们修通并接受了他们想象中的孩子和他们现在拥有的孩子之间的差异，处理了所有父母在某种程度上都必须面对的失望感。他们认识到，他们无助的恐慌除了有其他一些影响，还干扰了他们对孩子原初的爱。

分析师提供的诠释由父母传达给孩子，解决了孩子的本我和超我议题，也参与了他的自我与现实的互动。这些似乎以一种持久的方式影响着他的内部表征。当我们考虑应用与父母工作这种方式时，孩子的年龄对工作的深度可能会产生巨大影响，以及孩子的创伤是否真的可以只通过父母工作来解决。对于该案例中的学龄前儿童，他的担忧和令人困惑的行为似乎代表了一种绝望的防御性姿态，而不是真正的妥协形成的症状。对于大一点的孩子，我们可能会考虑需要个体治疗来触及无意识的元素。第三篇评论很好地指出，当孩子还没有经历弗洛伊德（1901）所说的"婴儿期遗忘（infantile amnesia）"时，是进行"通过父母的治疗"最好的时期。在压抑开始之前，父母知道孩子的早期生活，可以与孩子分享他们对那段时间的记忆，这对孩子来说是"说得通"的，从而为孩子"重建"那些可能发生在他们年龄太小的时候而已经忘记或记不清的东西。

从该案例中我们可以总结出的一个技术要点是：分析师应该抵制成为全能和全知者的诱惑，而花时间与父母建立工作关系，肯定他们在某些领域的实际知识和专长，并肯定父母能够在开放系统中保留他们的亲权、对孩子的认知及爱的现实。

第三章

父母妄想的影响

学龄期

临床案例

本案例介绍了与六岁孩子杰克的父母工作，提炼了关于与现实－检验有缺陷的父母一起工作的问题，并对其带来的危险以及可能性提供了"路线图"。我希望能澄清一些问题，当我们试图帮助那些由于代际创伤而导致扭曲的儿童和家庭时，能将这些问题牢记在心。在这样的儿童和家庭里，这些扭曲反过来又会导致对儿童的情感虐待。我能分享给与如此复杂的家庭工作的同行最紧迫的建议是，从一开始就建立一个安全和协调的专业网络／框架；正如这项工作所展示的，令人遗憾的是，造成进一步伤害的可能性很大。我还将讨论分析师对确保和保护这些工作环境的无意识阻抗。

作为一名刚毕业的学生，当资深精神科医生 B 医生转介 K 女士给我，让我处理她对三个孩子的担忧时，我很高兴。我很想给转介者留下深刻的印象，虽然这个愿望并没有作为警示信号被我意识到。我想象着 B 医生激发了我的治愈能力，因为 K 女士最近的情况变得更加复杂，他想看看我是否能胜任这项任务——虽然把它交给资历浅的同事有点冒险，甚至有失败的风险。不管怎样，先不说同事之间的转介中经常被忽视的无意识动力（这值得在我们的领域做进一步讨论），K 女士单独见了我五次，还有一次是和她丈夫 K 先生一起来的。她担心最近的一场危机影响了她陪伴孩子的能力。

六个月前，她在机场看到了她的前继父，他们没有交谈，这次碰面却打开了她童年创伤记忆的闸门。那时候，她因为被命令要保守与这位继父有性关系的秘密，而感到被同伴孤立。K 女士说，她在三年级时被一群好朋友孤立了，因为有一次她在朋友家过夜，当每个女孩都被要求说出自己最深的秘密时，她呆住了。K 女士说不出来，又担心自己如果说谎，上帝可能会发现，所以她保持沉默，拒绝讲述。女孩们觉得被背叛了，因为她们都说出了自己最深的秘密，所以她们开始排挤当时才八岁的 K 女士。

我感触于这位母亲的故事，虽然它很可能是一个组织了多次受伤和被遗弃的体验的屏蔽记忆*。这也显示了 K 女士的虔诚，她由于害怕评判的上帝而无法在心智中游戏，这让我怀疑创伤和忽视可能使心理运作变得脆弱。我认为 K 女士是一个可信的事件讲述者，因为转介人没有提到任何关于歪曲的倾向。在最初的咨询中，K 先生参加了一次会谈，他不同意妻子的强烈感受，即孩子学校的人不太欢迎他们。K 女士则认为自己在家庭、职业和社会生活中受到贬低和排斥。

在这些父母会谈的三个月后，K 女士打电话给我，她非常担心杰克，他的测试结果显示他比年级水平落后一年，而且他还被同学欺负。起初，父母最担忧的是他们的二女儿阿玛利亚每天发脾气，而现在他们最担忧的是杰克。有趣

---

* screen memory，即筛选记忆，出自弗洛伊德 1899 年的文章《筛选记忆》(*Screen Memories*)。屏蔽记忆是一种主观体验的记忆片段，在意识中（在屏蔽物上）发光地显示出它自己，无意识动机是为了更好地隐藏（被压抑的内容）。摘自：EUGENE J.MAHON，*SCREEN MEMORIES: A NEGLECTED FREUDIAN DISCOVERY?*。屏蔽记忆"作为一种记忆，它的价值不在于它自己的内容，而在于该内容与其他被压抑的内容之间所存在的关系"。（Freud，1899a，p. 320）——译者注

的是，杰克也出现了类似的被社会团体排斥的经历：他一直和班上的一个男孩非常亲密，直到这位朋友开始取笑他是一个"爱哭的宝宝"，这让所有的男孩都回避他。杰克跟不上课堂的快节奏，所以他被推荐到资源教室寻求额外的帮助。学校也指出了他注意力不集中和可能患有多动症的问题。十一岁的大儿子弗瑞德是个优秀的学生，大部分时间都埋头读书，没有朋友。在我和杰克工作的背景下，父母会谈的结果是在几个月内，三个孩子都见了不同的治疗师。

  我对杰克的早期观察是，他和蔼可亲、英俊的脸上有一双明亮的棕色眼睛，与之不相匹配的是他迟疑不决的动作和言语，是如此缺乏主动性和自信。杰克在第一次会谈开始时问我要做什么，他仔细地观察我的脸，以防我可能不喜欢他的喜好。我回答说，这是属于他的时间，在这个房间里他可以说他想说的，或者玩任何他想玩的。他瞪大了眼睛，面对如此多的选择，他好像很焦虑。我好奇闲暇时他喜欢干些什么，他耸耸肩。他喜欢那盒新的彩色铅笔和橡皮泥，他把它们拖到身边，却既不画画也不捏橡皮泥。当他问我画画是否可以时，我松了一口气，因为我担心他太焦虑了，以致不能做任何事情来让自己放松。他画了一辆有着大轮子的跑车，专注于诸如车身和银色的轮毂盖上的火焰这样的细节。他在形状和颜色的选择上寻求肯定，问我红色或橙色哪个更适合画火焰，灰色或黑色哪个更适合画轮胎？我有一种感觉，这个男孩非常小心地按照"规范"来生活，以免引起任何波澜。在第二次会谈中，我们轮流在房间里藏一个玩具，让对方去找。杰克把他的玩具放在对我来说一眼就能看到的地方，以确保我很容易找到它（他），并抱怨我把玩具藏得隐蔽了一点，认为我想骗他，而不是让游戏更有趣。如果一切都没有公开展现，他就会立刻体验到不确定的丧失感。当他说话出错时，比如把玩具"train*"说成了"tain"，他看上去很惊恐，好像我会批评他。我感觉到，一个聪明男孩应有的推理和创造性的冒险被他的世界中没有增益或没有意义的事情所削弱。

---

* 意为"火车"。——译者注

在每周一次治疗的两个月后,杰克和我在他的要求下玩了一个游戏来提高他的数学能力。我再一次意识到,当他感觉更放松时,他的脑子转得有多快,因为他瞬间就记住了所有的数学信息和规则。尽管如此,有时即使他已经三次算对了一个重复的求和,但到了第四次,他还是会把目光移开,好一会儿也算不出来。他会咯咯地笑,过一会儿重新找回专注力,之后给出正确答案。当我提出他走神了,因为他前三次都做对了,但第四次却说不出答案时,他看起来很不好意思,好像他因为走神而做了坏事一样。我说,如果能知道他那颗善于思考的心去了哪里,那将是很有趣的,这样我们就可以帮助他在学校里更多地使用他那非常棒的头脑。他头一次笑了,对有人注意到他是聪明的而感到兴奋。

在杰克接受治疗的第一年,他父母经常错过每两个月一次的父母会谈。我一再向他们提出,我需要他们的帮助,以支持与他们儿子工作的连续性。私下里,母亲会抱怨她的丈夫轻视治疗,这就是他没有时间参加会谈的原因。由于父亲的日程安排和对父母工作的矛盾情绪,我常常单独与 K 女士会谈。父亲与母亲一起参加了大概四分之一的会谈,同时母亲对他多年来没有接受婚姻治疗的请求而感到沮丧。当父母双方都在场时,我开始明白父亲为什么要保持距离。K 女士会因为他在一个冗长的宗教仪式上和孩子们玩井字游戏,而指责他不尊重人。还有一次,她生气地抱怨他从来不允许她去健身房。一个不满唤起了所有的不满:她多年来一直想接受婚姻治疗,她甚至会恳求,但为什么直到现在他才第一次进入治疗师的办公室?在这些时候,父亲会问她希望他怎样帮助孩子们在长时间的仪式中不发出噪音,或者提醒她他曾经提议要带孩子们上床睡觉,这样她就可以去健身房了。K 女士感觉很崩溃,既要全职工作,还要回家做晚饭,然后哄孩子们睡觉,特别是想到最近看到了曾经对她施虐的人。她希望 K 先生能负责每天哄孩子们入睡,而不要让孩子们太兴奋,否则她还要负责让他们安静下来。父亲会为自己辩护说,他认为孩子们在学校度过了漫长的受束缚的一天,喜欢打打闹闹的游戏。她反驳,这使她无法哄他们睡觉。

我问了更多关于他们现在的家庭以及他们各自还是孩子的时候，日常生活里的规矩是如何建立起来的。K女士记得在她八岁以前，当她雄心勃勃的单身母亲读完大学又读研究生时，她有很多个晚上都是自己上床睡觉的。记得有些夜晚，母亲讲完故事给她盖好被子后，还是把她独自一人留在家里。有一次她踩在滑板上滑倒了，当时她嘴唇受伤流了很多血，她很害怕。她估计自己当时的年龄有"十岁以上"了，就像十岁的孩子已经大到放学后可以照顾自己了。在我们一起工作的过程中，她意识到那次受伤时她还不到十岁，因为她想起她当时追赶的那只小猫是在她快八岁的时候死的。

她的父母在她三岁前就离婚了；尽管父亲的住所与她相隔几个州，但他在经济上还支撑着这个小家庭。这个细节让我好奇，爸爸和孩子们"打打闹闹"的玩耍是否触动了K女士对长久失去的父亲的渴望。K先生记得他和弟弟捣蛋的睡觉时间，他的父母对他们感到很挫败，但同时他感受到他的父母明白摔跤是件有趣的事情。关于目前日常生活的规矩，他说，大多数晚上他都会提出由他来哄孩子们睡觉，但K女士坚持说只有她才能让他们平静下来。

和杰克一起工作一年后，父母不规律出席的情况变得更糟了。我多次联系他们见面，但无济于事。K女士在电话里向我解释，她从小就有被虐待的记忆，需要和丈夫保持距离。我得知她在孩子开始治疗后就不再去见自己的精神科医生了，因为她说她不能从工作中抽出更多的时间，这一细节让我感到担忧。现在她需要和丈夫分开一段时间来整理创伤性闪回，因此不能抽出更多时间来参加父母会谈。在我每周与杰克的会谈里，他报告说爸爸对妈妈很刻薄。他说爸爸没有邀请她参加他的办公室聚会，这个年度活动通常都是他们一起参加的，妈妈真的很难过。他说他不喜欢爸爸，爸爸表现得像个"混蛋""对妈妈不好"。我越来越担心和困惑，但我对这对父母发出的见面邀请都被忽略了。最后我用父母要一起来会谈的紧迫性说服了他们。K女士几乎不看爸爸一眼，并且感觉到被他拒绝，因为她想象是因为他和办公室的一位同事上床了，所以他才不邀请她参加办公室聚会。他解释说，他只希望她能陪他，但仅仅因为当时他们没有找到好的保姆，她就坚持让他自己去。此时，我再次感受到了早期与妈妈会谈时感到的不一致而带来的困惑。妈妈大声喊到她知道他在做什么，她不会干涉他的新感情生活！

在这次父母工作之前，有太多关于杰克的紧迫需求要谈，所以我没有优先谈论 K 女士错误的现实检验。此外，我一直避免提出：因为 K 女士对 K 先生关于事情不同视角的反应告诉我，她的视角是不可转变的，这进一步的细节提醒我她过去可能遭受过严重的创伤。K 女士不赞成 K 先生晚上让孩子们过度兴奋，导致她无法哄他们睡觉，这仍然是最重要的话题。他完全忽视了她晚饭后健身的愿望，这让她勃然大怒。在前一次会谈上，他很轻易地同意了让她在晚饭后随时去健身房，我以为这件事情已经解决了。然而，在 K 女士的头脑中，他拒绝了，因为他没有每天晚上说"今晚你去健身房，我保证不会让孩子们狂躁"。接下来是一段令人困惑的对话，妈妈坚持要他定期地问，而爸爸坚持她随时可以去。我再次建议他们在这里制订一个时间表，因为我们之前计划的事情还没有做（一头滑进了被置换的问题里）。然后，K 女士尖叫道，如果他让孩子们太兴奋，她就没有办法去锻炼了，这样她将不得不放弃健身，直到他们长大。她提高了嗓门说，考虑到锻炼对她的心理健康是多么重要，她再也不可能和他一起生活了。我心里想，她是不是有了另一个情人？这是她突然那么希望离开丈夫或看起来很健美，或是她坚持他有情人的原因吗？我大声说，我想了解是否有其他事情隐藏在健身房议题之下，她生气地告诉我，我根本不了解她家里的情况。K 先生断言会好起来的，他可以把孩子们哄上床睡觉，因为他已经这样做过很多次了。这只是当时众多育儿管理问题之一，这对父母在所有问题的说法上分歧如此之大，以致在会谈后我感觉头很晕。

一周后，杰克的外祖母打电话给我。我见过她，在她定期拜访家庭的时候，她会带杰克来参加治疗。在上周末的一个可怕事件后，她一直与 K 女士新的精神科医生保持联系。她报告说，K 女士带杰克出去，在一家典当行停留时卖了 K 先生送给她的一块名贵手表。当他们回到家时，母亲若无其事地告诉父亲，她卖了他送给她的古董劳力士。父亲哭了，因为这让他感觉很突然和残酷，后来他给我留了一条语音信息，解释他不明白发生了什么，也不知道该怎么办。外祖母留了另一条语音信息，解释说她的女儿（K女士）不再和她说话，并要求独处，因为她被小时候多次遭受强奸的创伤性闪回淹没了。在孩子们面前，K女士让外祖母"滚开！我小时候被强奸，受到了创伤，我再也不想和你说话了！"。根据外祖母所说，K女士以前从来没有与她这样沟通过。她不知道K女士在说什么，并承认作为一个单身母亲，她让女儿独自一人的时候太多了，但她绝不会像女儿所说的那样故意让她受到伤害。

　　现在全家人都陷入了危机。K女士决定住进精神病院，但由于这是一个自愿住院的病区，住了四个晚上后她就离开了，然后把自己锁在家里阁楼的一个空房间中，告诉她的丈夫她需要独处，因为她被过去遭受虐待的想法围攻。我和母亲通了电话，对她如洪水般的闪回表示同情，并敦促她试着看看孩子们，因为他们想念她，很担心她的健康。我们说好在杰克下次预约时她来与杰克见面，因为她不想下楼，怕见到K先生或她的母亲。杰克在会谈中看到她，松了一口气，但被她富有青春气息的衣服和洋红色的头发惊呆了。他为她画了一幅全家福的图画，上面画着一颗心，离开时她却把图画留下了。

　　母亲报告说，她不同意医院对她的诊断，因为她知道这是创伤后应激障碍，所以她不会服用医院开的药。K女士的功能迅速恶化。K先生央求母亲参加家庭晚餐，让孩子们能看到她。此时，我与K女士通过几次电话，她报告说，她小时候多次受到几个不同男人的性虐待——她的父亲、继父、邻居、教练——她坚持说，她的母亲知道这些事，而且确实允许他们这样做了。她报告说，一个男保姆多次虐待她，第二天她报告说，在她母亲的要求下，一个邻居被允许进屋，然后在一次紧急父母会谈上，她指责她的丈夫性侵犯。他哭着说他非常难过，因为他以为他们都很享受在一起的亲密时光。当她嘲讽地回应时，他真的很沮丧。目睹母亲把固执想法发泄在所有家庭成员身上，造成情感大混乱和指责，这让他非常难以忍受。K先生和她的母亲已经成为不受欢迎的人物，我将是下一个，现在我正试图保护杰克避开K女士的执念：父亲是一切邪恶的源头，就像她的继父和母亲一样，以及其他所有在他之前的男人。这是我第一次遇到讲述的故事经常改变的病人。考虑到K女士混乱的思维，有可能她在童年经历了多重创伤，我们知道她被忽视了，她的母亲也承认自己当时是一位年轻的单身母亲，但考虑到外祖母对事件的诚实报告，她母亲故意让她和施虐者待在一起的细节是很难想象的。

K女士接下来在寒假期间参加了一个全天的门诊项目，每天晚上回家后都把自己锁在阁楼卧室里。她报告说，她正在尽最大努力与孩子们共度美好时光，杰克在会谈上如释重负地反映了这一点。外祖母搬进来帮忙，K先生请假来陪伴孩子们。尽管如此，当外祖母带杰克参加每周一次的会谈时，我仍然经常听到她说，他晚上睡不好，恳求外祖母或父亲留下来，直到他睡着。孩子们非常想念他们的妈妈，尽管妈妈的身体是在场的，但她很难给予他们所需要的关注。在这段时间里，我一直在与这对父母见面，尽管妈妈的心思被占据着且能量水平非常低，我们还是花了很多时间来研究妈妈能为孩子们做些什么。慢慢地，妈妈可以让自己从房间出来和每个孩子待三十分钟，令人感动的是，这些互动对孩子和K女士都很重要。

以前缺乏好奇心的杰克现在恳求我告诉他妈妈怎么了："你必须告诉我，我妈妈小时候发生了什么事。"在危机最严重的时候，他无意中听到了多次激烈的争吵和对话。听到他急切、好奇的询问，我松了一口气，同时对我不能回答这些问题感到痛苦，不仅是因为我不完全了解，而且因为他的母亲所报告的内容对于杰克来说，在他的发展阶段是不适当的。他已经听到太多次妈妈的爆发，知道这与一个男人触摸她有关，他每天都受到妈妈的感觉的影响：K先生是一个不安全、不友善的人，这让杰克完全搞不清楚谁是安全的，谁不是安全的。杰克对妈妈的依恋让他很容易接受她的观点，认同爸爸是一个不安全的人。

我开始问自己，爸爸是不是一个不安全的人。K女士是对的吗？他是否对她重复了性创伤，或者作为一个遭受性创伤的女人，她是否把亲密和创伤的感受联系在了一起？我永远不会知道，但我确实发现父亲的报告是一致的，而母亲的则总是变来变去。外祖母还报告说，在这段时间里，三个孩子都非常依赖父亲，而他们的母亲在情感上是缺席的。爸爸一直在表达让他心碎的是，他想娶的女人，他想和她一起抚养孩子的女人，现在在见他时充满反感和恐惧。他很同情她可能正处于创伤引起的心智状态中，但他也在这个时候体验到了深刻的伤害和丧失。此外，K 女士的母亲和 K 先生在这段时间里承担了照顾的任务。

当 K 女士的门诊项目结束时，她有了毕业生般的自信，她想马上和 K 先生分居，去网上给她和孩子们找房子，在孩子们面前嘲讽父亲不能加入他们。我知道她没有能力处理搬家的事或做单亲妈妈，我鼓励她再等一段时间，因为孩子们刚刚体验了很大的不稳定和丧失。她最初同意这一点，但后来又禁止她的母亲与孩子们接触，在外祖母回家后，三个孩子都非常想念她。我越来越担心如何保护孩子们免受妈妈对 K 先生经常敌意的、性化的言论，她现在把 K 先生加入了施虐者之列。杰克会偷偷告诉我，他的父亲将不被允许参加为本周末而计划的一些家庭活动："我们要去滑冰，然后去喝热可可，但不包括爸爸。"

在重新开始的父母会谈上，父亲问母亲为什么不让他参加外出活动。虽然父亲坚持加入家庭，但 K 女士会抱怨他的态度，或他不善于让孩子们遵守规则。我试图说服 K 女士把她的感受带到我们的会谈中或她自己的治疗中，因为她在吃饭时、学校的活动中、外出时对 K 先生的负面看法，会让杰克怀疑他自己的父亲不是一个值得信任的人。我问母亲，她是否能够发现，杰克有权力嘲笑他的父亲，这是多么地具有破坏性，比如："爸爸，我们很快就要有新房子了，这样我们就不用靠近你了，你毁了这个家。"

在一次特别艰难的会谈上，K 女士坚持认为 K 先生应该遭受他儿子的敌对，并指责我因为没有看到父亲的施虐而偏离了伦理，威胁要打电话给我的专业机构，因为我只针对她的行为而不管父亲的行为。我面对母亲的执念①（idée fixe），即她的丈夫是一个施虐者，感到无能为力。

我被这个威胁吓坏了，我以前从来没有被这样指控过。我很害怕，打电话给伦理董事会征求建议。我们一起阅读作为强制报告者向儿童保护服务机构提出报告的标准，标准是对身体、性虐待或精神虐待的"合理怀疑"。我对"父母的离间"深感担忧，即一个孩子出于毫无理由的原因对另一方父母表现出恐惧或不尊重。顾问告诉我，在我看来一旦情感虐待变得明显，就应该立即向儿童保护服务（child protective services，CPS）报告，此外，这样做能保护我，以防K女士向专业机构举报。

我花了很长时间才艰难地做出给CPS打电话的决定。在那次艰难而充满威胁的父母会谈过后的那个星期，母亲在会谈当天取消了杰克的预约，并报告说她不能参加父母会谈。我决定打电话给CPS征求意见。CPS认为我所描述的事构成了"情感虐待"，因此，我被强制授权做报告。伦理顾问和CPS顾问都明确表示，我报告得太晚了，这让我觉得我是被法律强制这样做的。

诺维克（Novick）夫妇在他们关于父母工作的开创性著作中写道，"我们发现，包括儿童分析师在内的许多儿童工作者可能会受到拯救幻想的驱使，这种幻想将现象的动力置于一种心智功能的系统中，而这种心智功能使用敌对的无所不能的幻想作为对抗无助感的防御"（Novick，K.K. & Novick，J.；2005，p. 11）。这句话描述了我们儿童分析师在与高风险儿童工作时的脆弱性。由于拯救幻想的防御和潜意识希望在母亲和父亲（一个人自己内化的父母和真实的父母，以及儿童工作实践中的父母）之间取得平衡，以抵御排斥、匮乏和痛苦，向儿童保护服务机构报告在潜意识层面上代表了一种多层次的无所不能的幻想。诺维克的书中的另一句话一步到位地总结了与孩子以及父母一起工作的

---

① 皮埃尔·让内（Pierre Janet）在1894年使用了这个词，他的观点至今仍被引用，因为这些观点基础性地描述了当创伤未经处理时，心智是如何分裂并持续受到创伤的影响的。关于让内对创伤引起的防御行动的贡献的精彩讨论，请参见哈特和霍斯特（Hart & Horst，1989）。

最大挑战，"……我们同意弗曼的观点，核心身份认同首先是与一个没有性别的母亲一起形成的……因此，难怪所有从事儿童工作的人都容易对全能母亲*做出反应以及防御对抗全能母亲。在进行有效的父母工作之前，必须承认、分享和修通这一点"（p. 11）。

以我自己的经验，这种承认和修通知易行难。虽然我和父母的关系一直在发展，在家庭危机期间确实增加了工作频率，我们之间有了信任和工作联盟，但是在努力帮助母亲调节她在孩子们面前指向自己母亲和丈夫的煽动性和性欲化的指控方面，我感到无能和无助。由于母亲把自己的精神科医生换成了一个不同意协同工作的人，令人遗憾的情况变得更加难以应付。在母亲极度艰难的几个月里，K 先生和她代表了杰克和他的兄弟姐妹所依靠的两种不同的照顾者。K 女士无疑是在重温真实的和心理的创伤，创伤的碎片涌入她的精神生活，从而创造了她对当下生活中的人的固执想法。而此时，她也在给她的家庭造成创伤。在 K 女士看来，她的指控是合理的，"因为它们是真实的"，而危险的是我，因为我在试图保护孩子们的依恋，在鼓励不同的观点。

从技术上讲，我是在走钢丝，试图帮助她感受到被倾听和被相信（她的丈夫和母亲都是折磨她的人，这是她的心理现实，是她的执念），同时目睹杰克失去了确定因与果、现实与非现实、安全与不安全的能力。当母亲经历痛苦时，杰克爱着并依赖着父亲。但在许多情况下，他很明显有一种强烈的担忧，那就是从父亲那里得到特别需要的爱会增加从母亲那里感受到的被抛弃和心痛。我承认 K 女士对她自己所说的她母亲和丈夫对她所做的一切，强烈地感受到不公平。但是由于她在困难时期也依靠他们来照顾孩子，因此在某种程度上她是信任他们的。所以我还是请她把这些感受带到她的个体治疗或父母会谈中，因为杰克听到他妈妈指责他们在性方面做了他不理解的可怕的事情，这

---

* Ur-Mother，德文，指没有性别、包含所有性别的超级母亲的原型。这里的意思是治疗师倾向和容易被诱惑成为一个全能母亲。——译者注

对杰克来说是极具扰动性的。对她来说，这就好像我在要求她不要勇敢面对施虐者，我的话被充耳不闻。具有讽刺意味的是，这种经历让我们两人都感到无助。

我开始感到，这种在我们工作中普遍存在的无助体验，源于母亲最初对一个强大的全能母亲或类似人物的无助感受，是我们所有与父母接触的人（校长、教师、社会工作者、儿童分析师以及其他人）在我们的工作中都容易感受到和防御的一种情感。在与杰克的会谈中，我继续见证他是如何认同妈妈的观点，同时他感到心碎和困惑，想象着他心爱的爸爸可能是有缺陷的。杰克对母亲的迫切需要意味着他不得不质疑父亲的完整性。

例如，在那期间，杰克恳求我告诉他我丈夫的名字，相信他可以根据他的名字想象他的头发颜色和外表。我想知道这些信息对他意味着什么，对此他说："我就知道你会选择一个好人，你知道谁是个好人。他可能很好，不像我那个浑蛋爸爸。"了解到杰克这么渴望一个慈爱的父亲，我的心抽搐了一下，同时我也为他的父亲感到心碎，感受到他的儿子如此认同妈妈对他的看法，以致他暂时失去了儿子的尊重。我提醒杰克，他不知道我的丈夫是好是坏，但是我明白他是多么爱着和钦佩他自己的父亲，并希望他的父母彼此相爱，这样他们就可以更完全地爱他和照顾他。他开始哭，告诉我他班上的一些孩子很烦人。原来烦人的意思是当他在课堂上主动参与时，因为在白板上犯错而被取笑。前一年我们一起研究过，他在课堂上集中注意力的能力与他在心里努力处理家庭状况有着多大的关系，他哭得更伤心了，说："关注到在家里发生的所有事情是不可能的。"这一刻我真的很想拥抱他，我自己也差点哭出来。

我选择让父母了解，我之所以向CPS报告是因为迫切希望我们能够一起涵容这些体验。我解释了我的担忧，我帮助母亲控制对父亲和外祖母的性欲化的谩骂，这项工作没有得到重视，这正在对孩子们造成严重的情感伤害。不出所料，打电话给CPS，最初让事情变得更加糟糕了。我权衡了治疗结束的可能性，以及这种干预能够成功地传达父母离间（父母一方试图嘲笑另一方或者嘲笑儿童照顾者）的影响是多么巨大的可能性。在这个案例中，CPS 的报告实现了两者。

精神分析师最重要的是对他们的工作保密，所以当破坏隐私的行为发生时，例如联系 CPS，父母、孩子、祖父母、学校和其他与家庭一起工作的专业人员，会对这种干预有强烈的反应。我们也受到法律强制令的冲击，因为它在保护我们的同时，也侵犯了我们的心灵。CPS 在学校看望了孩子们，后来又做了家访。这个调查加剧了杰克的忠诚冲突。由于在母亲感情缺席的几个月里，他非常想念她，能够把母亲留在身边是如此重要，以致他倾向于赞同母亲对父亲的嘲笑性辱骂。

出于拯救和保护杰克的深切愿望，我与一个外部机构联系，寻求验证和支持。按照常规，这种做法是合理的，并且专业人士当时建议我早就应该这样做了。在我打电话后，K 女士变得愤怒并且结束了治疗，我深深地质疑这样做是否正确。几天来，我一直在发呆，因为我担心我的行为所带来的后果。我的行动带来的唯一安慰是 K 先生报告说，这确实立即阻止了妈妈在孩子们面前中伤 K 先生和外祖母。

从初始接诊的那一刻起，儿童分析师在与父母建立联盟之前，就很容易对自己无意识的拯救愿望做出反应。父母能够出于任何原因在任何时候单方面终止治疗，并且正如该案例所展示的，在治疗过程出现困难时父母会这样做。那么，我们可以学到些什么呢？最理想的情况是，儿童分析师和父母在目标和工作上是一致的，这是公认的。尽管和孩子一起工作的我们对自己的评估能力有体验和信心，但是有时，我们会接受来自父母或转介同事的工作方向。评估父母能否参与帮助孩子这项非常复杂的工作是评估的重要组成部分。

虽然我长期以来一直把父母工作作为儿童治疗和分析的一部分，在必要时把家长转介给同事，但我在坚持与这些家长进行更规律的接触方面有点迟钝。我从一开始就感觉到 K 女士的一些故事不太合情理，而我不知道该如何回应。我不知道该怎么处理 K 女士的歪曲。我没有坚持定期会谈，直到为时已晚，这让我回避了思考个案中引发我的无助和无知的部分。不幸的是，我没有有意识地觉察到这些动力。虽然早些时候，与这些家长更频繁地接触并不会阻止这个复杂案例的失败，但我真的希望我们能有一个更好的结局。我非常努力地让妈妈和一位可以与我一起合作的精神科医生同事工作，但 K 女士坚持要看那位认为没有理由与她儿子的临床工作者联系的精神科医生。我可能不是唯一在艰难的父母工作领域，对于那些让我们感到无助的内在信号充耳不闻的儿童分析师。尽管真诚和承认我们的缺点是多么的不舒服，但请更多地思考我们这些共同的弱点。心理健康团队之间的合作是不可能的。

虽然我从同行关于父母工作在儿童工作中的作用的著作和想法中受益，但我感到惊讶的是，它的重要性很容易从我的脑海中消失。当我们接到求救电话时，无论是来自同事的还是父母的，我们都会不可抗拒地响应我们强烈的为孩子服务、把孩子从有伤害的道路上拉出来的愿望。谁能常常抗拒拯救或者保护童年时期的自己免受伤害的幻想呢？然而，无论多少次，我有幸与儿童患者的父母或以团队方式与同事合作得非常好，但是我仍然很容易受到贯穿于临床工作的无意识力量的影响。我只能独自面对这个弱点，但我怀疑其他人也会有同感。

正如我所担心和希望的那样，这个个案确实失败了。K 女士因为我联系了 CPS 而暴怒，虽然她再也没有回来见我，但我从 K 先生那里听说，她担心这会威胁到她在她的领域中的声誉。K 先生还告诉我，母亲新的精神科医生对我的电话感到震惊。但 CPS 的调查确实带来了一件好事：妈妈不再在孩子面前攻击爸爸了。对我来说，这个个案结束得很突然。我也知道这么突然不符合杰克的最大利益。我曾希望这位父亲能够继续把杰克带来，我们两个显然非常亲近了，但他不想再发生任何让妻子感到不安的事情。他很爱她，希望她能重新找回他对她的吸引力，并希望通过对她言听计从来达成这一点。

个案结束后很久，我遇到了外祖母。她说，父母已经离婚了，杰克后来成了一个成绩非常好的学生，并提到他刚刚获得的一个学术奖项。也许总的来说，我履行了希波克拉底誓言的"不伤害"原则，因为我的干预确实让妈妈不再在孩子面前讥讽父亲，但突然的结束对任何人都不好。我真的希望我能够有更多的时间来回顾我们在一起的时光，来和杰克说再见。

评论 1

嗯，非常棘手的个案。以如此开放、清晰的思考和从错误中学习的意愿来展示一个案例，真是太好了。如果说我们从中学到了什么教训，那就是我们任何人都不可能再做更多的事情了。

这只是一个让我们思考的片段，因此案例中没有展示详细的会谈。但是考虑到杰克思考和使用智力的能力的重要发展迟滞，我推测，尽管男孩的治疗突然地并且过早地结束，但由于治疗，他的内在发生了重要变化。治疗师似乎很努力地给他信心，鼓励他相信自己的智力，我认为这一定有很大帮助。

当我们与孩子一起工作，而父母一方或双方比孩子病得更重时，总是会出现的一个问题就是如何处理这种情况。我们都被教导不要干扰父母和孩子之间的关系，但有时我们有机会去关注孩子已经注意到的关于父母的一些事情，例如母亲对自己受虐待的叙述有奇怪的不一致性。在过去，我可能会觉得我不得不忽视这一点，而现在我更愿意让孩子知道我注意到了他的观察。否则，我们就是在与父母的妄想，或执念，或欺凌，或操纵共谋。有时唯一的希望就是孩子的心智健全和观察能力能得以幸存，直到他在青春期后期离开家。杰克相信他的治疗师可能嫁给了一个好男人，这不仅表明，他对父亲的善良有感觉，以及他通过对治疗师的移情体验内化了她对真相的坚持，而且还意味着他真的已经内化了一些关于真相和现实的重要东西，这些东西拯救了他。

有一件事让我有点担心，那就是治疗师很快就把创伤认定为引起母亲混乱指责的原因。我毫不怀疑她关于创伤是造成这个执念的原因和条件的观点是对的，但我们也需要面对这样的事实：我们以及母亲的家人不得不面对这样一类人，而且有可能是有人格障碍的人。几年前，我开始对同事说，我不愿意接收精神病性父母的孩子（有时是一方，有时是双方），因为最终，如果我敢于挑战父母对孩子的无情，即使只是关于减少每周的治疗次数（即比杰克家发生的情况更温和），他们都会结束治疗。当然，我没能坚持这个接收个案的规则。因为当父母急切和恭敬地试图为他们的孩子寻求帮助时，我并不总是了解我将面临的艰难险阻。

然而，我想说的是，在我积攒了很多治疗精神病性儿童的经验之后，我已经发展出一种直面他们而不报复的方式（这是一个沉痛的教训——我们开展这项工作是帮助遭受痛苦的人们，并不必然熟悉"战场"的特点）。我学会了"蒙上眼睛"，不再那么开放和脆弱。这对我与孩子的工作有帮助。但与父母工作的问题是，我们试图引起对孩子的关心和责任感（正如本案例中的治疗师所做的那样）。而对于精神性或有人格障碍的人来说，这可能是浪费时间。因为他们自己隐藏在操控性和苛求性背后深层的个人需求可能得不到满足。这看起来是自私的和以自我为中心的，但是就像存在于杰克妈妈身上的一样，这也可能是非常令人绝望的。因此，这样的人本身需要技术性的个体分析。在家长工作中，我们所能做的就是不要太软弱，让他们知道我们可以看到他们强大的操控，但也要尊重他们内心深处寻求帮助和理解的需要。而当他们强有力的投射表明并非如此时，对此进一步的帮助往往是他们最不会考虑的。

玛格丽特·拉斯廷（Margaret Rustin，1998）写了一篇关于父母工作的四个层面的非常有趣的论文。她建议，在第一个层面，诸如面对一名非常偏执的家长，我们最多能做到的就是设法倾听他的抱怨，使得孩子能够继续治疗；第二个层面是给予情感支持；第三个层面包括支持加领悟；第四个层面是真正的治疗性领悟。

然而，让我们记住，当情绪虐待的情况像杰克那样严重时，我们确实需要打电话给CPS，即使治疗会终止，这样做也确实有帮助。（我很好奇离婚后谁拿到了抚养权。）我经历过这种情况，我打电话给 CPS，他们很认真地对待情感虐待的情况，但一段时间后就没再继续了。这在法庭上是最难证明的事情，特别是如果父母又聪明又有说服力。

祝贺主编，在这部与儿童及其家庭有关的作品中提出了一些非常重要的问题。我想，可悲的是，我们必须面对我们的局限性和部分的成功。

评论 2

通常只有在事后，而且有时只有在治疗过早地和突然地结束后，我们才能了解到家庭病理的真正深度。我们很少有机会在事后从理论和技术的多个角度来研究这种棘手的案例。与许多记载有"足够好"结果的那些治疗的出版物不同，本书通过让我们看到结局并不欢喜的治疗，激发我们所处的领域进步的可能性。幸运的是，本案例中的治疗师慷慨地为我们提供了她与一个复杂的家庭案例艰难前行的反思。

治疗之旅的开始承载着许多孕育着意义的元素，但这些元素往往"隐藏得一目了然"。是家庭成员还是其他专业人士发出了最初的求救警报？促使一个或更多家庭成员接受治疗的状况是什么，为什么要在那个特定的时刻寻求治疗？谁是"被认定的病人"？在儿童分析工作的案例中，儿童替其他家庭成员承载着哪些创伤性联结（links）？为人父母的夫妇的本质是什么：是成长性、"创造性夫妇"（Morgan，2010），还是破坏孩子健康发展的有害夫妇？当母亲或父亲始终不能参加父母会谈时，这样一个行动缺失（missing in action）的家长传达了什么意思？由于这些问题不能立即得到回答，分析师需要保持在一个负性能力（Bion，1970）的位置，以便不妨碍理解。

在这位治疗师的案例中，她最初与"杰克"的母亲进行了几次单独的会谈，然后在一次共同父母会谈上与父亲见面。随后继续与 K 女士进行了几个月的工作，然后才与男孩见面。与其把这一系列单独的和共同的父母会谈看作偶然情况，我们可能会对这种有趣的劳动分工潜在的无意识意义感到好奇。我想知道：是什么阻碍了治疗师探究这种早期模式，或者一开始就停止这种模式？换句话说，这种自然的发展邀请我们对展现的家庭动力，以及治疗师似乎被收编入以支配和顺从占主导的家庭系统中的方式，进行深入的思考。读者开始发现，K女士成功地以她的痛苦和苛求将她的家庭和治疗师绑架了。总之，治疗师似乎感觉需要根据K女士的说法来与这对父母会面，这预示着治疗师后来会感到恐惧、无助，并且最终不知道是否要让儿童保护机构介入。

"杰克"被描述为一个英俊、聪明、焦虑的六岁男孩，他在学业、社交和情感上都受到普遍性的抑制和发展性的迟缓。他似乎显露了一个亲职化儿童的姿态，吓呆了，或者至少被相当大的恐惧困住了，因为他害怕这个世界即使在最好的情况下也是不具涵容性的，最坏的情况是，他会处于持续的忽视和家庭创伤中。杰克的兄弟姐妹每个人都为这个陷入困境的家庭传达了其他症状性的困难，二女儿"阿玛利亚"以发脾气的形式表达了她的痛苦，而大儿子"弗瑞德"尽管智力超群，却"没有朋友"。显然，这对父母在他们的关系中缺少资源来面对不断升级的冲突或补充储备，更不用说作为他们陷入困境的孩子的容器了。此外，他们不顾杰克的治疗师的建议，通过抵制夫妻治疗和反对共同的父母工作，让他们的困难得不到控制。虽然K女士声称，她的丈夫是唯一一个提出这种反对意见的人，但从分析性夫妻治疗的角度来看，夫妻中的一名成员可以被看作代表夫妻整体在表达愿望。看来治疗师可能被误导而相信了，反对父母工作的发言人只寄寓在K先生身上。这也许揭示了她对最初被转介的K女士的偏向。

我们得知杰克的母亲容易出现严重的情绪崩溃，她自己描述为创伤后应激障碍。有时她会被妄想症和严重的思维扭曲所侵袭，有时她会把这些强加给她的孩子。K女士针对丈夫的蔑视和攻击后来也延伸到了转诊的精神科医生，最终延伸到了治疗师本人。治疗师记录了每个父母困难的早期起源，收集K女士的材料比 K 先生的更多。重要的是，K 女士感知到许多忽视和虐待的情况，包括性侵犯。

面对明显失能的父母，治疗师或分析师与显然比较健康的父母形成安全的治疗联盟的必要性怎么强调都不过分。在这个案例中，例如在 K 女士住院时，如果治疗师成功地与 K 先生、杰克的外祖母或甚至与两者创建牢固的工作伙伴关系，可能会有一个更好的结果。

对于 K 女士实际上是否同时需要个体治疗和父母工作，在被转介给这位治疗师时存在含糊性。她在转诊的精神科医生那里接受治疗的细节没有被披露，因此只能猜测她可能一直在接受药物治疗。在重大家庭创伤的背景下，父母很有可能在移情中最终将分析师体验为造成创伤的人物。或者，父母一方或双方可能会嫉妒孩子的治疗，这可能会颠覆治疗，这有时会突然发生。如果 K 女士没有接受个体治疗，她从另一位临床工作者那里接受治疗可能有助于孩子的工作。

杰克的治疗师反思，认为为父母工作创造一个更安全的设置是有帮助的，比如增加原来每两个月一次的父母会谈的频率。本人很赞同。创建一套明确的指标或条件可能是有帮助的。治疗师将根据这些指标或条件同意治疗儿童，即父母以明确规定的频率共同参加。在资源允许的情况下，似乎要让这个家庭能从父母工作中受益，至少要每周一次，甚至每周两次。同样，每周一次的儿童工作可能不足以为杰克提供支持和机会，来把他与治疗师的关系发展到可以将治疗师作为一个发展性客体和移情客体，特别是在不稳定和破坏性的家庭里，他暴露在强大的反作用的情况下。

当遇到像这样的创伤家庭时，考虑启用专业性网络是很重要的。特别是，在一开始就与儿童的儿科医生建立联盟（在父母知情同意的情况下）可能非常有用。因为儿科医生通常很多年都在儿童的生活中，因此他/她能够与分析师分享家族多年的背景，这可以帮助在治疗的早期阶段评估风险大小，从而帮助分析师进行战略性定位。如果治疗有中断的威胁，儿科医生有时可以向父母强调儿童治疗的必要性，或者至少可以在照顾者发生转换的情况下，促进儿童工作的连续性。

在杰克的案例中，分析性家庭治疗与夫妻治疗或父母工作交替可能是一种有效的治疗方式。这个家庭中有多名家庭成员都需要帮助，三个孩子、作为个体和作为夫妻的父母，还有外祖母。从恩里克·皮琼－里维埃（Enriqué Pichon-Rivière）阐述的分析场论（analytic field theory）视角看，每个家庭成员都代表家庭（团体）心智表达一个声音（引自 Scharff et al., 2017）。家庭治疗可以优化对每个成员与家庭声音产生共鸣表达的理解。对杰克的个体治疗可能仍然是必要的，但当 K 女士精神崩溃时，或者当这对夫妇不能发挥容器作用时，家庭治疗干预可能有助于将资源聚集在一起。即使最初没有使用家庭治疗方法，当家庭危机以父母离间的形式尖锐地表现出来的时候，它也可能是一种非常有用的方法。

虽然很难下结论，但似乎 K 女士有意地（无意识地）毒害杰克的思想，阻止他说出自己对父亲的看法。这种侵入状况可被视为 K 女士自己的被强奸体验的恶意重演，她将这一体验传递给了她的孩子。她对自己、丈夫和整个家庭的暴力攻击似乎带着一种无法遏制的力量继续下去，直到 CPS 介入。一旦看起来似乎 K 女士笼络了杰克的治疗师的心智，并让她充满了全面内耗的恐惧时，这个治疗继续下去是否有意义就值得怀疑了。

正如本书引导团体的心智来思考这种要求苛刻的工作的复杂细微之处一样，也许这个案例也表明了寻求顾问咨询的价值。鉴于迫切需要更多关于父母工作的著作，也许朋辈咨询可能会大大推进我们的领域，并支持那些工作在一线的人。这位治疗师并不是唯一一面临如此巨大挑战的人。在这些挑战中，几乎不可能识别出颠覆治疗的多方面无意识力量的威胁。诺维克夫妇的著作代表了一个重要的先例，也是激励其他类似对话的典范，我们可以更多地相互交流。

主编反思

几乎每一个与儿童及其父母一起工作的治疗师最终都会发现自己陷入痛苦的困境，不得不决定家庭中的某种情况是否使儿童（们）处于临界的危险之中，以致让分析师感到不得不向儿童保护服务机构报告个案。评论者对这个案例片段的反应揭示并反映了处于这种困境中的治疗师一致体验到的无助感。最终，这位分析师不得不做出痛苦的决定。

但分析师和评论者将我们的注意力引领到过程中的较早期的时间点，并认为事情从第一次接触时可能可以有不同的处理。这有助于我们从这个案例中学习以及思考其他个案。

1. 转介。分析师说我们应该警觉为什么我们接受转介。这包含有意识和无意识的原因，这位分析师觉察到向资深同事证明其能力的动机。

2. 转介来做什么，为谁转介？通常转介是为了孩子的治疗，而不是评估，通常包括干预频率和干预模式的建议。"你有时间和一名六岁男孩每周进行一次游戏治疗吗？"这是专业人员或家长提出的一个典型的问题。允许父母或转介者决定谁是病人、应该采取什么治疗，这是所有治疗师潜在的致命弱点。为什么这个孩子一周见一次，父母两个月见一次？这提出了几个问题：关于咨询和治疗的结构、治疗师作为与家庭互动的设计者角色，以及更核心的是从治疗的轨迹中我们可以学到，为了最大限度地获得积极结果，需要从一开始就奠定怎样的基础。本书中的几个案例为我们提供了了解这些问题的机会，并在最后一章中提出了一些方法来处理技术和理论上的挑战。

3. 工作安排。安全性是治疗的基础。需要在治疗计划和框架中纳入哪些安排，才能保护参与其中的每个人和治疗本身？一位评论者说，如果父母是精神病性的，他/她就不会接收这样的个案。这位评论者补充说，最初在父母绝望和恭敬的时候，很难判断他们在面对挑战时会如何反应。主编建议，在制订任何治疗计划之前，有一段时间与父母共同探索和工作，去尝试实现某些关键转变。这样就提供了一个可能的试验场，使得可能与父母的病理进一步工作，寻求顾问咨询，或者像另一位评论者的建议那样，短暂尝试采用其他治疗形式，或者告诉父母你不能与他们一起工作，从而避免每个人不必要的痛苦、金钱和时间的浪费。

在父母身上用如此长时间进行探索和发生关键性转变，可以允许根据父母的情况以及分析师所了解的一切来提出治疗建议（参见 Novick, J. & Novick, K.K.; 2016）。然后，父母可以真正地接受建议，而不是强推他们自己的治疗计划，也不是他们基于与同辈或转介他们给儿童治疗师的专业人员的互动而期望的治疗计划。

我们还可以考虑到，当父母为治疗而提及他们孩子的时候，他们中的一部分，无论是在有意识、前意识或无意识的水平上，都知道他们自己通常源于未解决的、过去的体验/创伤的情感冲突，在某种程度上造成了他们孩子的困难。即使父母是根据另一名专业人员的建议来寻求治疗的，也会发生这种情况（假设父母不像本案例中那样严重地紊乱）。一旦孩子接受治疗，父母和分析师之间的联盟也得到进一步加强，那么，在该联盟"涵容的框架"内，潜伏着的（至少相对如此）原始和痛苦的方面可能会突显出来。在这个片段中，我们了解到这位母亲在三年级时的经历。随着工作的进展，她将创伤体验与发生在八岁左右的经历联系起来，这与转诊和开始治疗时杰克的年龄接近。

当与儿童一起工作期间明确了需要向儿童保护服务机构报告时，可以帮助父母进行自我报告。当父母的病理不那么具有精神病性色彩时，在治疗联盟的背景下，父母可以调动足够的自我力量去报告。自我报告通常可以在分析师的支持下进行。父母可能会感到足够的解脱，因为这些不仅对于他们，而且对于孩子来说都是显而易见的。

通常，当这种情况发生时，治疗有可能持续下去。父母往往会意识到，出现的情绪问题需要更强化的个体治疗。我们的经验是，当父母开始或继续为养育以外的问题进行个体治疗的时候，定期的同步父母工作能够并且很可能也应该继续。

然而，不用说，正如该案例的片段所展示的，不总是有这样的结果。当继续治疗不能得到父母一方（或双方）的支持或容忍，并且父母不接受个体治疗时，分析师就只能像该案例的作者一样，去对挫败感、无助感和猜测的最终结果进行反思。评论本案例的分析师对这个治疗结果的评论也都很一致。

也许我们都有一个重要的额外"收获"。尽管在某种程度上必定会感到失败（特别包括对不能继续与孩子一起工作的懊悔），但正如一位评论者所说（两位都表明）的那样，"尽管治疗结束了，但它确实有所帮助"。该案例并不像治疗师认为的那么失败，并且将该案例和其他人分享，就像呈现在本书中，不仅能让人们看到做得好的部分，也让每个人都能采纳使我们可以做得更好的做法。

第四章

父母工作与鉴别诊断

学龄期

临床案例

在本章中,我将描述与一个八岁男孩及其父母的工作。马可出生在国外,是父母的独子,他的父母都是在他们的祖国出生长大的。马可六岁时,他们一家移民到了美国。在美国最初的一年半,对这家人来说是混乱的时期。为了努力寻找一个舒适的以便父母可以都在家工作的社区和居家之所,他们搬了好几次家。他们到美国时,马可被安排上一年级。他的英语能力有限,这被认为是造成他明显学业落后的一个因素。对马可来说不幸的是,频繁搬家意味着他不得不换了几所学校。在每一所学校,除了学业落后,他还被认为是不成熟的、有社交焦虑以及笨拙的。

每所学校都提供口语和语言服务,并鼓励家长为孩子寻找更全面的评估。马可在二年级接近尾声时接受了测评,被诊断为孤独症谱系障碍。

在评估的时候,父母描述了马可的反常行为,包括看那些转圈的东西(例如,当玩心爱的小玩具车时,马可把注意力集中在转动轮子和看它们旋转上)。

听到测试结果后,父母很苦恼,于是向一位精神分析师咨询,他们和马可在移居美国之前曾与她工作了两年。她对诊断结果表示怀疑和不赞同,并鼓励他们等到他们和马可在美国安顿下来后,为马可找一位精神分析师。考虑到这个建议,他们向我寻求帮助。

在结束第一次会面时,我们安排了下一次他们和马可一起来。当他们三个人都来赴约并且进入我的办公室后,马可环顾四周,然后决定坐在办公桌旁的转椅上。父母向他们的儿子介绍我时,向他提起他以前的治疗师,并解释说,我像她一样,会和孩子们谈论他们的感受。马可没有反应,只是在我的椅子上转来转去,环顾着办公室。

我提及他带来的一些小车。他能够回应我一些关于他的这些车的事情。他的父母描述说他经常玩这些车,他承认了这一点。

父母告诉我马可有一个"幻想中的朋友"。当我问马可这件事时,他似乎很困惑,他的父亲向他解释了我指的是什么。当我问马可能不能给我讲讲他的朋友时,他看了我一会儿,然后指向房间的角落。我请他解释时,他回答说他的朋友站在那里,难道我没有看到吗?我感谢他让我知道,并说事实上我看不见他。他狡猾地一笑,说:"我知道,他只让我看到他。"当我们聊得更深入时,他解释说,他的朋友并不总是陪着他,而"只是有时"会陪他。

在那次会面结束时,我问马可是否愿意和我再多见几次,这样我们就可以更好地了解彼此,然后我们可以和他的父母一起决定后续如何进行是最好的。他点头表示愿意回来。

在随后三周每周一次的会谈中,当回答我提出的关于他的家庭、学校和社区的问题时,他起初总是支支吾吾、心烦意乱的。他拒绝进一步交谈,沉浸于玩玩偶房子。虽然他一开始缓慢而谨慎地探索,但没过多久,他就把玩偶的一家人塞进他们的车里,把他们折腾得团团转,似乎他们对于自己会住在哪里和在做什么都很迷茫。这样玩了半小时左右,随着我们会谈时间即将结束,我解释说,我们下周会再见面。他可以继续玩玩偶房子或他在我的玩具抽屉里看到的其他玩具，或者他可以从家里带来一些他可能想给我看的东西。

当他谈到他要带来的玩具车时，他注意到我办公室窗外夜幕已经降临。他被下面街道上一排排汽车以及它们的前灯迷住了。当我问他在想什么时，他停顿了几秒钟，然后喃喃地说："一天过去了。"我说："是的。"他这周来的时间比我和他父母一起会谈的那次要晚些，所以这次结束时，天已经黑了。他一动不动地站着，似乎很困惑。最终，他又重复了一遍说："一天过去了"。我不知道该说什么，只是回应说："是的，但明天又是新的一天。"停顿了很久之后，他说："但我怀念今天。"当他离开办公室时，我意识到自己对他明显的惊讶、困惑以及他的评论感到疑惑。我不禁好奇，这怎么会发生在一个刚满八岁的男孩的心智里。

在下一次访谈开始时，马可从口袋里掏出几辆他从家里带来的小玩具车。他在地板上推这些小车。他似乎无话可说。渐渐地，他开始把这些小车撞向各处。当它们滚到家具下面时，他评论着它们是如何丢失的。最终，它们被找回来，只是为了再次丢失。这个游戏持续了一段时间后，我提醒他这似乎与他前一周玩的玩偶之家的人物和汽车的游戏相似。我注意到它们似乎都对它们将去哪里和会做什么感到困惑。

由于他沉默不语，我问能不能问他一些事。他停下来看着我，我认为这意味着我可以继续问，于是对他说，我想知道对于从他的祖国搬到美国，然后在到达这里后又多次搬家，他有怎样的感觉。我问那是否也很令人困惑。

他没有回答或评论，而是站起来走到窗边往外望，就像前一周一样，天开始黑了。当天色越来越暗，他又如前一周那样，说道："一天过去了。"我也像上周所做的那样，再次评论说，是的，天快黑了。停顿了很久，他问："它到哪里去了？"我试着解释太阳是怎么落下的，第二天早上又会如何升起来。虽然他听到我说的话，但他似乎没有真正理解。我们的时间到了，他开始走向候诊室，并说道："我不喜欢这一天结束。"

在我们的下一次会谈中，马可说他想画画，并从抽屉里拿了纸和记号笔。

他坐在地板上，在我提供的塑料垫子上画画。随着他的描绘，他画了我们两人坐在沙发上。又在沙发前画了一个大的电视屏幕。他在屏幕上面画了一棵树，太阳则戴着眼镜，一脸担忧的样子，然后是一个男孩拿着枪在射击。子弹射向电视屏幕的边缘。他在屏幕的两边各画了一条人的腿，好像有两个人正在走近，但都还看不见。他画了一张翻倒的桌子，有几样东西从上面掉下来。他在电视屏幕旁边画了一个房子的几个房间，还说他和我要去厨房做爆米花。

然后他换了另一张纸，迅速地重新画了我们两人坐在沙发上，这次我们面前是一个空的电视屏幕。然后他画了我们向厨房走去，在那里我们要做爆米花。在画面顶部，他写着"一分钟后"。

接下来，他又拿了一张纸，开始迅速地画了同样的画面，我们坐在沙发上，面前是空白的电视屏幕。在这张图画中，我们来到厨房，正在做爆米花，爆米花从炉子上的锅里乱蹦出来。他给这张画加了说明是"两分钟后"。

最后，他画了一幅自己独自坐在沙发上的画。那是一天的结束，夜幕降临。桌上或桌旁有几块食物。在最后一张画中，他画了张表情愤怒的自己，正拿着更多的食物走向一张已经摆满食物的桌子。

我告诉他我们的时间快到了，并说他可能还有时间再画一张画。他拿出彩笔，开始快速地画画。他在画面底部画了一棵树，树上是彩虹色的叶子。上面是一个暗黑色的造型，看起来像龙卷风。在顶部，他潦草地画了暗色的云，之后却在里面填充了看起来像眼睛的东西，以致最后看起来像一张黑暗不祥的脸。

当我思考这些画的时候，我觉得这些看上去是一个有趣的进程。首先，我们在电视上看到一个令人困惑的场景；然后他让我们一起去做爆米花，结果却变成了一场疯狂、失控的事件。他对时间进展的说明（先是"一分钟后"，然后是"两分钟后"）似乎是在努力让时间慢下来，并标记事情的发生顺序，好像是为了更好地理解它们。最后，当他独自一个人时，他给自己提供了食物，却是以一种让人有压倒性感受的方式。他的最后一幅画似乎进一步证明了他的预期，即可怕的事情可能会发生在他身上。

马可被诊断为孤独症；老师和家长对他行为的描述，以及他在我办公室最初的表现，似乎都证实了他的诊断。但我从初期的几次会谈中得到的结论是，马可是一个有能力，甚至渴望让别人来帮他整理那些压倒性的感受和体验的男孩。

我们结束时，我说我很快就会见到他的父母，我们会讨论接下来应该如何进展。我问他是否愿意继续来。他被问到这个问题时似乎有点惊讶，直接看着我说"是的"，然后离开了办公室。

当我刚见到马可的父母时，我能看到他们脸上渴望又焦虑的表情。我让他们确信，我非常高兴认识他们的儿子。在会谈中我分享说，我认为他在让我知道他的很多忧虑，并解释说，我认为如果他们能向我提供更多关于他早年的信息，我可能会更好地理解那些忧虑。马可的妈妈先开口讲述，然后很快他的爸爸也加入进来，父母开始向我倾吐一个痛苦的故事。

马可出生的第一年，他母亲在家办公，所以他每天都和她在一起。虽然她说很享受和马可在一起的这几个月，但当孩子大约十八个月大时，她开始感到"内疚"，认为他需要和其他孩子在一起。她高兴地描述了她是如何给他穿戴上夹克和帽子，把他放在婴儿车里带到他们的社区，以便"为他找一所幼儿园"。他们在附近找到了一所，她认为这是一个不错的选择。爸爸回忆起他们是如何参观这所幼儿园的，也很喜欢那里的老师和设施。马可很快就登记入学，并开始每天去那里。

他们回忆说，当他们把马可放下车时，他似乎很焦虑，但他们说幼儿园主任向他们保证，在他们离开后，他就会好起来的。

就在这时，马可的妈妈停了下来，捂住脸哽咽地哭了起来。当她继续讲述时，她流着泪解释道，在随后的几个月里，他们逐渐变得担忧起来。当他们早上送马可去幼儿园时，他一直显得很不高兴。为了让他们放心，主任向他们提供了马可在幼儿园的照片，照片上他和其他孩子一起坐在垫子上、在操场上，或者和一位老师一起玩耍。在每张照片中，他似乎都不开心，也没有其他孩子那么投入。

马可上学一周年后不久，也是他将近两岁半时，马可的母亲参加了幼儿园的"母亲节"庆祝活动。在活动中，另一位母亲把她拉到一边，说她很难过地听到女儿说起在幼儿园发生在马可身上的事。这位母亲之后讲了她女儿的描述，老师经常把马可关在幼儿园昏暗的洗手间里，只要他哭个不停，就一直把他关在那里。她还了解到，在其他时候，马可会被单独留在花园里的秋千上很长一段时间，而其他人都在屋里。

这对父母被这些信息激怒了，也非常难过。他们去质问主任时，她没有否认。当她因无法让马可停止哭泣而感到沮丧和无助时，她确实采取过这样的做法。虽然她向他们道歉，但父母立即让马可离开了那所幼儿园。

这对家长经过寻找和仔细评估，找到了另一所幼儿园，马可就在那里入学了。这对父母回忆说，马可似乎快乐了一些，并在大人的支持下逐渐在新幼儿园安定下来。然而大约六个月后，他们注意到他似乎又感到烦恼和不快乐。他们调查得知，上一所幼儿园的主任已经被马可的新幼儿园录用并开始工作。由于没有被告知这一点，他们很生气，只好让马可再从那所幼儿园退学。

在接下来的几周里，他们为马可寻找并仔细审查其他幼儿园的选择。最终，他们选定了一所蒙台梭利幼儿园。在那家幼儿园，马可似乎快乐一些。他从三到五岁都在那里上学，再之后全家便搬到了美国。在那两年里，父母还开始咨询一位分析师，这位分析师与马可和父母一起工作，并鼓励他们一旦在美国定居下来，就找一位分析师继续与马可工作。

当他们说完他们痛苦的故事时，两人都强调，当他们从另一位母亲那里得知她女儿告诉她关于马可在第一所幼儿园遭受的待遇时，他们感到多么可怕和内疚。我深感同情，并询问他们认为马可对他们告诉我的事情知道或理解多少。他们面面相觑，然后承认他们认为他对此一无所知。他们从来不知道该说些什么，也不知道该怎么做。

会谈快要结束时，我再次表达了我的同情，并提起他们说从幼儿园收到一些照片。我问他们能否在下次会谈时把这些照片带来，以便我们可以一起研究它们，并进一步思考如何最好地进行治疗。他们同意了。

在与父母的下一次会面之前，我开始了我们约定的每周定期与马可的会谈。在最初的那些会谈中，他试图去玩乐高，他说他和爸爸一起玩过乐高。当他坐在乐高盒子旁边用手指触摸不同的零件时，我问他是否觉得可以按照说明书中的指导，搭建说明书中绘制的一个东西。他很快拒绝了，说他更喜欢根据自己的设计来搭建。几分钟后，他只是设法把几个不同的零件插在一起，然后又把几块拿走。据我观察，他显然想不出该如何继续下去。

会谈快结束时，我注意到已经到了这个月的最后一天，我问他是否愿意帮我把日历翻到下个月。他说他愿意，但是当我问下个月是哪个月份时，他说不出来。他甚至说不出现在的月份。我又问了几个问题，很显然他不仅不知道月份的顺序，甚至除了一两个月以外，也不知道它们的名字。他同样不能列举一周中每一天的名字。

当马可离开时，我试图理解他的知识体系中这些明显的差距，我想知道它们是否能提供个体符合孤独症谱系诊断的证据，又或者这是从危险的外部世界严重退缩并屏蔽它，以避免再度受创伤的一种防御。

在下一次父母访谈时，他们带给我马可上第一所幼儿园时拍摄的那几张照片。他们分享的东西让人看着都心疼。我们先看了马可第一年和妈妈在家的照片。照片上是一个快乐的婴儿和他快乐的父母。当我们翻看在幼儿园拍摄的照片时，那上面的马可似乎变成了另一个孩子。他的脸上写满了悲伤、忧虑、困惑，偶尔还有泪水。当老师试图帮助他在垫子上行走时，他很抗拒。当另一个孩子从他手中抢走一辆卡车时，他哭着无助地坐在那里。午睡时，他泪流满面地坐在小床上，或者靠在一根柱子旁，或者孤独地坐在花园里的秋千上。在任何一张照片中，都看不到一个感到快乐、安心或有安全感的男孩。

对我来说看这些照片是让人难过的，同样困难的是和这对父母一起看，见证他们的悔恨与悲伤。仿佛我们一起看，才让他们真正看到孩子脸上的痛苦；那是他们此前从未能够如此整合或摄入的痛苦。

看完照片后我们交谈时，我告诉这对父母，对早期经历的记忆尽管不能作为实际事件被回忆起来，但仍然会保留着，并作为"感受记忆"被回忆起来。（我以这种方式解释了"隐性"和"显性"记忆之间的区别。）我们讨论了在儿童掌握大量语言之前的记忆如何只能作为"感受记忆"保留下来。

我问这对父母，马可有没有和他们一起看过这些照片。他们不记得他看过，并进一步提到，在我询问这些照片之前，他们也已经很多年没有看过这些照片了。这段经历是如此痛苦，他们只想把它抛诸脑后。他们从来没有想过要把这件事告诉马可。他们担心这只会让他更加不安，也让他们所有人都再一次难过。我认为父母也受到了创伤，而且他们害怕自己和马可一样会被痛苦的回忆再次创伤。

我说我能理解他们会这么想，但停顿了一下，我说我有一个建议。我先提示说，他们可能会发现考虑我即将提出的建议有些艰难。我解释说，尽管作为成年人的我们经常不这么认为，但实际上孩子会发现对于哪怕极其痛苦的事件的澄清都是很有帮助的，即使这些事件是在很小的时候发生的，他对这些事件在意识中也已经没有记忆了。然后我建议我们下次见面带上马可一起再看一遍照片。我们可以谈谈照片中马可脸上的表情所显示的感受，可以让他知道他们悲哀地了解到的那些他在第一所幼儿园的经历。他们小心翼翼地同意尝试一次。

当我们一起见面的时候，我能感受到二位家长的紧张和忧虑。我注意到他们明显在听从我，便向马可解释道，他的父母告诉我他还是很小的小男孩时发生的一些艰难的事情。在他到了学会走路，想要玩玩具的时期，他们在附近找了一所他能上的幼儿园。

母亲于是接着讲起了这个故事。她告诉他，她用婴儿车带他出门，走遍他们的社区，直到找到一所看起来很好的幼儿园。她边说边开始给他看他在幼儿园的照片。这个时候她承认她和他父亲渐渐意识到他在那里并不开心。然后，她告诉马可，她从他玩伴的母亲那里了解到，他是如何被单独关在洗手间或留在花园秋千上的。她说的时候，马可开始爬到她的腿上，并抱住她的脖子，舔她的脸。妈妈哭了起来。爸爸似乎很担心，试图劝马可下来。但马可一直待在妈妈的腿上，继续抱着她并舔她的脸。

我开口说，我认为听到妈妈的话和看到那些照片勾起了马可的回忆，就好像正体验着那段久远的记忆。他同时也想起了自己在很小的时候有那样的感受时，他多么想能坐在妈妈的腿上并亲近她。妈妈紧紧抱着他并轻轻摇晃着，落下泪来。

过了一会儿，我再次说，我认为分享这个故事并共同拥有这些感受是很重要的。我建议我们继续以这种方式会谈一段时间，之后再进一步谈论此事。在两次会谈之间，他们可能会在家里更多地谈及此事，甚至可能会看更多的照片。

在接下来的两个星期里，我继续和父母及马可一起见面。在那两次会谈的第一次中，他们展示了他们全家如何将马可所有的婴儿、幼儿以及学龄前的照片加载到妈妈的电脑中。除了再次观看在第一家幼儿园的照片外，还为后代记录了生日、假期、公园和花园郊游以及探亲的其他照片。

马可开始从照片中看出，在第一次上幼儿园之前，他是一个快乐的男孩。在一张照片中，他坐在爸爸的肩膀上，高兴地刷擦着爸爸的头。在另一张照片中，还是小婴儿的他躺在垫子上微笑着，家里的狗站在他身边。还有很多欢乐的照片，比如他和爸爸一起玩圣诞玩具；和父母及他们的狗幸福地坐在一起；在家附近的公园里骑小三轮车。

在第三次会谈中，马可提着电脑走进来。他事先和父母商定那天由他来操作照片的展示，并由他来向我讲述那些照片的内容。

一开始他就给我看了他说是他最喜欢的一张照片。照片里他和他的父母一起坐在一张桌子前，他们的狗被大家环抱在中心。这是在狗十四岁生日的庆祝活动上拍摄的，而它刚刚舔完纸盘子上它的生日蛋糕。所有人都开怀大笑，尤其是马可，当狗舔他的脸时，他笑得开心极了。

在接下来的几周里，马可在治疗中似乎变了个人。他自始至终都很健谈，创造性地扮演玩偶房子里的人物，他用快速的笔触和明显的艺术技巧画了许多画来取悦我。我从他父母那里得知，他在学校的表现也有进步，晚上在家写作业也更配合了。周末，他很享受和父母一起去动物园、博物馆和看电影，有几次他还邀请了一位住在附近的学校里的朋友结伴同行。他的父母也注意到他对音乐的浓厚兴趣，并支持他学习吹小号和打鼓。

在马可三年级快结束时，父母要求对他进行了另一次评估，看看他是否仍然被认为有孤独症谱系障碍的迹象。这是确定他是否有资格获得学校支持服务的必要条件。而报告结论中的"诊断印象"是"没有伴随智力障碍、没有伴随语言障碍的孤独症谱系障碍"。在查看测试程序时尽管提出了疑问，但父母最终还是决定允许将报告提交给学校，因为它确实可以让学校继续为马可提供他从中受益的额外服务（主要是因为长期隐蔽的紧张和焦虑使他分心而无法稳定地参与测试，同时也因为英语作为第二语言让他持续感到有点吃力）。

在马可四年级最初的几个月里，他在学业技能和社交发展上继续有所进步。我们的工作增加到每周两次，家长会谈每两周一次，并辅以定期的电子邮件通信来提供关于家庭和学校活动的更多信息。

在治疗中，马可通常会从他的收藏里带来几辆火柴盒大小的汽车，并用它们来演绎幻想故事。在一对"兄妹"的带领下，一群"朋友"车一起郊游，大家一起过夜，并且都喜欢成为朋友。有意思的是这个游戏的主题如何超越了马可的实际生活经验。尽管他的游戏清楚地表明了他的渴望，但他承认，他仍然很难主动接触同龄人，和他们建立并维持友谊。他表示在大多数课间休息时，他都是一个人在操场上玩。

到了仲秋，他又有了进步。他的大多数周末活动都有朋友们的参与，尽管通常还需要父母的鼓励和参与来支持。

然而，在马可四年级那年的十一月初，母亲得知在她的祖国有一个工作机会，她觉得不能拒绝。这使她必须在她的祖国兼职工作，但她将至少每隔一个周末才回家一次，而她的儿子和丈夫则将得到资助，可以在其他周末去看望她。她接受了这个机会。

开始的几周一切顺利。马可每天都和母亲通电话，并乐于和她分享自己一天的点点滴滴。然而，当家庭签证出现问题时，严重的干扰发生了。他们意识到需要续签签证，为此早在去年夏天就已经开始了初步的流程。然而到十一月中旬，他们仍没有收到任何答复。

马可的妈妈在她的祖国时美国签证到期了，此时发生了一场危机。在签证续签之前，她无法返回美国。同样，对留在美国的爸爸和马可来说，他们的美国签证也过期了。随着冬季假期的临近，一家人面临的现实是，他们无法控制他们的证件何时或是否会被重新发放，而没有证件，他们就无法出行。作为权宜之计，马可爸爸的母亲来和他们同住。然而，马可的情绪和行为开始退行。

在十二月初的一次令人心酸的会谈中，马可带来了一只毛绒狼仔。他编了一个故事，讲的是在一场火灾中，小狼的妈妈如何因为试图把小狼和它的妹妹从巢穴里救出来而丧生。失去妈妈的小狼深深地想念它的妈妈，晚上会望着森林上空的月亮嚎叫，呼唤着妈妈。

在另一次会谈中，马可预计将在没有妈妈的情况下庆祝圣诞节，他挣扎着让自己感受到自己的感觉。我轻声对他说着话，回忆着我们之前知道的，当他还是一个小男孩时，在那所他被误解和虐待的幼儿园里，绝望地思念着妈妈。马可痛苦地抽泣着。他说他很受伤，不能思考。他告诉我，他编了五首关于他的感受的歌。他试着唱给我听，但开始时只记得其中一首。当我们继续谈论从前的感受时，他能够记起所有五首歌，并在离开时感到了一丝希望。

然而第二天，他来时仍然很失落。他本打算带上他的小汽车来编一个故事，但他忘记带它们了，直到他下车来到我的办公室时才意识到这一点。

又一次，他让我谈谈那些感受以及与它们有关的过去。他开始画画，先是画了蓝色的大水滴，代表他的眼泪。然后，他用锯齿状的线条填充其他圆圈，以显示他的愤怒情绪。在另一页上，他画了被忘在家里的汽车，最后崩溃地哭了起来，因为他画了家中他的床，床上放着装着小汽车的铁罐。

当会谈接近尾声，他一直在哭，他说：“我不记得昨天为你唱的任何一首歌了！我怎么才能找回对妈妈的感情？！？”我们伤心地离开我的办公室，我把他送回他爸爸身边。中途他突然停下来说：“我刚想起一首！也许我能想起其他的。”我说我想很可能是这样的，然后我们悲伤地说了再见。

寒假过后，马可的爸爸告诉我他很担心马可似乎无法记住他在学校学习的内容。他想是否应该让马可再做一次评估，看看是不是有什么被遗漏了。在一次会谈中，我告诉马可，他爸爸关于他似乎失去记忆的说法。他辛酸地说：“我的妈妈让我脑子像要爆炸了一样！我太想她了！”我对此的回应是与马可一起回忆我们之前试图理解他幼时感受的工作，他那时那么小，并在第一家幼儿园被虐待。

我安排了一次与父母一起的网络视频会谈（我们在妈妈被迫缺席时，一直以这种方式继续我们的会谈工作，但这是额外安排的一次）。在这次咨询中，我与他们回顾了我们之前就马可早期经历对他的影响所做的工作。我建议妈妈把我们一起会谈时用过的所有照片做成两本一模一样的剪贴簿。爸爸可以把一本放在家里，让马可可以看到。另一本放在我的办公室，这样马可和我可以在我们的会谈中使用它。

父母双方都同意这个想法。新年后我们再开始会谈时，就可以使用这两本剪贴簿了。对马可来说，在会谈里看照片是最有帮助的。起初，他记不起正在看的许多照片的拍摄地点、事情发生的顺序，以及一些照片中的其他人是谁。

我联系了妈妈，让她做了另一个版本的相册，所有的图片按照时间顺序排列，并附上照片内容的说明文字。照片展示的范围从马可出生的时候一直延伸到现在，包括妈妈如今在祖国的日常情境中的照片。结果很显著，因为马可能够通过浏览这些照片来为自己重新校准生活的秩序感。很明显他正在恢复一些信心、希望和好的感受。

二月中旬，仍然没有关于签证情况的消息，父母和我达成一致，由我代表马可写一封信，强调他在身体上接触到母亲的需要。他们提交了这封信，签证在两周内就发放了下来。

整个春天家庭有好几次来来回回的旅程。妈妈的工作项目很快就要结束了，一家人都期待着幸福而永久的团聚。与此同时，马可和爸爸在几个加长的周末和整个春假都在他们的祖国度过。母亲有几次也回到她在美国的家。剪贴簿上增加了他们在每次探访团聚时拍摄的照片。马可在我们的每次会谈中都非常喜欢看这些照片。

在我们工作开始时，马可被描述为一个"符合孤独症谱系障碍"的孩子。早期与父母的工作透露出儿童早期创伤的可能性。

父母提供了马可在第一家幼儿园的照片以及他从婴儿时期开始的生活照。这帮助我和父母一起，首先为他们自己重建了对马可和他们曾经遭受的痛苦与创伤体验的理解，然后在他们的协助下一起为马可也重建了这些理解。

马可继续受益于他在学校接受的小团体支持服务，学业能力也得到了提升。更广泛地说，他仍然精通英语和母语，并继续发展他在音乐和艺术上的才能。渐渐地，他在社交上变得更加自如，能够形成和保持持久的同伴关系。

评论 1

对于失去母亲，一个快乐的小男孩会如何反应？当父母得知孩子受到创伤时，他们会如何反应？分析师如何帮助理清由此产生的困难的诊断图景，同时帮助儿童和父母识别被回避的创伤记忆的来源？

父母当初安排马可进入幼儿园，以便他有更多机会接触其他孩子，但在马可十八个月到两岁半之间，他显然经历了一段很长的创伤时期。直到马可两岁半的时候,父母才意外地发现该幼儿园经历对他来说多么具有破坏性。随后,这个家庭又经历了很多次搬迁。因为症状严重,马可被诊断为孤独症谱系障碍。他因此接受了各种干预,但没有多大成效。

这位分析师做的有什么不同呢?他/她是个敏锐的观察者。关键时刻发生在工作的早期,分析师试图理解马可认知功能中无法解释的严重差距的性质。分析师写道:

> 当马可离开时,我试图理解他的知识体系中这些明显的差距,我想知道它们是否能提供个体符合孤独症谱系诊断的证据,又或者这是从危险的外部世界严重退缩并屏蔽它,以避免再度受创伤的一种防御。
>
> 在下一次父母访谈时,他们带给我马可上第一所幼儿园时拍摄的那几张照片。他们分享的东西让人看着都心疼。我们先看了马可第一年和妈妈在家的照片。照片上是一个快乐的婴儿和他快乐的父母。当我们翻看在幼儿园拍摄的照片时,那上面的马可似乎变成了另一个孩子。他的脸上写满了悲伤、忧虑、困惑,偶尔还有泪水。当老师试图帮助他在垫子上行走时,他很抗拒。当另一个孩子从他手中抢走一辆卡车时,他哭着无助地坐在那里。午睡时,他泪流满面地坐在小床上,或者靠在一根柱子旁,或者孤独地坐在花园里的秋千上。在任何一张照片中,都看不到一个感到快乐、安心或有安全感的男孩。
>
> 对我来说看这些照片是让人难过的,同样困难的是和这对父母一起看,见证他们的悔恨与悲伤。仿佛我们一起看,才让他们真正看到孩子脸上的痛苦;那是他们此前从未能够如此整合或摄入的痛苦。

在职业生涯的早期,弗洛伊德(1892)就意识到对创伤事件的被隐藏/掩盖的记忆具有致病性。弗洛伊德指出,"因此,歇斯底里病人遭受着心理创伤记忆的痛苦,这些创伤是由不能完全发泄的体验引起的。这要么是因为歇斯底里病人否认自己有一种或另一种发泄方式，要么是因为这种体验发生在一种不适合发泄的状态下"（p. 37）。

这段表述是对马可的现象学的完美描述。正如随后与父母和马可的工作所表明的那样，和马可及其父母一起对那个时期进行温和、细致的回顾，导致了马可在发展上的戏剧性进展。马可和他的父母都不必再回避对那段导致心灵创伤的经历的回忆。

有趣的是，当母亲为了工作不得不去另一个国家时，马可经历了暂时的退行。但进一步的工作，包括母亲不在时的网络视频会谈，使马可能够继续改善社交活动和同伴关系。

在二十一世纪，许多家庭的流动性是生活的现实。有些流动是经济和（或）专业机会增加的结果。不幸的是，很多家庭也经常是因为政治原因、贫穷，或自己以及孩子面临可怕的危险而被迫迁徙。马可的家庭属于比较幸运的群体。然而，与马可及其家人的工作可以为帮助那些不幸的群体提供线索。

在这个案例中有两个起作用的核心方面使情况变得更加糟糕：

1. 一年多的时间里父母都没有意识到那所幼儿园对马可的影响；
2. 因某种未知的原因马可一定是脆弱的，以致他不能有效地和父母交流，告诉他们需要做出改变。

在工作中，分析师理解了父母因否认和回避他们的不作为对马可造成影响而体验到的内疚。此外，分析师推进得很谨慎，因为很明显当父母最终意识到事情对马可的影响时，在情感上他们也是痛苦的。多年后，父母才**第一次**看见了一岁时活泼快乐的马可和后来幼儿期悲伤退缩的马可之间的区别。他们为什么没有早一点看到这一点呢？我们只能猜测，在马可一岁半到两岁半之间，父母需要防御性地避免意识到幼儿园的负面现实。只有另一个孩子的母亲的关注才使他们清醒过来。而直到他们在马可八岁联系到这位分析师时，这个家庭才能够面对与创伤记忆相关的难以忍受的情感，并由此向前迈进。

神经科学家理查德·莱恩（Richard Lane，2018）已经能够从现代神经科学的角度去评估弗洛伊德关于处理旧有记忆带来治疗性影响的假设。莱恩等人（2015）描述了心理治疗中必定会发生的过程，无论是认知行为治疗、情绪焦点治疗还是心理动力学治疗。必定会发生的过程包括"（1）重新激活旧记忆，无论是否通过外显的回忆或提醒，以及激活那些与旧记忆相关的'旧的'，通常是痛苦的情感；（2）在治疗中引入新的情感体验，通过重新整合的过程将新的情感体验结合到那些重新激活的记忆中；以及（3）通过在各种背景下实践新的行为和体验世界的方式，以强化更新的记忆"（Lane，2018，p. 509）。

马可的案例说明，要使这一进程有效地运作，父母和孩子都必须参与进来。如何利用这些领悟来帮助更多遭受难以言表的创伤的孩子，从而帮助这样绝望的家庭，是一个极大的挑战。

评论 2

最令我惊讶的是，马可在与治疗师的接触中，他的包含潜在交流信息的非言语感知如何慢慢地发生了隐喻性的转变，基于看见与被看见，也基于他与前任分析师的治疗体验，马可与现任治疗师共同构建了有意义的语言象征、姿态和分析性过程。这对新分析伙伴的精神延续到儿童－父母－治疗师系统（Novick，K.K. & Novick，J.；2005）以及同步父母工作中。我将只聚焦在用视觉性隐喻来形容内在和外在现实的发展，以及在此时此地将过去的情绪记忆进行翻译的精彩工作，这些都发生在一个最敏感和有创造性的儿童－父母－治疗师系统中。

这对父母搬到了美国，他们六岁的儿子对于是否想离开祖国没有任何发言权。搬家给孩子带来了痛苦的感受，他失去了由熟悉的声音、气味、食物、语言、亲戚等环绕的抱持性环境（Bründl & Kogan，2005）。用"事后*"的概念来理解（Freud，1895），移民到美国再次激活了孩子那无法遗忘却又无法想起的被遗弃、蔑视和区别对待的创伤感受。这些感受来自他还在祖国上幼儿园的经历。那时，他正处在从主体间自体（intersubjective self）向即将到来的语言自体（verbal self）（Stern，1985）过渡的脆弱阶段，而在这之前，他一直生活在妈妈的悉心照顾之下。在他们搬到美国之前的大约两年里，由于他前俄狄浦斯期的创伤体验，父母在祖国寻求了一位分析师的分析性帮助。在那里，马可已经学会了把感受和幻想用语言表达出来，在他的母语中把情绪性记忆转化为易于理解的隐喻。

　　从一开始，这个出色的案例报告就唤起了强烈的视觉意象和隐喻：我们不仅得知马可对旋转的东西着迷，而且在第一次会谈中，他在治疗师的椅子上旋转着，没有说任何话，在房间里四处打量；马可还清楚地表示，他想象中的朋友只有他有时候能看到。对于这个在美国的八岁男孩，在每周一次的评估阶段的第三周，他的治疗师如此描述：当夜幕降临的时候，马可从办公室的窗户往外看，他"被下面街道上的一排排汽车以及它们的前灯迷住了"。他告诉治疗师"一天过去了"，并以一种让人困惑的方式重复着。他无法接受他的（用美国人方式说的？）治疗师关于"明天又是新的一天"的概念，并在最后说道"但我怀念今天"。马可是否在隐喻地提及创伤前的早期心理状态和时间感，那时客体还没有作为她/他自己在现实的当下以一种新的方式被个性化（Rizzolo，2019）？

　　马可通过一系列强有力的图画传达着他与治疗师在一起，以及创伤过程（Fischer & Riedereser，1998）如何在他们的治疗工作中被标记出来：两个人

---

* 德语为 Nachträglichkeit，指对过去的经历和记忆的心理改造，这些经历和记忆被赋予了新的含义。在"艾玛的案例"（可以在弗洛伊德文集的"歇斯底里的精神病理学"的第 2 章中阅读）中，它涉及"双重创伤"。它是一种关于时间和因果关系的精神分析概念，它不是直截了当的、线性的。——译者注

面对电视上的"混乱场景",然后他让我们去做爆米花,结果却变成了"一场疯狂、失控的事件",并且通过放慢时间,以便更好地理解之后两幅表达他的孤独和日子消失的图画。在我看来,当马可进行以上交流时,对于治疗师那种对正在进行的不可预测的过程的开放性和治疗师的负性能力(Bion,1970; Green,1973)他是充满希望的,并怀有深深的感情。在他的内在世界(在他的身体里?),显然创伤的过往已经留下了一种他的父母不得不防御的感受,这对于他们来说同样太痛苦了;因此,他们从来没有和他谈论过这件事,也没有和他分享过他们对此的记忆。这也强化了马可在被压抑的记忆变得有意识时,再次压抑这些记忆。

接下来的父母工作被精心安排由家长向治疗师和分析工作中的伙伴展示照片,也可以说是图画,那些关于不快乐、绝望和被抛弃的马可在幼儿园的照片。当父母在诉说创伤的照片和创伤前的可爱的照片时,治疗师对父母和孩子内心混乱不安的感情的涵容与共情性的开放态度,引发了为马可做出一个至今从未被倾听的叙事。这使得他们朝向深化、扩展和充满爱的有助益的亲子关系转变(Novick,K.K. & Novick,J.;2005)。在后来的一次会谈中,"马可提着电脑走进来。他事先和父母商定那天由他来操作照片的展示,并由他来向我讲述那些照片的内容",给出他自己重新找到的新的叙事,用自己的隐喻进行自己的翻译。马可在治疗中"似乎变了个人",他很健谈(!),创造性地游戏……"他用快速的笔触和明显的艺术技巧画了许多画来取悦我"。

当马可十岁左右时,他的母亲由于职业原因不得不返回祖国,把马可和她的丈夫留在美国。一场新的严重危机发生了,因为他的母亲出乎意料地因签证过期而无法返回美国。再一次,"事后"的作用把他幼儿园时以及移民到美国时被分裂的感受又完全带到了现在。在安全的治疗性过渡空间(Winnicott, 1971)中,由于他的自我沿着不同发展线(A. Freud,1965)发展和不断巩固,他的症状似乎更加复杂和成熟,仍然可以在强有力的绘画、悲伤以及关于失去他的游戏性以及语言-音乐创造力的抱怨中发现表达。

同步性父母工作则通过网络视频会谈继续进行着。最令人信服的效果是两本一模一样的剪贴簿，上面有治疗中使用过的所有照片，一本放在家中供马可和父亲一起翻阅，另一本供马可和治疗师在治疗中使用。在最终版本中，母亲"把所有的图片按照时间顺序排列，并附上照片内容的说明文字……照片展示的范围从马可出生的时候一直延伸到现在，包括妈妈如今在祖国的日常情境中的照片……马可能够通过浏览这些照片来为自己重新校准生活的秩序感"。

治疗师作为儿童专家在分析设置之外做了一个不寻常的干预，给移民局写了一封催促的信件，这帮助所有家庭成员在短时间内获得了符合规定的签证。他们可以以方便的方式跨越国界。我想这对于马可来说比表面上看起来的意义更重要。他现在已经长大并足够成熟，能够意识到自己有能力在两个国家和文化之间进行切换，并以自己的方式架起两个国家和文化之间的桥梁，而在过去，他没有任何主动权地被父母安排。我相信，内在以及外在世界在这一步上新的发展在"事后"的第二个意义上帮助了马可，重塑和治愈他在刚进入潜伏期时创伤的移民经历给他留下的许多伤痛。换句话说，在潜伏期后期的体验对于他未解决的议题产生了强烈的影响，这些议题在他六岁移民美国时就一直存在于他内在的隐秘世界中。

马可不得不在两种语言和两种文化中挣扎，而他的艺术天赋帮助他以一种最巧妙娴熟的方式与治疗师交流，不必只依靠这个新国家的语言表达，他没有感觉安全到认为这个国家是他的。无论看着图片讲述的人说什么样的语言，他的一系列绘画以及从他出生到现在的那些照片讲述了它们自己的故事，支持着他内在的象征系统。当然，在儿童分析中，孩子经常通过颜料绘画和简笔图画来向外伸展并发展。而我们治疗师更倾向于对儿童患者使用诗意和隐喻的干预。但根据我的经验，当治疗师把寻找共同的隐喻、意象和诗意语言作为共同构建分析空间和过程的前提时，第一代或第二代合法或"非法"移民的患者，无论是儿童、青少年还是成年人，都可以对不属于他们族群的治疗师产生更多的信任。这位儿童移民马可，以他的方式帮助了经验丰富的治疗师学习"马可自己的翻译语言"。

主编反思

本章强调同步父母工作的必要性和影响。分析师和评论者指出，同步父母工作不仅对鉴别诊断至关重要，而且在控制和改变诊断上，还可以重新构建创伤酿造的后果，这对孩子来说意味着不同的结果。正如该案例，当父母和孩子都经历了创伤时，我们看到分析师很灵活地从同步父母工作与孩子个体治疗，转换到一段时间的三人联合会谈，之后再回到同步父母工作和孩子个体治疗。

为了减少儿童和青少年案例高比例过早结束的实验性尝试，同步父母工作已经越来越多地被精神分析师在一定情形下使用，并取得了令人鼓舞的结果。该案例向我们介绍了一个被诊断为孤独症谱系障碍的八岁儿童，有着一些很确定的症状，并表现出几个令人费解的认知缺陷，这进一步强调了神经功能失调的可能性。

这位分析师没有简单地接受这个诊断，而是保持开放的心态。这包括把父母记在心里这一非常关键的维度，于是分析师很快将他们纳入最初探索中。通过与孩子以及父母一起工作，对被重复的创伤性体验的重构开始让所有家庭成员变得有意识，并使得孩子开始改变。如一位评论者所说的，工作随后转移到"儿童－父母－治疗师"系统。这个系统的每一方都经历了创伤，同步父母工作创造性的变体使得这些感受涌现出来、被分享、涵容、转化，并以非创伤的形式再次被体验。

这可以解释"事后"（即"延后行动"）的反复影响，也通过重建共同的家庭叙事开启了一个修复性过程。这种创伤记忆的整合似乎是同步父母工作的主要成果之一，也就是说，对事件迥然不同的以及失联的体验变成共同的，并且可以生成被所有家庭成员共同拥有的家庭历史的叙事。这是加强亲子关系的核心。在该案例中，父母能够带来他们自己的记忆来帮助孩子；有时接受治疗的孩子也能够带来父母想不起来的记忆，这能够帮助父母工作。在成功的治疗中，"团队"中每个成员的潜意识都会被激活。

本章还深刻地展示了，需要识别和处理大多数父母在为儿童寻求帮助的同时所背负的极其痛苦的负罪感。帮助将这些负罪感转化为"可用的关注"（Novick，K.K. & Novick，J.；2005）也成为推进治疗的基础。

第五章

秘密与谎言

学龄期

临床案例

在我见到阿丽雅父母的时候,她八岁。阿丽雅的父母是极其富有魅力的成功的中年人,他们非常担心自己的亲生女儿,她极度焦虑,喜欢用她的身体而不是语言来表达她压倒性的感受。在过去的一年里,阿丽雅一直在教室里公开自慰,她如此用力地摩擦双腿,以至她的桌子都要移动到教室的另一边了。在发展史表格中,父母把他们唯一的孩子描述为一个美丽、学业成功且聪明的女孩,焦虑的症状一直贯穿于她幼小的生命中。在开始公开自慰之前,阿丽雅咬指甲,不能忍受独处的时光,焦虑时经常黏着妈妈。在他们的家庭中,阿丽雅大发雷霆并难以使之平静下来是司空见惯的,尤其是在父母纠正她的不当行为时更是如此。父母和学校想尽了所有已知的办法,来试图平息和重新引导阿丽雅露骨的性行为。

在四次家长会谈以及阿丽雅的三次个体评估会谈之后,在我的指导下,她的父母开始接受,他们的女儿在情感调节发展上有所滞后,导致了她更高的焦虑和抑郁。他们一致同意，阿丽雅愤怒的爆发和公开的自慰表明她在过度兴奋时难以平静自己，在抑郁时难以振奋自己。一周四次的分析对他们来说是有意义的，可以帮助阿丽雅持续地找到语言，并且最终找到想法和原因，通过这些来引领她经历自己的感受，而不是通过她的身体来经历感受。当有人向阿丽雅推荐精神分析时，她表达了想尽可能多地与我见面的热情和渴望。这种热情在阿丽雅为期十八个月的精神分析中始终如一。这对父母迫切需要更多的知识和帮助来养育他们痛苦的女儿。他们接受了每周一次的家长会谈的建议，以帮助他们成为最好的父母。

在开始阶段，我觉察到与这个投入的家庭一起工作的热情。我对阿丽雅选择的症状特别好奇，并被她欢迎治疗的态度所吸引。然而，我也担心她痛苦的强度及其来源。

当我们开始分析时，父母共同工作的表象迅速消失了。爸爸不再出席父母会谈，拒绝回复我的电子邮件，而妈妈和阿丽雅仍然对会谈保持着投入。当爸爸拒绝参加会谈时，妈妈表示失望，并在我的建议下面质爸爸，告诉他，女儿比在会谈期间去健身房更重要，以及我会同意在他出行时和他视频通话。爸爸不理会妈妈的信息，继续回避会谈。我对我和妈妈的关系充满信心，我鼓励她可以谈论任何事情以提供线索来理解爸爸的行为。妈妈泣不成声。六个月前，妈妈通过电话和电子邮件发现了爸爸与许多其他女性发生性关系的证据。

妈妈在自己的治疗中探索自己的感受和如何解决这种具有挑战性的情境。爸爸在找我咨询之前拒绝参加婚姻治疗。我和妈妈都想知道，阿丽雅在学校的行为是如何有意识或无意识地与爸爸的见诸行动联系起来的。在整个分析过程中，我定期给爸爸发邮件，强调他在阿丽雅生命中的重要性，并鼓励他参加会谈。偶尔，他会参加父母会谈，但他从来不会直接确认我的电子邮件或我的任何干预。

阿丽雅兴致勃勃地进入了分析，她主要用行动和行动语言来表达自己。在分析早期的一次会谈里，阿丽雅和我玩了一个由她发起的皮筋游戏。当把皮筋缠绕在我们的手指上时，阿丽雅温暖而深情地把她的身体靠在我的身上。当她无法掌握将橡皮筋弹到天花板的任务时，她很快变得完美主义。当她失败时，她会在我的诊室里粗暴地扔东西，几乎打碎了一盏灯。我谈到，她觉得在有人教会她一项任务之前就必须掌握它，这对她来说是多么困难。我还说，她的爱的感觉很难平息她的巨大的、愤怒的感觉，以及，就像弹皮筋，我们要练习如何用这些感觉来平息愤怒。阿丽雅冷静下来，重新开始亲密的游戏。在她分析最初的三个月里，这种在爱的兴奋转化为疯狂的攻击之间的摇摆不定重复了好几次。

在与妈妈的下一次会谈中，当谈到阿丽雅镜映了妈妈的完美主义时——就像我在咨询室里看到的阿丽雅一样——妈妈表达了担忧和极度的痛苦。我建议妈妈帮助阿丽雅在学习一项任务时保持冷静，鼓励她用语言表达自己的感受，然后在执行任务之前思考完成任务的步骤。我解释说，阿丽雅的完美主义是为了消除她从自认为不好的行为中感到的攻击性和随之而来的罪疚感。妈妈表示赞同。妈妈还认为，阿丽雅焦虑的完美主义源于爸爸在学术和体育方面施加给阿丽雅的超出她能力的压力。

阿丽雅把我用作她的移情客体，通过对豆豆娃*见诸行动所呈现的内心冲突，以及捉迷藏游戏，阿丽雅持续揭示了从分离到丧失的愤怒和悲伤，也允许我来诠释这些内容。通过捉迷藏的游戏，我言语化了阿丽雅的担忧——当妈妈出差时，她和妈妈就会忘了对方。通过豆豆娃之间的打架，然后拥抱，她让我用语言表达了她的恐惧——丧失的愤怒正在毁掉她所爱的人，以及她修复关系的需要。从她用气球打我、掐我，她透露了对于毁坏她爱的，但不恒定的客体的渴望和恐惧。最后，她把我的话转变成自己的话，并把它们带出了咨询室。

当一家人从春假旅行回来时，阿丽雅爆发式地痛苦抽泣着告诉妈妈，当妈

---

* Beanie Babies，也常称为豆豆公仔，是一种使用豆状聚氯乙烯材料作为填充物的绒毛玩具。——译者注

妈回到工作岗位时,她感到多么可怕。当妈妈去上班时,她回家后太累了而无法和阿丽雅一起玩,这伤害了阿丽雅。妈妈一边哭着和我说话,一边意识到她一直忽视了她的孩子。她的结论是,她需要减少工作,花更多高质量时间和女儿在一起。三个月后,父母都很高兴,因为阿丽雅自慰少了,并在学校表现优异。然而,阿丽雅用咬指甲来代替自慰,她持续的崩溃提示父母,她需要持续的治疗。

阿丽雅的自慰减少表明她不再承载着她爸爸的问题,但随之而来的是在接下来的三个月里逐步升级的父母不和。爸爸在阿丽雅面前与妈妈争吵、打阿丽雅的屁股、试图减少阿丽雅分析的时间,并不断地坚持要求阿丽雅表现完美。鉴于爸爸一直缺席父母会谈,我试图通过妈妈来改变爸爸的行为。我告诉妈妈,打阿丽雅屁股和推行完美主义,他的这些行为与治疗目标背道而驰。妈妈通过传递这个信息来面质他。他的回应是用话语和阿丽雅讲道理,而不是打屁股,但他无法放弃对完美表现的需要。在做功课时,阿丽雅没有平静地听他讲道理,而是变得焦躁不安,拒绝做功课。我也对妈妈建议,当爸爸试图在阿丽雅面前与她争论时,她就离开房间。妈妈同意了。

妈妈也面质爸爸的谎言,并告诉他在任何情况下都不会减少阿丽雅的分析时间。当爸爸重新出席会谈时,除了要求阿丽雅完善学业和体育运动,他拒绝谈论其他任何事情。他拒绝参与关于父母干预的谈话,也拒绝为自己的行为承担责任。

阿丽雅在家里和会谈上的激动情绪不断升级,但她控制了自己在学校的行为。她私下摩擦阴部,试图激怒父母和我来纠正她的行为。在会谈中,爸爸出差时出现的捉迷藏游戏被解释为俄狄浦斯斗争以及家庭秘密和欺骗的信号。她害怕爸爸在旅行中做什么吗?我问。她是不是害怕他与别人在一起,而不是与她和妈妈在一起?阿丽雅和爸爸一样,拒绝用语言回答,而是在我的咨询室中投掷剪刀和其他物品。通过置换,阿丽雅向妈妈哭诉,当她的小狗撕裂她心爱的豆豆娃时,阿丽雅觉得自己是一个多么可怕的妈妈。妈妈问阿丽雅,他们是否应该弃养小狗。在一次通话中，我提示妈妈，阿丽雅会把这解释为如果阿丽雅做了坏事，父母会把阿丽雅送人。妈妈赞同，并帮助阿丽雅保护她的物品。在会谈中，我和阿丽雅谈到她对父母的不和感到无助和负有责任，以及这造成她相应的痛苦。为了回应由此产生的内疚，她试图通过责备自己来惩罚自己，并激怒我来惩罚她。阿丽雅哭着抱住我，回应说："谢谢你，医生。从来没有人告诉过我这个。"她的挑衅在会谈内外都平息了。

在下一次父母会谈上，尽管爸爸从来没有承认父母工作的影响，但他能够共情阿丽雅对丧失的感受。在他曾参加的一次会谈上谈到过妈妈送给阿丽雅的一条项链丢了，这次他重新买了一条。我认可他所做的，加深他与阿丽雅的联结，并试图通过他童年的丧失感受来共情他。妈妈愤怒地回应，她本希望我会更多地与爸爸对抗，但却了解到我试图重新让他参与。我告诉她，我对进一步疏远他感到担忧。我温和地说，我觉得她想让我去面对他，以避免她面质他所带来的痛苦和问题的恶化。她平静下来。然后我建议她告诉他，如果他想继续婚姻，他需要参加婚姻治疗和父母会谈。她同意了。

在接下来的四个月里，阿丽雅的会谈和父母工作会谈都十分混乱，揭示了他们回到过去防御的冲动。当妈妈在发现爸爸一系列不忠的更多证据后，越来越意识到她想离婚时，爸爸继续否认，同时更频繁地见诸行动。阿丽雅的反应则是重拾她以前在学校自慰的防御，并在会谈中揭示了她对施受虐捆绑的渴望。妈妈同时决定提出离婚，并计划搬到另一个他们有朋友的州去。我很挣扎，因为我知道阿丽雅退行的原因：她的前意识知晓父母即将离婚以及爸爸心照不宣的不忠，但我没有资格告诉她。虽然阿丽雅在学校里的行为暂时性地退行，但当她日益增长的自我力量使得她接受了学校及由我建议的传统且适当的限制时，这种行为也很快消退。

阿丽雅是否感受到被我、她父母、她自己或者我们三方所束缚？当她用所有能找到的道具把我绑起来时，我宣布我能够像她一样拥有自己的身体和心智；她的反应是高兴地尖叫、平静下来，然后陷入超我的冲突里。她测试了我办公室里的每一项限制，包括当我试图表明她对着我公开自慰是为了回应她妈妈的缺席时，她毁坏了一盏灯。然后，她懊悔地表示后悔，平静下来，并通过与一个男性角色游戏，斥责爸爸的非法和危险的行为。在她爸爸见诸行动，突然告诉阿丽雅他和她妈妈要离婚的时候，阿丽雅的回应是尖叫、哭泣和在附近的街道上奔跑。在下一次会谈中，她在我的咨询室里唱了《音乐之声》。我谈到一个经历了可怕的丧失的家庭，最初并不幸福，但后来获得了疗愈并再次找到幸福。阿丽雅接着问，如果父母离婚，她会不会不被人爱了。我说不会。如果父母离婚了，他们是和对方分开，而不是和她。虽然父母分开，不能生活在一起，但他们仍然可以爱彼此，而对她的爱只会越来越多。她一把抱住我说："我爱你"。

继阿丽雅的告白之后，爸爸的见诸行动再次侵入并干扰了阿丽雅的进步和生活。在她第一次自愿放弃会谈的控制权而自由自在地玩纸飞机之后，在她下一次会谈开始之时，爸爸加入了她的会谈，他在阿丽雅面前说，由于经济原因，她的会谈不得不减少到每周一次。阿丽雅的反应是试图在会谈上伤害自己，并激怒我去责备她。我谈到她如何用她失控的行为来防止无助的感受。她平静下来。

我向父母揭示了阿丽雅应对威胁带来的痛苦的强烈信号。妈妈对爸爸的威胁毫不知情，因为事情发生时她在外地。我坚持按计划继续阿丽雅的分析，家长同意了。在后来的一次会谈中，妈妈透露了这个家庭极其富裕。爸爸继续否认阿丽雅的挣扎和即将到来的分居。妈妈继续计划离婚，阿丽雅被告知他们要搬到另一个州。阿丽雅通过在我的诊室里公开自慰来表达她对失去我的感受。我直接对她说，用她的身体来安抚丧失是不起作用的。在接下来的一次会谈上，我说我不是想阻止她自慰，我只是想帮助她找到其他选择。阿丽雅平静下来。

阿丽雅在会谈和家中直接用语言表达了她对这场巨大的告别的悲伤和担忧。我接着说，这次搬家是一次很好的告别，也是一个很好的机会，可以回到朋友身边、搬进新家，或者因为父母双方而拥有两个家，带来新的乐趣和可能。阿丽雅给我做了一个名为"爱的女王"的皇冠作为回应。妈妈在丈夫的抽屉里发现了性病药物。她感到不知所措，匆忙赶到即将搬去的州咨询她的律师，以制订一个有效的计划，让她在搬到该州期间脱离婚姻。爸爸随后告诉妈妈，一个女人试图通过向妈妈揭露她和他的婚外情来敲诈他。妈妈怀疑这个女人怀孕了，并发现了爸爸被这个女人勒索的进一步证据。阿丽雅的行为在会谈中升级，但在她的外部世界则没有。她在平静和暴怒之间摇摆，继而挑衅。在会谈中，当她试图通过公开自慰来挑衅时，我谈到了她是如何将快乐与愤怒混合来平息愤怒的。我说，她的强烈感受是事情不对劲的信号，但不必是破坏性的。随后她倾吐了对离婚的感受。阿丽雅直接告诉了我双胞胎女孩被谋杀的噩梦。当我说离婚和死亡不一样，她和她的父母都不会因为离婚而死时，她表现出很大的解脱。

阿丽雅拜访了我在她搬去的新州为她找的新治疗师，她喜欢她，但了解到这意味着要离开我，她很难过。她表达了对丧失的恐惧，哭着跑进我的办公室，用双臂抱住我，说楼梯上的人叫她孤儿。我抱着她，告诉她他们错了，有两位如此强健的家长，她永远不会变成孤儿。爸爸通过电子邮件撒了谎，说他和妈妈想减少阿丽雅的分析时间。我提醒他，协议规定他们必须提前三十天通知才能更改阿丽雅的安排。他很生气，但退缩了。

在我的治疗室里，阿丽雅和妈妈意识到了阿丽雅由于离婚而产生的对死亡和被遗弃的恐惧。妈妈不在城里，无法照顾阿丽雅，而爸爸正试图切断阿丽雅的分析。爸爸的回应是非必要地去工作，让阿丽雅自生自灭。阿丽雅通过一个游戏活现了这一点；我们扮演父母双亡的两姐妹，她们只能靠自己。当我谈到她害怕成为孤儿时，阿丽雅啜泣起来。在一次父母会谈上，母亲透露出父亲抛弃了阿丽雅，母亲同样害怕父亲抛弃阿丽雅。我和阿丽雅谈过，妈妈将在离婚协议中写下计划，如果妈妈出了什么事，会确保阿丽雅得到充分的照顾。阿丽雅平静下来。在他们最后一次旅行之前，阿丽雅第一次向爸爸分享了她的感受。他很感动，把这件事分享给我。我证实了阿丽雅认为他是一个慈爱的爸爸的信息，而他永远离开了父母工作。在过去的两周里，阿丽雅公开说她会想念我；我说我会非常想念她，但是会通过了解她将去一个如此美好的家来缓解我的失落感。阿丽雅平静下来，为我们建造了一所爱的房子。

在最后的两次会谈中，阿丽雅和我玩了我们在整个分析过程中玩过的所有游戏，包括捉迷藏以应对丧失的感受，以及用围巾做成的吊索抓住她，以象征我们存在于她的内在来引导她。她唱了一首歌："遇见你的那天，我就知道你将永远是我心中的一部分。"我肯定这些歌词就是我们关系的一部分。当她试图否认这一点时，我给她看了一个妈妈送给我作为告别礼物的雕塑。那是两个用石头做的链环。我让她试着把它们分开。她做不到。她以微笑来回应，再次唱道："我遇见你的那一天，我就知道你将永远是我心中的一部分。"

在分析结束时，阿丽雅已经完全停止了公开自慰，在家里和公共场合，她更倾向用语言来表达自己，而几乎完全不用身体了。她在学校取得了成功，并且成为学校音乐剧的主角。父母和阿丽雅报告说，她经常是平静的，她在学校取得了成功，她能够快乐地独自游戏，她享受与朋友和家人的稳定关系。

评论 1

在阅读关于阿丽雅的父母和她的感受，以及她对感受的行为"反映"和他们的困难这些感人的材料时，我有了一些想法和评论。我好奇，这对父母通过把她转介并确认她的问题，是否在以一种"秘密的"、无意识的方式来处理他们婚姻中的潜在问题。孩子的治疗揭示了关于他们共同的以及个体的问题中"难以言说"的感受。事实上，面对令人不安的压力，阿丽雅作为个体，能够获得新的、重要的思想和感受。她妈妈呢？她欣赏自己的完美主义。重要的是，她能够提出离婚，开始新的生活。不幸的是，爸爸没有。

在我看来，在阿丽雅父母身上发现的完美主义问题似乎是最棘手的问题之一。"有限目标"的想法尤其困扰着爸爸。完美主义与无所不能的幻想有关，以内心深层希望被满足的愿望来对抗原始的焦虑，从而创造了强大的防御。当我们在孩子身上探索它的时候，父母似乎感到自己的整个人格都受到了威胁。当我们在为人父母这个议题上碰触它时当然也一样。当父母以各种伪装把对完美的坚持投射到孩子身上时，我们知道孩子自己受到失败、不够好以及无助的所有焦虑和抑郁感受的影响，而父母也会失去所能感受到的爱和价值。他们感受到无法解决它们以及最后被它们压倒的感受，也都将成为孩子的感受。阿丽雅用身体所践行的，确实表明了她的这些感受。在家庭/父母特别紧张的时候，阿丽雅加剧了自慰行为作为一种安抚物，然而，她的自慰却没有带来快感。阿丽雅渴望得到爱和自恋的滋养却无法被满足而产生抑郁感，但像这样试图用自慰来驱除这抑郁感，显然是失败的。当孩子的情感表达与父母自己的情感的联系变得很明显时，慢慢地、逐渐地将之呈现出来，有时会使父母对他们自己和孩子有更共情的联结。寻找替代的方法，或试图掌控这些旧焦虑的新方法，往往是一个漫长的过程，要去对抗几代人内化的根深蒂固的想法。（是一种"束缚"？事实上，当不能达到完美时，往往预示着惩罚。）

由于在心智中精巧的无意识幻想是如此令人着迷，又由于它们还包括难以驾驭、高度冲突和带破坏性的幻想，它们受到了强烈的抵抗。我认为这位治疗师很好地触及了阿丽雅关于这点最焦虑的感受，在面对破坏性的情感时，帮助她趋向于爱/被爱的感受。这是可行的，而且似乎已经帮助了她的妈妈。

阿丽雅的爸爸没有能力容忍在心理上探索阿丽雅的烦恼所产生的威胁。可能是害怕她的焦虑与他自己的态度和行为有关联，促使他坚决地从父母工作中退缩（逃离？），并施压要结束阿丽雅的分析。他似乎一直通过防御性地寻求婚外情的安慰来寻找缓解焦虑的方法。对他来说，这是屡试不爽的自恋式满足的行为，但很可能像阿丽雅的自慰一样空虚？我好奇他早期的关系是怎样的，并猜想他没有足够好地解决自己的早期问题，而这些问题与让人受伤的挫败感有关。这种困难会让他缺乏成熟，没有能力支持他女儿通过她自己的考验而发展前进。当阿丽雅减少了防御行动时，他的防御行动似乎占据了舞台中心。

我喜欢阿丽雅《音乐之声》(The Sound of Music)的材料以及治疗师对它的使用。这确实让我想起了另一首歌，《像玛丽亚这样的女孩》(我们该怎么办……)，但后来又想到战争来临时特拉普*一家不得不忍受的困难。随着不完美、失控和失败的感受的增加，离婚也几经变迁。正如我们所知，旧压力继续在离婚关系中被表现出来（律师和法庭提供了一个很好的舞台来加强和刺激这些压力）。阿丽雅对施受虐兴奋的活现，反映她对在即将到来的离婚中父母互动的前意识觉察，似乎预示着她对未来严重的担忧，特别是到了青春期，与父母的婴幼儿期纽带松动了，而且要在冲突的性和攻击性的感受状态中，寻找新的方法确保爱以及安全信任的联结。得知她会有另外一个治疗师我很高兴，但很遗憾这个治疗师不能继续同时与她和她妈妈工作。在一个理想的世界里，在这种真正有治疗性的关系中连续性会得以保持。但是在该案例中，这段关系充满了有争议的感受和离婚。这个作为离别礼物的环环相扣、牢不可破的石链，似乎提供了可供抓住的坚固纽带和可捆绑的锁链。我希望阿丽雅的爱继续有能力控制住她"强烈的愤怒"。

评论 2

每个儿童和青少年分析师都知道，如果没有与父母持续、积极的关系，孩子的治疗将处于危险的境地。分析师必须能够帮助家长成为"治疗过程的主要部分，同时尊重孩子的隐私权以及孩子与治疗师创建完全独立、自主的关系的需要"（Altman et al., 2002, p. 301）。

---

* 美国电影《音乐之声》中的人物。——译者注

从治疗开始，父母和治疗师就需要找到一种有效的工作方法，这样孩子就不会被置于背叛对父母或治疗师的忠诚的位置。孩子和父母都必须明白，治疗师尊重"孩子有她/他自己的心智和思想、感受和幻想"（Schmukler et al., 2012, p. 58），尊重在治疗室中被发现和表达的，并且尊重这是隐私。然而，当家庭秘密暴露时，分析师往往处于一个非常危险而且不确定的位置。分析师对八岁的阿丽雅和她父母的出色分析是一个极好的例子，说明了为什么在理解孩子的症状和游戏中形成的分析材料，以及指导父母更好地理解孩子的困难和痛苦时，与父母紧密合作是必不可少的。此外，阿丽雅和她父母的案例揭示了有害的家庭秘密是如何成为孩子无法承受的负担的。

分析师从一开始就对阿丽雅的症状展示出兴趣和好奇。在父母会谈上，阿丽雅的爸爸立即放弃了他的责任，并开始破坏治疗。分析师坚持并试图通过妈妈联系爸爸，然而，爸爸的行为很能说明问题。妈妈在啜泣中崩溃，吐露了家庭秘密，于是阿丽雅的症状开始被理解。这位分析师出色地与她的小患者工作，提供语言来解释她的感受，这样她就不再需要用身体来讲述她对分离和丧失的担忧。阿丽雅的分析的另一个重要部分是帮助她与完美主义做斗争。由于分析师与妈妈密切合作（以及通过妈妈与爸爸进行工作），她能够评估父母带入治疗中的防御和冲突。通过这种方式，她能够让爸爸明白，他的完美主义要求对他的女儿是有害的。他能够听到这一点，并在他与阿丽雅的互动中做出必要的改变。分析师也能够帮助妈妈解决她自己在同一领域的困难。只有这样，阿丽雅才能够得到帮助，解决这个阻碍她发展的问题。

传统上通过不让父母参与孩子的治疗来解决隐私和保密的问题，时至今日，儿童分析师和心理治疗师走过了漫长的道路。在 K.K. 诺维克和 J. 诺维克的书《与父母工作使治疗有效》（*Working With Parents Makes Therapy Work*, 2005）中，展示了"多种多样的技术来保护孩子的隐私，帮助父母忍受并非知道一切的挫败，促进父母和孩子之间更多的沟通和分享，并重新定义他们之间的分离性和自主性"（p. 53）。他们陈述："保密条款应该是为了保护隐私，而不是反射性地与秘密共谋。我们的目标是使任何秘密成为合情合理的分析性关注和理解的对象，以便患者及其父母能够找到他们的方式，并富有成效地分享和交流任何对他们每个人都很重要的东西。分析师的任务是通过尊重思想和感情的隐私来支持这些目标"（p. 124）。

如果分析师没有以治疗性的态度与父母会面，我猜测阿丽雅的分析可能会走向一个完全不同的方向，也许是走上一条错误的道路，不会有那么大的帮助。阿丽雅成功治疗的时间其实很短，只有十八个月。我觉得分析师能够在这么短的时间内帮助患者，是因为与父母的密切工作。分析师能够与这个家庭密切合作，记住每个人有什么样的能力、能容忍什么，最重要的是，什么能帮助孩子。分析师保留了孩子内心世界的隐私（想法、幻想和感受），同时揭开了一个有害的家庭秘密。

最后，这个简短的案例表明，需要教给幼儿和青少年心理治疗师和分析候选人与父母一起工作的新技术，这些技术能整合家庭和支持亲子关系的发展，以及儿童的发展。安娜·弗洛伊德说，当孩子回到发展性轨道上时，对孩子的治疗就要准备结束了。我认为我们应该补充她的重要宣言，即父母与孩子的关系也应处于发展性轨道上，当它们脱轨时就需要我们的帮助。

主编反思

儿童如何处理"语言的混乱（confusion of tongues）"（Ferenczi, 1949）和从成年人那里接收到的关于性的令人困惑的信息（Laplanche, 1997）？这些在任何情况下都会塑造孩子正在发展的人格，但孩子如何处理一个有意识地被保守的性方面的家庭秘密呢？正如一位评论者所观察到的，"家庭秘密成为孩子不能承受的负担"。在本章中，我们也看到秘密和谎言是如何成为分析师难以承受的负担的。阿丽雅的分析师在与父母的工作中面临的许多挑战之一是一种常见情况：从父母那里了解到一些事情，却只能记在心里，而不能与病人分享。

通过试图理解爸爸对参与父母工作的持续阻抗，分析师了解到他一系列不忠的行为，以及妈妈越来越无法容忍这些行为。阿丽雅非常重视的分析工作已经帮助她感到被理解，足以涵容她一段时间内不需要强迫性自慰，直到父母的婚姻关系恶化到无法修复。当症状再次出现时，她的分析师"很挣扎，因为我知道阿丽雅退行的原因：她的前意识知晓父母即将离婚以及爸爸心照不宣的不忠，但我没有资格告诉她"。这位分析师的干预方式支持了阿丽雅希望帮助限制其性冲击的潜伏期愿望。她自己试图摆脱这性冲击，而她的超我也因此折磨着她。

尽管父母之间不断升级的紧张关系及其对阿丽雅明显的影响让分析师倍感压力，但有一点似乎也很清楚，如果没有定期、频繁的同步父母工作，阿丽雅根本不会得到改善，更不用说持续和巩固改善了。即使当爸爸没有参加会谈并试图破坏分析师的努力时，分析师仍将父母双方都记在心里，并考虑到他们在阿丽雅的心智和感受中的存在。这一事实不仅对努力使孩子回到发展前进的道路上，而且对努力使亲子关系恢复到尽可能现实的基础上，都是至关重要的。

正如第二位评论者所指出的那样，当父母在父母工作中吐露这样一个秘密或任何其他秘密时，分析师可以通过成为它的托管人来分担他们的负担（R.Furman，1995），抱持着一个不再被否认的现实，帮助父母理解这与儿童症状的联系，并释放患者"揭示不可告人的秘密"的需要。分析师努力涵容并使用已获得的了解来为分析和父母工作提供信息，识别到秘密的影响，但不会被它分心，以致无法针对正在浮现的材料中的其他要素工作。理想情况下，随着时间的推移，就什么时候与孩子讲些什么的问题，分析师可以帮助父母找到与孩子年龄相适应的答案，以减轻秘密的有害影响，同时隐去那些年幼的孩子无法整合的细节。

在与青少年及其父母的工作中，关于隐私和秘密之间的区别是极为有用的。隐私应该得到保护，但是秘密应该被处理并找到分享秘密的方法，这个建议使分析师有自由在适当的时候帮助父母和儿童分享或保有隐私。

该案例增加了进一步的区分，这可能有助于帮助父母与孩子分享关于秘密的不同方面。它展示了秘密的内容可以有效地与秘密的效果分开。在本案例中，秘密的内容是爸爸的性外遇，但效果是妈妈的愤怒、父母之间的紧张关系以及妈妈决定与爸爸离婚。这位分析师似乎是在孩子的引导下做出这种区分的。这些材料似乎围绕着分离和丧失的议题，分析师一度向孩子保证，即使父母分开了，他们也会照顾她。

这个片段也让我们重新考虑父母工作的另一个方面：爸爸的缺席。以前的经验使我们强调让爸爸成为父母工作的一分子的重要性。该案例也可能会让我们意识到一些父亲对女性分析师的建议或帮助的反应。我们应该考虑到，在某些文化中，这将被视为可耻的。

我们可能预料到该案例会失败，因为爸爸积极地反对分析，有他自己的盘算，并且很少参与父母工作。事实上，分析师把这位爸爸放在心上，利用妈妈作为渠道，让他受益于分析师的建议，如停止打屁股和使用不同形式的管教方式。分析师能够传达出妈妈和爸爸两人都有女孩认同的完美主义问题。这些都让爸爸感受到他被包含在工作中的感觉，并帮助他接受帮助，而不会感到羞愧和羞辱。该案例也提醒我们注意父母性格的某些方面是阻碍成长的诸多潜在因素之一。在该案例中，父母双方都有不同类型的完美主义，父母工作使得它们的一些影响得到处理和减轻。

第六章

永无止境的毒性离婚

学龄后期

临床案例

当我第一次见到克里斯时他才九岁。在这个临床案例片段中，我将描述我与他的工作，以及我与他的父母并行的持续工作。在最初的两年半里我与他每周做四次分析，之后的两年改为每周两次心理治疗。我将简要描述家庭成员和家庭动力、在与父母建立治疗关系时遇到的困难，以及与父母的工作和与病人的分析工作之间的互惠关系，即父母工作如何促进分析中的进步，以及这反过来又如何促进与父母双方发展更好的关系。

当克里斯进入治疗时，他大便失禁，经常尿床，而且很容易暴怒。他还有严重的学习困难、阅读障碍、难以集中注意力，以及难以专注于任务。他的大多数发展里程碑是正常的，除了在幼儿园和学前班期间很少说话。这一特质在分析的早期阶段很明显，因为他很安静，通过游戏而不是语言来表达自己。克里斯的父母在他四岁时分居，他至少有两年时间没有定期见到父亲。在父母分开后不久，克里斯母亲的男朋友搬进了公寓。最初以及整个分析的大部分时间里，克里斯和母亲的伴侣之间都有相当大的冲突，关系很紧张。

克里斯母亲的父母在她很小的时候就离婚了，然后她的母亲很快又再婚。在分析的开始阶段，她与她的亲生父亲很疏远。她和自己母亲的关系很不好，她的母亲脾气暴躁，把她当孩子一样对待，经常批评她对克里斯的养育。克里斯的母亲有时可能会变得非常愤怒，她过量饮酒的倾向经常导致失控的可怕情境。

在分析开始阶段，克里斯的父亲一个人住，经常花时间与克里斯和他的弟弟在一起。很明显，他非常关心克里斯，但对克里斯的感受缺乏洞见和理解。他的家族有严重的心理健康问题的历史。他的父亲最近被诊断为躁郁症而住院。父亲的母亲被描述为有些古怪和混乱的，但也很挑剔。

克里斯有一个比他小两岁的弟弟，据父母描述他与克里斯完全相反。弟弟在学校表现良好、在同龄人中很受欢迎、与成年人相处自在且很健谈，以及不尿床、也不会发脾气。克里斯嫉妒弟弟在学校的成功、轻松的社会交往以及父母的认可，并且他长期感到自己因为与弟弟争吵而被不公平地指责。

最初我和父母二人共同会谈了几次。母亲控诉父亲在他们分开的两年多时间抛弃了克里斯，也没有支付他应付的抚养费。父亲反驳说，母亲蓄意阻止他见克里斯，暗示是她的错，而不是自己的错。很快我发现，他们之间的敌对程度让有建设性的对话很难进行下去。我确定与每位家长单独会面会更有帮助。然而，在这些早期的会谈中出现了一个核心议题，贯穿整个分析过程的不同情境，且不断重复出现。这就是母亲需要阻碍克里斯接近父亲，而父亲在应对母亲的控制时感到无助和无能。当母亲开始抗拒继续以每周四次的频率进行分析时，这个议题也出现在她对我的移情中。

在与父亲的最初会面中，我探讨了他对于克里斯开始和我一起治疗的感受。他说他觉得治疗是妻子又一个他无法控制的决定。他不信任我，认为我是他前妻的另一个代理人。他对治疗的有效性也持悲观态度，担心这会证实母亲认为克里斯脆弱或懦弱的看法。我很惊讶在我们早期的会面中他就愿意告诉我这些担忧。就这一点来说，我认为我是男性是有帮助的。对于他前妻贬低他、把他排除在克里斯生活的重要决定之外，他认为我能共情他对此的痛苦和愤怒。然而，在这么做时，我必须小心不要过度认同他，并加入他对前妻的仇恨里，因为这可能会损害我与母亲建立治疗联盟的能力，以及保持对他们单独的和二元动力的分析性视角的能力。父亲把自己看作前妻试图排斥他的受害者，这保护了他没有看到是他激起了母亲的报复，并使她看起来像是在恶意地阻止他见克里斯。然而在我们关系的早期，我不愿意去指出这些。

相反，在我们的整个工作中，特别是在这些早期会谈中，我谨慎地强调他为人父母的建设性方面，不断提醒他对克里斯的重要性，以及他对克里斯的认识和理解的程度与价值。当他开始信任我，认为我是有帮助的和支持性的，他的阻抗减少了，开始与我定期地工作。他持续地参加会谈，并在周末与克里斯相聚后给我打电话，向我"汇报"他与克里斯之间所发生的使他忧虑的事情。

相比之下，与母亲建立治疗联盟更困难。她的出席很不稳定。有时她会"忘记"预约，倾向于电话会谈而不是亲自来参加治疗。在我们最初的会谈中，母亲能够详细地描述克里斯的困难，有时对克里斯的问题变得感同身受并且很敏感，克里斯最初是被动地，后来变成主动地不去顺应她的要求，这样的时候，她惯常会变得怒不可遏。我经常发现自己认同克里斯的无助以及因感到无能而愤怒，并努力抑制我施虐性地反击和控制母亲的冲动。这个体验加深了我对他们关系中施受虐元素的认识，这些元素在与克里斯和母亲的工作中清晰地显现出来。在这些时刻，我发现如果我耐心地倾听母亲的抱怨，使得她的愤怒消散，认可她的观点并且表达对她焦虑的一些理解，我就可以避免卷入一场活现。一旦她的愤怒平息了，她就能够恢复爱克里斯的感觉，对她自己的行为有一些领悟，并开始把克里斯看作一个独立的人。

母亲还试图让我在她与父亲关于假期和探视的争端中选边站。在这些情况下，与其他时候一样，我克制住了提供意见和建议的诱惑，而是聚焦在帮助她详细描述她的恐惧和冲突的性质上，使她能够减少焦虑，达成一个合理的解决办法。

当我刚开始在分析中见到克里斯时,他经常在他父亲的家里出"事故"、发脾气,并且抱怨父亲没有照顾他或提供合适的食物。他早期的治疗中充满了重复的施虐游戏,并且在后来,每当他因为他无法控制的人或事件感到自恋性地被羞辱、碾压而变得无能为力时,就会回到这些游戏中。我好奇这类游戏的意义。他有意识地表达了对父亲的愤怒,这些游戏揭示了试图全能地掌控对身体伤害的恐惧。这些恐惧也许是四岁时父亲缺席引发的被报复的恐惧激发的,也可能是父亲对他的批评激发的。但这也与母亲所报告的,她因克里斯不听话和没有满足她的要求而变得怒不可遏的情况同步发生。他的抱怨似乎更多地指向母性的功能,而不是父性的功能。我认为他的施虐游戏,意识上与对父亲的抱怨联系在一起,但也与那些和母亲有关的体验所引发的更少被意识到的感受有关系。他后来证实了我的假设。

随着分析的深入,他开始聚焦于他对弟弟的羡慕和嫉妒。当他正在玩施虐游戏,去摧毁和修复一个泥人子宫里的人物时,他就是在告诉我这一点。最后,他开始直接向父亲提出一些抱怨,特别是他对父亲批评他的怨恨、父亲对弟弟的不公平偏袒和理想化,以及父亲和弟弟在一起的时长。克里斯发展出将自己的感受用语言表达出来的能力为我提供了一个机会,去深化我和父亲的工作,因为他认真对待这些抱怨,并开始关注他是否偏袒了弟弟。

在我们的会谈中,父亲开始意识到克里斯的学习障碍对他的自尊造成了毁灭性的伤害,以及这刺激了他对弟弟的学业和社交技能的强烈嫉妒。父亲把他批评和惩罚克里斯的倾向与他对自己父母的认同,以及他小时候父母对他愤怒的惩罚性态度联系起来。他记得他感到多么愤怒以及多么不公平地被对待。因此,他变得更加共情克里斯的冲突,并且能够更少惩罚性地、更多有效地干预克里斯和弟弟之间经常发生的失控的愤怒冲突。

这与母亲对克里斯的"大喊大叫",并指责他与弟弟打架形成了鲜明对比。母亲也很恐惧,并倾向于用她的恐惧去抑制克里斯走向独立的努力。因为我与克里斯的工作使得克里斯和他父亲的关系显著改善，这触发了分析中以及他与我关系中的转变。而在此之前，克里斯将我排斥在外，把我降格为他施虐游戏的外部观察者。而我们现在可以一起玩互动游戏，表达他希望被我认识，以及他自我保护性地需要去管控我对他感受的接触。此外，当他在与父亲和与我的关系中变得更有安全感后，他也不再害怕他对母亲的愤怒，会在治疗中以及在家里去表达这种愤怒。

当这种情况发生时，克里斯会在会谈里喋喋不休地抱怨他和母亲的关系。她不能倾听他，不征求他的意见就做决定，不告诉他生命中重要的人和事的真相。贯穿着这些事件的一个主题，就是无法促使改变的无助和无力的痛苦感受。当他一次又一次地告诉我让他感到无力和被忽视的情况时，他经常回到他特有的全能施虐游戏中，把泥人切碎再重新拼在一起，或者上演士兵和恐龙之间令人兴奋的血腥打斗。在家里，他变得更毫不掩饰地挑衅、言语上更加对抗，以及更加公然地对立。在这些时候，母亲变得愤怒、不耐烦、苛刻、惩罚性，甚至进行体罚。她觉得他变得更糟糕了，并且想减少他的治疗次数。

在发生这样的事情后，她经常会打电话给我以便发泄她的愤怒、减轻她对失控的内疚，并希望获得我对她行为的支持。我仔细地听着，等待着她的愤怒减弱，如我之前所说的，我努力找机会去共情她的观点，并处理她的焦虑和担忧。我发现，为她提供一个安全的空间来表达她的感受，承认自己的行为而不用害怕被批评，似乎可以改善她和克里斯的关系。她开始意识到，她的急躁、愤怒以及对克里斯的要求可能是没有帮助的或不恰当的，并且意识到她的这些感受其实与克里斯的各种"事故"是有关系的，而她现在可以把这些"事故"看作克里斯表达对她行为的感受的方式。她也可以看出，她的行为镜映了她那脾气反复无常的母亲，很容易爆发愤怒和报复性地惩罚别人。克里斯和母亲现在能够就这些问题进行有意义的对话，从而避免将他们之间的冲突转化为争夺主导权和控制权的权力斗争。

克里斯与母亲关系的变化也反映在治疗中。克里斯更多地用语言告诉我当天发生的事情,以及他与母亲、母亲的伴侣、他的弟弟和朋友之间的冲突。他很少回到他的施虐游戏,即使当他这样做的时候,也会更容易地识别出这与会谈之外的事件的关联。克里斯也能够看到自己在激怒母亲和她的伴侣中所起的作用,他与母亲的伴侣之间经常重复着那些他与母亲关系中熟悉的对控制权的斗争。

对于母亲来说,克里斯与父亲关系的改善是尤其令她难以容忍的。这在家庭中造成了一场危机,而当时我没有觉察到,在一定程度上这场危机是由母亲与她父亲的关系的一些细节引发的。克里斯从暑期休假回来后不久,母亲开始抗拒继续每周四次的分析。此后不久,母亲拒绝让克里斯和他的弟弟去见父亲,并告诉他们,她不允许他们见父亲是因为他没有支付抚养费。克里斯再次面临这样的情况,即无法改变一个重要决定,这让他感到异常愤怒且无能为力。在母亲拒绝让克里斯见父亲的那段时间里,克里斯每天通过与父亲说话来弥补丧失,他经常躲在卫生间里用手机和爸爸打电话。他们定期的交流和对母亲的共同愤怒似乎拉近了他们的距离。

此时,我和父母工作的议题聚焦于母亲和父亲之间的冲突,以及母亲不愿意让克里斯见他的父亲。父亲说:"每次克里斯见我时,他的母亲都试图破坏我的形象。"然后,他联想到她的亲生父亲,以及她与他的隔阂。"也许她对所有的父亲都有意见。"我说这是可能的,但由于他不支付孩子的抚养费,这样他就证实了母亲的看法,并且让她不用看到她对这个问题的责任。

几天后在我和母亲的谈话中,她为自己不让克里斯见父亲的决定进行了辩解。我请她谈谈她的生父,她曾经将他描述为疏远的、无能的,并且抛弃了她。让我吃惊的是她告诉我,他实际上是一个受过良好教育的成功专业人士,她在整个童年和成年早期都与他关系密切。但当他不能履行一项经济义务时,这一切都改变了。她,特别是她的母亲,对父亲感到异常愤怒,并且十多年没有再和他说话。她的母亲压抑了她受伤的感受和对父亲的渴望,并且在对母亲的认同中,她变被动为主动,任由她报复性的愤怒见诸行动。然而在这个过程中，她痛苦地失去了与父亲的亲密关系。

现在我们都很清楚，她对克里斯父亲不履行经济义务的愤怒源于她与自己父亲的关系。然而，她很难看到是她的需要让克里斯和我遭受了和她一样的痛苦命运，因为这需要她认识到她自己的丧失感和她的行为所造成的自我毁灭性后果。幸好在我们的会谈中，这个认识逐渐明朗。此后，她与生父和解，并开始觉察到她对生父的爱以及他在她生命中的重要性。这些感受帮助她缓和了她对作为移情对象的克里斯的父亲的愤怒，最终使她变得更加支持和欣赏他与克里斯的关系。她也变得不那么抗拒分析以及我们的共同工作。

在我们一起工作的过程中，母亲、父亲以及克里斯改变了，他们之间的关系也发生了改变。克里斯发展出更具建设性的自我主张模式的能力，可以直接表达他的意愿和欲望，并找到妥协的解决方案，使它们至少部分地得到满足。他变得更能感受到对母亲的爱，使他能够容忍母亲对他行为的限制以及她周期性的情绪爆发与失控。他也与父亲创建了更亲密、更少冲突的关系。他逐渐视父亲为一个积极的支持性人物，能够帮助他从与母亲关系的破坏性方面解脱出来，为他提供力量并且升华他的攻击性。

父母的变化促进了这一过程。父亲更积极和自信的存在，以及母亲放弃控制的需要的能力越来越强，这些都使得克里斯不切实际的苛求以及父母制造麻烦的行为带来的不可避免的沮丧和失望变得不那么危险、更容易被象征化，以及也不太容易被具体到躯体功能上，或者通过施受虐的互动表现出来。

当父母同步参与儿童心理治疗和儿童分析性治疗时，会出现许多理论上和技术上的议题。其中最主要的是，通过阻碍或限制移情幻想、将焦点从内在心理冲突转移到人际冲突，以及引入劝告、教育、建议、许可和禁止等支持性干预，这些可能会损害有效的分析工作。尽管在处理移情和反移情以及保持分析性态度方面，父母工作遇到了挑战，但我不相信这些困难造成的问题大到让我们排斥父母工作的价值和潜力。

评论 1

我发现值得注意的是，许多儿童治疗师和分析师在治疗儿童，甚至是强化治疗时，却与父母保持着最少的接触。我目前正在对一个男人进行强化心理治疗，他的小女儿正在接受分析。他和妻子对女儿的行为感到困惑，迫切需要帮助，但那位分析师显然认为这种干预无关紧要，因为他只是间歇地与父母见面。我正在工作的另一个案例中，一位治疗师正在见一个四岁的女孩，据女孩说她被父亲性虐待。治疗师因为"保密问题"，几乎与父母任何一方都没有联系。

这种情况让我思考治疗师是如何忘记这样一个现实的，即无论他自己多么重要，父母才是日复一日地与孩子密切接触、影响着孩子的人，而且很显然，从长远来讲他们对于孩子的重要性远远超过任何治疗师。在回顾我自己的工作时，我必须痛苦地承认，在与青少年的工作中，我有时也会因为这种短视而感到内疚。我看到过几个明显的解释。第一，我们太专注于与儿童患者的关系，以至忘记关注他们在治疗室外的环境。第二，我们治疗师往往无意识地需要把自己看作比孩子现实的父母更好的家长。（这有很多可能的根源，包括治疗师与自己父母未解决的冲突。）第三，父母工作是很艰难的。许多治疗师/分析师感到没有能力应对它的诸多挑战，特别是父母对治疗师强烈的负性反应，部分的原因是，当他们发现自己的孩子需要帮助时，必然会感受到严重的自恋受损。

第三点启发了我对眼前的案例进行讨论。克里斯的分析师非常认真地对待父母工作，和父母一起深入战壕。他认识到，他在父母中引发了强烈的移情反应，部分是由于他在克里斯生活中的重要作用，并且他坚持不懈地处理这些反应。他意识到如果没有如此艰巨的工作，与父母的工作就不会有建设性的进展。分析师对父母坚定不移的投注以及由此形成的积极联盟有助于解释他的成功，也可以解释为什么这么多父母工作不是特别顺利：当治疗师将父母工作视为次要的、附带的，父母会感到被边缘化，这加剧了他们自恋的脆弱性；此外，治疗师因此缺乏时间与空间去理解以及建设性地处理父母的强烈感受。在这个特别的案例中，父母逐渐信任分析师，因为他认真对待他们，并很好地了解他们，包括他们的历史。

分析师很好地利用父母工作，以不同的方式帮助了克里斯。他利用他对克里斯所遭受的痛苦的切身体验，帮助父母更多地共情克里斯情感上的痛苦。例如，他的父亲通过对克里斯学习困难的深入了解，变得不那么挑剔和具有惩罚性。相反，分析师也通过直接处理父母的负面移情（而不是像大多数治疗师那样回避他们），获得对父母来之不易的理解，并将这些理解应用到对克里斯的个体治疗中。例如，通过持续地理解和管理母亲的控制性、互动中的愤怒模式，分析师可以帮助克里斯更好地应对她。分析师与克里斯的工作影响了父母工作，父母工作也促进了克里斯的个体治疗。我无法想象克里斯在没有密集的父母工作的情况下取得进步。离婚家庭中的父母工作给治疗师带来了特殊的挑战和机会。当克里斯的分析师意识到因为父母彼此的敌意，他无法与他们一起见面时，立即直面了这一现实。我也认为与离婚的父母一起见面是最优的选择。但当这样做适得其反时，我们也必须接受现实。

在帮助父母协助孩子度过困难的离婚过程时，我想谈谈我认为的几项至关重要的任务。在这方面，我猜测这位分析师在家长会谈中做了一些工作，尽管他没有明确地描述出来。E. 马夸特（Elizabeth Marquardt，2005）在她的《两个世界之间》（*Between Two Worlds*）一书中描述到，特别是在气氛紧张的离婚后家庭中，孩子经常觉得他们好像过着两个割裂的生活，没有办法把它们编织在一起。父母很少过问他们在另一个家庭的生活，如果问也是抱着批评或轻蔑的态度。治疗师可以帮助父母协助孩子面对这种令人烦恼的体验，即父母可以鼓励孩子令人鼓舞地公开谈论另一个家庭的生活。

但充满怨恨的父母，比如克里斯的父母，会觉得这样做很困难。他们向孩子抱怨另一方,或愤怒地反驳另一方的说法"不,他在撒谎;他才是想离婚的人"。这种指责非常常见,加剧了孩子的紧张状态,以及无法调和父母对家庭状况迥异的看法,也加剧了他们痛苦的无助感。我相信通过如下关键干预,治疗师可以示范一些回应方式,以共情地面对这些进退两难的困境,而不会迫使孩子觉得他们必须选边站:"嗯,我知道你爸爸说是我想离婚的。我对情况的看法完全不同。我知道这让你很为难。当两个你爱的人对事情的看法如此不同时,这太难了。"我的经验是,许多父母渴望深思熟虑地和孩子面对这些问题,但就是不知道要如何做。我认为这位分析师通过增加父母双方对彼此养育角色的认可,特别是母亲对父亲的认可,为这种干预奠定了基础。

克里斯的分析师观察到,克里斯挣扎于一种"无法促使任何改变的无助和无力的痛苦感受",将这归因于他在母亲那里持续的挫败。除了和他母亲之间的困难,我好奇实际的分居和离婚对克里斯的影响。因为克里斯四岁时父母分居,他的性格形成关键期是和他们一起度过的。父母的分居尽管减轻了父母争吵不休的痛苦,却使幼儿面临对重要的人和事件缺乏影响力的问题,从而促使他们投注在无所不能的控制性幻想中,以此来防御对抗无助感。父母工作可以在这种情况下起到至关重要的作用。治疗师帮助父母协助他们的孩子承受离婚带来的丧失,并参与建设性的哀悼过程。这位分析师与克里斯的父母建立了积极的工作联盟,为这种工作的开展提供了必要的基础。

评论 2

该案例可以作为说明"与父母工作使治疗有效"这一假设的典范。我们的病人,一个心理严重混乱的九岁男孩,有着严重的学习困难、遗尿、大便失禁、不受控制的愤怒和困难行为,无法适应正常学校,没有适龄的朋友,与父亲疏远,与母亲、继父以及弟弟对抗,一般而言,他似乎并不适合门诊强化治疗。在他早期的治疗工作中，他很少说话，强迫性地重复玩着施虐游戏，也似乎无法与治疗师建立联结。

他的父母离异，甚至无法共处一室，更无法持续承担对孩子的任何联合养育责任。母亲对克里斯和治疗师撒谎，重演了她的童年创伤，像她控制性的母亲对待她一样对待克里斯。她似乎觉得儿子和前夫好像都是她所愤恨的父亲。她显然对她的行为可能产生的影响没有洞察力。

在应对前妻方面，父亲表现得束手无策，他被排除在与儿子的任何关系之外。他曾经高度地怀疑治疗师是母亲的代理人。同样，对于他自己的行为对孩子的影响，他也缺乏洞察力，或者无法意识到孩子在重演他和紊乱的父亲一起生活的童年。继父也与病人有一种对战、施受虐的关系，所以男孩被孤立、感到孤独、被指责、被羞辱，没有资源或支持。

我注意到分析师创造了治疗的转折点，同时在危机中拯救了这个治疗，在技术上有几个特别之处。

1. 使同步父母工作成为治疗的一个组成部分，定期地分别与父母单独会面。该案例突出了让父亲参与同步父母工作的重要性。越来越多证据表明，父亲的参与对成功的儿童/青少年治疗是至关重要的。

2. 从一开始，分析师就专注于与父母建立治疗联盟。他帮助他们获得一个初步的有胜任力和理解力的感觉。与父母建立治疗联盟可能是最难训练的技术，却是成功的同步父母工作的必要条件。在他的简短总结中，分析师无法传达出他使用的词语、说这些词语时的语气，以及尽管三位家长都有明显的病理，分析师又是如何尊重他们，找到他可以认可和支持的功能领域，并帮助他们提取已经完全被淹没在他们施受虐的愤怒中的"原初父母之爱"。

3. 一旦分析师赢得了他们的尊重，创造了一种免受评判、指责或羞辱的安全氛围，他就可以给出建议去做某些改变。

4. 一个重要的转折点是，母亲可以利用父母工作开始看到，与父亲的积极关系对男孩以及她自己的价值。同样，分析师帮助父亲认识到他对孩子的重要性，而不要让他的愤怒干扰他接近孩子和成为最好的父亲的首要目标。

5. 这对与男孩的联盟产生了深远的影响，因为现在他感受到他与治疗师结成了联盟，并且爸爸终于成了称职的盟友。

6. 当父母感到更多的信任时，他们能够和分析师一起探索他们自己的创伤历史，并开始看到创伤的某些部分在孩子身上重复着。这是另一个转折点，给父母的行为带来了重要的变化（例如：母亲与她的父亲和解；父亲以更少否认的态度看待自己的父亲）。这大大减少了父母对孩子的攻击，并且加强了父母的一种能力，即让他们可以将他视为一个有自己的力量与脆弱性的独立的人。与父母双方的工作变得更加深入和广泛。分析师使用了对成年患者会使用的所有技术（对防御的分析、把当前行为与童年创伤进行联系与重构、移情，以及其他技术）。唯一的区别是，所使用的技术可以被称为"焦点分析"，即分析聚焦在人格的一个领域，在该案例中，就是聚焦在双方的父母功能上。

7. 父母越来越欣赏他们的孩子，并找到"原初父母之爱"的时刻，这是为人父母阶段发展的重要一步。

该案例清楚地表明，我们应该超越同步父母工作是否有用的问题，把重点放在这项工作所需要的技术、产生作用的立场，以及我们从事这项工作所需要的个人"情感肌肉"上。

评论 3

克里斯开始他的分析时，他的父母已经分居或离婚五年了。然而，他们仍然以互相的冲突和敌意联结着。这显然正是他们在婚姻期间和之后关系的特点。一些离婚夫妇即使不再是婚姻伴侣，也能很好地作为父母伙伴行使养育功能；另一些人则不能放弃持续的战争，无论这会给他们孩子的情感健康带来怎样的代价。随着时间的推移，我逐渐感到，当父母正活跃于离婚过程中时，为儿童进行分析的建议可能是不合时宜的，甚至是禁忌的。尽管青少年有时相对更容易将自己的问题与父母的问题分开。当尘埃落定，父母为了孩子的福祉而共同努力的可能性才更大一些。

不言而喻，明智的做法是，从一开始就明确在父母的争执中分析师的角色将是什么，不是什么。按照诺维克夫妇概括的双重治疗目标（Novick, K.K. & Novick, J.; 2005），这项工作的明确目标仍然是使儿童和每名家长重新走上发展前进的道路。当父母关系像克里斯的父母那样，在分开五年后还如此激烈时，分析师想避免可预期的冲突和障碍是完全可以理解的。然而，克里斯的分析师做了一项令人钦佩的工作，如在暴风雨中平稳地航行。我考虑到一些促成了那些使得分析工作和父母工作得以展开的重大而有益的改变的因素。

成功解决孩子俄狄浦斯冲突的标志之一是：在潜伏期以及之后，基于孩子认识到实际上摆脱有竞争关系的父母也意味着失去一个爱并且重视自己的客体，从而不断增强三元关系中的能力。对父母双方的认同丰富了孩子的自体，弥补了不得不等待自己的浪漫伴侣的失望，并为未来的爱情提供了希望。爱的一面越能战胜并驯服攻击性的一面，超我就会越善良，越有接纳性。事实上，克里斯的父母在他四岁时就分居了，这对他的发展造成了干扰，因为他不必与两个他都爱的且因为彼此间的成人爱情而把他排除在外的父母去搏斗。克里斯的母亲在与父亲分居后不久就决定把另一个伴侣带回家，这使事情变得更加复杂。但我们也从分析师那里了解到，父母双方都没有达到为人父母阶段所具有的俄狄浦斯发展水平，即在与他人的关系中表现出相互性与互惠性。相反，他们的强烈情感都围绕在矛盾、指责，以及"谁说了算"的权力冲突上。我们得知他们的父母也有类似的困难。这不是在指责谁，而是实事求是地看待分析师的工作。何其幸运的是，这位分析师能够把他自己在三元关系中运作的能力使用到这个工作中。

早期分析师试图以三元关系的形式与克里斯的父母同时见面，很快就被证明会适得其反。但即使在决定分别与父母单独见面之后，这位分析师仍然能够顾及父母双方或者不在父母之间选边站。在父母工作中指明方向的三元应该是为了克里斯的福祉的母亲－父亲－分析师，即使最初这只存在于分析师的心智中。这个分析工作需要两个三元关系：克里斯－母亲－分析师和克里斯－父亲－分析师，而不是像一些更幸福的家庭那样的克里斯－父母－分析师。所有这些三元组合都要求分析师要识别和回应其优势和潜力，同时要充分了解其痛苦的现实。对工作中的每个个体都能够共情，是这位分析师让自己成为可供认同的新客体的不可或缺的特征。同样重要的是，他能够针对排斥者－被排斥者关系模式[①]的不断重复进行工作，而不是加入其中。

虽然本案例突出了父母间有矛盾时父母工作是多么困难，但在其他方面，它对任何情况下的工作都具有代表性。分析师指出了几个陷阱。一个是过度认同一方父母，例如对父亲的愤怒的认同，父亲在感受到被克里斯的母亲控制并且变得无能为力，以及她试图干涉他与克里斯的关系时的愤怒。分析师意识到他的反移情，以及认同克里斯对父母的施受虐态度的风险。他还意识到这三个人是如何将一个极其严苛的超我外化，煽动性地邀请他成为一名批评性的家长。这些风险并不是与离婚的父母工作所特有的。

同样，在其他任何与父母的工作中，治疗性任务是相同的。为了与父亲建立治疗性联盟，分析师鼓励他谈论自己被排除在开始分析这个决定之外的感受、认为分析师是母亲代理人的看法，以及他对治疗结果的悲观情绪。为了建

---

① 当然，并非所有的关系排斥都意味着俄狄浦斯情结。我们从克里斯对弟弟的痛苦感情中得到提示，也没有人帮助他如何与父母和兄弟姐妹"形成三元关系"。我们所知道的还不足以推测为什么那个更小的男孩功能似乎好很多。然而，父母工作和克里斯的分析成果确实调整了父亲使克里斯不安的影响作用，并带来对男孩之间的冲突更有效的家长干预。

立共同工作的基础，分析师强调他作为父亲的建设性方面，突出他对儿子的重要性以及他独特的理解和价值，并处理克里斯在忠诚上的冲突以及父亲自己的预期，即分析师将是挑剔的，或想介入他和他儿子之间。让克里斯的母亲作为工作伙伴参与治疗更加困难，并且随着治疗的展开，移情和反移情在与她的关系中都更加激烈。这位分析师发现，如果他认识到并表达了对她弥漫性的焦虑的理解，他可以（或者希望能够？）避开活现。分析师还意识到，认可她的观点并允许她表达她的愤怒和内疚有助于保持工作的向前推进，并最终带来她与克里斯关系的改善。应对这对父母的挑战和技术对我们大家都是有益的示范。

因此，在困难案例的开始阶段，我们经常观察到已经启动的负向循环：父母和孩子的问题不断恶化，彼此产生负面影响。在克里斯的案例中，我们看到了一个正向循环：当父母看到他们是如何重复自己被养育的经历时，他们更能把克里斯看作一个独立的人，他的行为和如厕症状反映了他内心的冲突和痛苦。当他更多地感觉到分析师的理解以及在家里也感受到更多的理解时，克里斯变得更善于直接沟通。这反过来又促进父母感觉自己是更好的父母，从而更不害怕被批评而更加投入父母工作。父母之间的敌意程度的每一次降低，都让克里斯和他的分析师有更大的自由去探索克里斯的内在世界。

这位分析师清楚地描述了作为"第三元"的作用是多么重要，他的存在让克里斯及其父母可以继续发展前行：

"在我们一起工作的过程中，母亲、父亲以及克里斯改变了，他们之间的关系也发生了改变……他变得更能感受到对母亲的爱，使他能够容忍母亲对他行为的限制以及她周期性的情绪爆发与失控……他逐渐视父亲为一个积极的支持性人物，能够帮助他从与母亲关系的破坏性方面解脱出来，并为他提供力量并且升华他的攻击性。"

尽管父母之间的敌意对克里斯的俄狄浦斯议题的发展有巨大的干扰和扭曲，但这些描述提供了克里斯将来可能成为慈爱的丈夫和父亲的希望。

主编反思

本章为我们提供了一个窗口,让我们了解与"已经离婚,但仍然以冲突和敌意相联结"的父母共同工作的常见情况。分析师面临的基本挑战是,面对来自父母内在的障碍,以及潜在地来自分析师内在的障碍,如何与父母形成并维持治疗联盟。分析师和评论者向我们表明,要获得一个对所有人都好的结果至关重要的是:持续觉察治疗联盟的状况,灵活处理丧失、哀悼、忠诚冲突以及负性移情,同时承认和建立优势,并促进爱。

使这一切成为可能的技术包括:定期与父母见面,有勇气使用所有的干预手段(如对防御和移情的诠释),以及坚决要求父亲参与。尤其是,我们看到分析师带给这个治疗情境的重要方面,即耐心、共情和尊重的品质,以及即使父母退缩,他也有能力在脑海中牢记所有人都有成长到"三元关系"的需要。在面对和改善克里斯的问题上,分析师坚信父母的核心作用,该信念的强大作用有力地论证了将这样的工作纳入任何治疗结构中的效用和必要性。只有这样,病人和每位家长才能真正、现实地认识到彼此是独立的个体,并尊重这一点。

第七章

两名母亲的父母幽灵

学龄后期

临床案例

我们第一次见面时,罗伯特是个十岁的孩子。他被学校的社工转介过来。我和他做了两年每周四次的精神分析,之后又改为每周一次的心理治疗。罗伯特被两个中年女同性恋者收养,是她们唯一的孩子。他肤色黝黑,五官清秀,留着莫西干发型*。他很有趣,有时也很机智。他一直很容易与人相处,因为他很爱玩,并渴望与他能看透并且对他有好奇心的人建立联结。最近,他开始把诊室说成是"平静与欢笑的岛屿"。

两位母亲对他的整体社会情感的发展表示担忧,学校在与她们会面后,决定转介罗伯特。这次会面是因为罗伯特和同班的一个男孩在操场上打架,他又啐唾沫又踢人,还骂脏话。这是罗伯特第一次在学校出现这种行为;然而,他

---

* 英文为Mohawk style,指男士两边低中间立起来的发型。罗伯特·德尼罗(Robert DeNiro)曾在《出租车司机》(*Taxi Driver*)中饰演的一角色就留着莫西干土著的发型,而这一角色在影片中使得莫西干发型有种悲壮勇士的意味。——译者注

的母亲们说这在家里是经常发生的。在转介时，她们报告了罗伯特生活自理和情绪调节的困难（持续发脾气以及对母亲和物品的躯体攻击），以及在家中一贯的对立行为。

罗伯特六个月大时，在另一个国家的孤儿院被一对来自美国的白人同性女性伴侣所收养。被收养时，这对伴侣已经在一起八年了。两位母亲都有小时候被父亲在情感和身体上虐待的历史。所以当她们了解罗伯特的过往时，感觉特别能理解他早期被忽视和虐待的经历，并希望帮助他在这种情况下成长和发展。

在罗伯特两个月大的时候，他的亲生母亲把他留在了当地孤儿院。在收养过程中，文件里除了说明他是一位非常年轻的母亲的第三个孩子，这位母亲曾遭受过施虐伴侣的伤害以外，提供给养母们的信息相当有限。关于罗伯特的父亲所知甚少，只知道他在罗伯特出生时因谋杀而被监禁。罗伯特极度营养不良，而且在被收养时，他的腿和手臂都有被烧伤的迹象。根据妈妈们分享的记录，六个月时，罗伯特的体重和发育相当于三个月大的孩子。

他在孤儿院的情况很不稳定，和另一个婴儿睡在一张不干净的婴儿床里。他的母亲丽莎和温迪对她们第一次见到罗伯特的情景记忆犹新。她们描述了抱他有多困难。她们说到他小小的身体是紧张和僵硬的。

抵达美国后，丽莎发现自己无法与罗伯特联结，她感觉到他的躯体攻击（咬和抓挠）唤起了她对施虐的父亲的愤怒感受。第一年，温迪接手了罗伯特大部分的身体护理工作，对丽莎拒绝孩子的行为十分不满。最终，丽莎变得能够更好地照顾罗伯特，但她与他的关系仍然矛盾涌动（丽莎的反应和评论常常让人难以捉摸，例如，在温柔的交流后，她毫不掩饰地称罗伯特是一个"浑蛋"）。

随着罗伯特长大，他继续表现出不受控制的脾气，并伴随着对两位母亲躯体上的暴力行为。当他十岁被转介给我做治疗的时候，他已经接受过几位当地专家的评估，且被诊断为注意缺陷/多动障碍、对立违抗障碍以及应激性依恋障碍，并且从四岁起就开始服用抗精神病药物和兴奋剂。

在一个月的诊断期后，我开始每周见罗伯特四次。在与家长达成明确的协议上包括她们对我的工作方式（精神分析框架）的理解这一基本要素。我强调了对家长工作的承诺和定期带罗伯特参加会谈的重要性。

我第一次见到罗伯特时，他正在一所专门为情绪性紊乱儿童开设的学校学习。老师形容他是一个"令人费解的孩子"。在家里，他经常会长时间地发怒，咒骂并将他的房间翻腾得乱七八糟，现在他的房间只剩下地板上的一张床垫和几件物品了。他的母亲们说他一直需要身体上的照顾，并描述了他在家中经常出现大便失禁和尿床的情景。在他十岁接受转介的时候，他仍然会站在浴室中间，粪便顺着腿流下，等待他人来清理，主要是由温迪清理。当我听到她们最初对罗伯特的描述时，我突然感到一种混合着恐惧的怜悯。例如，我感觉她们以一种相当贬低的方式描述他的躯体特征。对此，我突然感到一阵愤慨。

然而，最重要的是，两位母亲明显地表露出缺乏对儿子的自恋性投注。她们似乎关注他所遭受的损伤，并担心他会成为什么样的男人。他会像他的亲生父亲还是她们的父亲？

罗伯特和比他大两岁的表姐关系很好。他和温迪的家人关系也很好，尤其是她的叔叔，他是罗伯特积极的榜样，他会经常来并带罗伯特出去吃冰激凌，让他平静下来。罗伯特的自我内在表征是一个能爱也能被爱的人，这让我很受鼓舞。我发现这非常有希望，并与他的母亲们分享了这一点。她们起初讽刺地说："嗯，他确实有办法向我们展示他有多爱我们！"

在第一次会谈上，罗伯特坐在母亲的腿上一边等着，一边看杂志。候诊室里人很多，但还有一把空椅子。我向"丽莎妈妈"打招呼，然后说她今天不是一个人来的。丽莎妈妈向我介绍罗伯特，罗伯特跑到房间的角落，朝小椅子和桌子走去。罗伯特坐在那里，拿着一本书看着墙。我感受到自己被候诊室里的每个人盯着，而丽莎妈妈大声喊道："这就是我一直要应对的糟心事！"

我说我觉得罗伯特似乎很难和像我这样完全陌生的人一起进房间，并补充说他和他妈妈一起来也可以。我说我会在房间里等着，并且希望我们能在妈妈的帮助下彼此熟悉起来。我向妈妈示意我会等她，并对她笑了笑；她似乎有点尴尬，同时又生气。（在我的脑海里，我想她在说：当然了！逃走吧，你这个懦夫！）我能听到妈妈叫罗伯特从椅子上站起来和她一起进屋。

大约五分钟后，罗伯特和丽莎妈妈出现在门口。我站起来和他们打招呼，妈妈坐在了沙发上，罗伯特挨着她坐下，一开始把头靠在她胸前，之后又把头靠在她的肩膀上。（我不断提醒自己，这是一个十岁的男孩。）就他的年龄而言，他很矮，行动起来像小得多的孩子。大多数时候他说话的声音都很高。我做了自我介绍，问罗伯特对今天为什么来这里有什么想法。我说看来他不太确定来这里是怎么回事，我提到我认为他试图在候诊室向我展示什么。他从妈妈的胳膊下面看着我笑了，我也笑了。我做了一个好奇的表情，这让妈妈笑了，她补充说："我的儿子，我想她对你有点困惑。欢迎加入俱乐部，医生！"

我回答说："罗伯特，你觉得怎么样，我能被邀请加入你的俱乐部吗？"他笑着站起来，开始探索房间，他看着在我房间游戏桌上的盒子，指着它发出声音，以引起妈妈的注意。她回应道："说出来。"我邀请丽莎妈妈试着想象罗伯特可能在想着和感受着什么，然后说："今天他只能指给我们看；我想紧张的感觉让说话变得困难。"在丽莎妈妈要开始说话时，一个不同的罗伯特出现了。

罗伯特："我说你才愚蠢，我就想做个浑蛋。"

丽莎：（笑）"我想她不习惯听那种话。"

分析师："我想罗伯特是在告诉我，如果他想的话，他能够说话，但他选择不说。你觉得呢，罗伯特，这是你要做个浑蛋的意思吗？"

罗伯特："你知道什么是浑蛋吗？"

分析师："你是说表现得像个浑蛋？"

罗伯特："耶！"（他继续走来走去。）

分析师："嗯，意思是不友善，让人感觉不好，不礼貌。我答对了吗？从你现在这样走来走去，我还可以看出，你紧张的时候，就会表现得像一个浑蛋。"

罗伯特："是的，你行，你答对了，你很聪明吧？"

分析师："我认为我们都在熟悉对方，这让人有时表现得像个浑蛋。"

罗伯特看着妈妈，告诉她现在可以离开了，并开始推她。我说现在他在用他的身体和他的语言！他笑了，我们俩也笑了一下。我说在妈妈出去等罗伯特之前，我们能不能谈谈我们在这里做什么。在我看来，罗伯特可能需要妈妈的一些帮助？丽莎妈妈说他们在家里谈过这件事，她认为罗伯特每当遇到一个新医生时总是会紧张。

我转向罗伯特，问："你见过很多医生吗？"他点头表示同意，并补充说："他们都是浑蛋！！"然后哈哈大笑。丽莎让他小声点。"嗯，"我又说，"你能和我说说这件事吗？"

罗伯特："不是T医生，他很好，我喜欢他，他给我药让我平静下来，所以我在学校很好。他说你是他的朋友，你是他的朋友吗？"

分析师："你觉得呢？"

罗伯特："我觉得你们是，并且很喜欢对方，你们可能会亲嘴。"（大声笑着，他的母亲也跟着笑。）

分析师："看起来罗伯特现在感觉舒服了（我对妈妈说），但他也担心失去T医生。他也在想T医生和我是什么样的朋友，他和别的同龄孩子一样对不同类型的朋友关系感到好奇。"

丽莎："我说，我能出去休息一下吗，老兄？"

罗伯特紧紧地抱着妈妈，补充说："去吧，我想看看盒子里的动物。"

丽莎离开了房间。我向罗伯特介绍了治疗箱，并解释了规则。

分析师："你觉得你妈妈为什么让你来和另一个医生谈话？"

罗伯特："T医生想让我这么做，所以我来了，我从来不做我妈妈们让做的事，她们都是浑蛋！"

分析师："T医生不是？"

罗伯特："不，他很好！他了解我，他真的是个好人。他说我要学会思考感受，但我不喜欢，不好玩。我们能不能只是玩，然后你告诉我妈妈我在思考感受？"

分析师："嗯，我不确定我能遵守这个约定。我毕竟是个情感医生。"

罗伯特："那你太差劲了！"（他的情绪切换得很快。）

罗伯特躺在沙发上，把靠枕放在脸上。我等着。我说我们的时间快结束了，明天能不能继续这场谈话。我们可以从只是做游戏开始，然后看看我们会怎么走下去。我说，孩子们可以通过他们的游戏说很多事情，有时只玩是可以的，感觉也像在工作。罗伯特从靠枕下面看了看，接着又说："告诉我什么时候可以走。"

我们默默地坐着，然后我和他走到候诊室，他妈妈在那里等候，正和另一个妈妈说话。我向两人道别，罗伯特不理我，坐在他妈妈的腿上。

在分析的早期阶段，罗伯特对离开候诊室中的照顾者感到挣扎，他会躲在桌子下面，或爬到房间的角落里蜷缩成胎儿的姿势。通常，他会爬进我的办公室，在游戏桌下坐几分钟，然后开始用小汽车创造一个四十分钟的故事，这些小汽车以一种强迫且麻木的方式反复地来来回回。这些会谈结束时，罗伯特通常会躲在一个假装的帐篷下（用我办公室的沙发套做的），要求房间里一片黑暗。我们将这些时间命名为："需要进入洞穴"时刻，可以理解为，我的话语以及我的存在对真实的罗伯特来说有点难以承受。在这些时刻里，罗伯特和我能够接触到原始的恐惧，我认为这些恐惧存在于罗伯特的内在，属于无法言说的记忆。并且每当我为在我们之间或在游戏中正在发生着什么命名的时候,我们之间会出现一种亲近感,这些记忆就会在我们的关系中现实化。例如,如果我好奇为什么红色的小汽车如此愤怒地追逐蓝色的爸爸大卡车,并试图猜想,罗伯特会改变语调,以婴儿的语调回应说:"这是我不能谈论的事情,也许改天吧。"随后他通常会请求进入洞穴。

在和罗伯特一起工作的同时,我每周都会和他的母亲们见面,并且能够在反移情中体验到许多兴奋、内疚以及恐惧的感受,这些感受传达着罗伯特内化的客体。罗伯特早年被忽视的体验一直存在于他的身体里,也是他缺乏内在整合的基础。然而,对他来说,真正的创伤是持续和累积的不被两位母亲认可和爱的体验,而他非常渴望这两位母亲。我渐渐明白,罗伯特带着不被爱的体验长大,不是因为他自己,而是我所认为的,他对于他的母亲们来说代表了一个机会,让她们可以与一个新伙伴重新回顾她们自己与父母的冲突,复制她们自己熟悉的早期功能失调的关系。他的母亲们的育婴室里的鬼魂不断困扰着罗伯特和母亲们的关系。当我面前这个十岁的孩子表现得像一个迷茫、害怕的婴儿时,我常常感到阴魂附体,浑身僵硬。

在我们工作的早期,我认为我体验到罗伯特在人际关系中普遍缺乏安全感以及极度缺乏能动性和整合。然而,随着工作的进展,我们能够体验更多的"相遇时刻",这些时刻中他更容易接受一个新的"发展性客体"的影响。这样,在我识别出他好和坏的部分时,他就更能让自己去体验这些。反过来,我觉得他也越来越认识到我是一个真实的人,而不仅仅是他投射的容器。在与两位母亲的会谈中,我能够反映我对罗伯特的体验,并邀请她们探讨自己对孩子的感受。就这样,我们一起建造了一个安全的空间,在那里探索她们对孩子的爱和恨。

当罗伯特进入前青春期时,他开始在我们的会谈里引入符合他年龄的兴趣。分析环境成为一个与新的存在方式进行"游戏"的地方,罗伯特开始想象我在想和感觉什么,并允许我对他做同样的事情,而不会经常屈服于恐惧和混乱的状态。

在我和他的母亲们的会谈中,我会介绍我对罗伯特的发展的理解。我这样做是为了通过同时强调优点和缺点,邀请两位妈妈发展出对她们孩子的一个更平衡的观点。我发现不将他的行为病理化是一个真正的挑战,因为母亲们仍然坚持要有一个明确的诊断标签,好像这样能使得他的困难最终被"治愈"。

与此同时,在罗伯特感到被淹没的会谈里,他在咨询室中会试图通过使用泰迪熊,以置换的方式来象征性地探索他的感受,而不会屈服于解离和极端退行的状态。引起这些状态的部分原因是罗伯特希望探索他对亲生父母的幻想。

与此同时,我与母亲们作为家长和伴侣的工作,使得她们了解自己童年创伤对她们的育儿方式的影响。她们也开始将罗伯特与她们自己的"鬼魂"区分开。当她们试图管理罗伯特的挑战性行为时,她们的灵活性和使用恰当幽默的能力证明了她们反思性运作的能力有所提高。我们设法"正常化"他的行为,并通过使用发展线的概念(A. Freud,1965)将发展性视角纳入我们的工作中。丽莎和温迪在受到罗伯特的挑战时,都变得越来越能够更有效地思考。

在我们分析的第二年结束时,由于两位母亲都经历了严重的医疗状况,我们的工作中断了近一个月。面对这个压力源,罗伯特在诊室和家里再次变得非常退行。尽管如此,家长和老师继续报告他的学习和管理焦虑的能力有所改善。他的精神科医生已经减少了他的药物,他目前只服用治疗注意缺陷/多动障碍的药物。然而,由于财务和后勤原因,从这以后我们的分析从未恢复,只能以每周一次的频率继续工作。作为对这一丧失的回应,洞穴的主题回归了。他经常要求我坐下来,见证他使用房间里的泰迪熊讲述故事。然而,此时没有我们早期会谈时的原始的感觉了。

也许罗伯特在诊室里的行为(躲在遮蔽物下、关掉所有的灯、爬行、以胎儿的姿势躲起来、像婴儿一样说话)是对分析性抱持关系的反应。在这种关系中,他能够放弃一些防御,允许退行回心理上重生的起点。在咨询室里我要熬过被经常性地排斥在他心智之外的体验,并轻柔地让自己加入他和毛绒动物的谈话中。我的印象是，罗伯特和我正在重建关键的发展性体验，即在出乎意外的破裂后，在一个可预期和安全的关系环境中找到彼此的心智。

以下是与罗伯特的两位母亲在我们工作第三年的一次会谈。这次她们在重新开始的治疗联盟的背景下，继续探讨她们的挫败。在前一个月左右，罗伯特的出席情况很不稳定。然而，他的母亲们继续定期参加会谈。

丽莎："嗯！我们想跟你谈谈罗伯特最近的行为，很有挑战性。我不知道，也许我们需要再考虑一下他的诊断，他越来越大了，而他的行为有点混乱。"

分析师："我可以看出，你们都非常关心他的成长，他确实显示出青少年的迹象，这对家长和孩子来说都是一个可怕的时期；我想象，对罗伯特来说，有时有点令人困惑，因为他幼稚的需求意外地出现了。"

温迪："是啊！真是！人们都不明白！一直得解释让人精疲力竭，比如当我们在超市时，他开始像个婴儿一样哭哭啼啼地并试图靠近，太亲密了，人们都在盯着我们。"

丽莎："我都已经告诉过你了！没人在乎的！"

分析师："嗯，先等下！我想我们都很在乎，这就是我们在这里的原因。"

丽莎："是的，是的，我明白你的意思，但此时此刻，在家里真的很有压力，老实说，我不在乎车站和商店的收银员怎么想！"（大声笑。）

分析师："我看你突然安静了，温迪。"

温迪："嗯，一旦丽莎开始，我就只能认输。"

丽莎："哦拜托！我永远是坏人。"

分析师："你们知道，在这里，这经常发生在我们身上，突然不知何故罗伯特就消失了，好像从房间里离开了一样。我能明白不想那么做是多么的困难，当他充满挑战性的时候，确实让人很难去思考。"

丽莎："嗯，他越来越大，有时他的攻击性和脾气真的很可怕。"

分析师："嗯，我想我们能不能在这点上停留一会儿。和大多数家庭一样，在你们的家庭里，攻击性似乎有各种各样的形式。它让人害怕，而且似乎让人想马上投入战斗，而不是被吓到。"

温迪："嗯，你知道，这对我们来说绝对是一个主题，在过去的家庭会谈中出现过。我想我们一直在急于修复罗伯特，我们已经做得很多了，并试图明白这是谁的错。"

分析师："我想我听得很清楚，你们对我和罗伯特在一起做什么有点迷茫，并且因为他成长得很快，时间很宝贵。"

丽莎："你说对了！这令人很沮丧。"

分析师："我清楚你们在经济和时间上做出的牺牲，我认为，与其像温迪说的那样费劲并试图修复，也许我们今天可以花一些时间思考你们都感受到的恐惧。"

丽莎："你认为我们反应过度？"

分析师："不，我真的没有。我认为你真心关心罗伯特的未来，以及他的行为对你和他表亲的影响。但我猜，我们一起进入问题解决模式，似乎没有花很多时间去弄清楚，如何在管理他的行为的同时理解这些行为。我知道（回应丽莎的非语言行为）这是一个很高的要求，也许感觉不现实？"

丽莎："太对了！有一天，我发现他光着身子站在走廊里。他表姐过来叫我们过去一个人，让他穿上点衣服。她骂他变态该死。我认为这是我们的错，因为我们在家里对身体和性非常开放。"

温迪："嗯，别这么说，我们是有界限的，也许只是需要修正一下。"

分析师："是啊，随着孩子长大，规则和界限很明显地需要改写；当然，当涉及罗伯特时，这可能有非常复杂的意义？"

丽莎："是的，这很令人困惑，你知道有多少十二岁大的孩子半夜在床单下和毛绒玩具说话？这真的有点怪异！"

分析师："丽莎，当你告诉我这件事时，你脑海中出现了什么形象？"

丽莎："嗯，老实说，是一个用毛绒玩具引诱孩子的变态。"

温迪："那太离谱了！！！"（神经质地大笑。）

分析师："嗯，在我看来，丽莎说的是一种恐惧？"

温迪："不过她总是会想到这样的事情。这是她家族里的东西。"

分析师："你们看我们就这样很快地进入了指责游戏。"（房间里所有人都笑了）。

分析师："我在想，丽莎，你能不能告诉我一些关于那次他表姐叫罗伯特变态的事情。"

温迪："我走过去告诉她，不能那样说他，她说：'但丽莎也这样说他！'"

丽莎："行，行，我明白你的意思了——我们就是管不住自己！"

分析师："嗯，我想我们以前有很多次都谈到这个词。但我好奇，是什么恐惧让你做出这样的反应，为什么在那一刻就很难思考。我知道有很多这样的时刻，所以……"

丽莎："当时我走过去，对每个人狂吼，罗伯特像个怪婴一样边跑边哭，他的表姐很生气。"

分析师："每个人似乎都很生气，也很害怕？"

温迪："我认为我们确实需要再次讨论下与孩子们的界限；情况又开始失控了。"

分析师："我认为我们在这里也需要这样做，这些天似乎很难在这里做到这一点。我想确保你们两人都知道我已经注意到了，我们能谈谈吗？我想，丽莎，你想在我们今天刚开始的时候说些什么？"

丽莎："我想我们，我很担心我们的孩子，他会发生什么事，他正在成长，他有时真是个怪胎。"

分析师："这样一个每周要来接受四次治疗的人！"

丽莎："对，是那个意思。尽管我明白，就像你说的，这并不是说他病了，而是他有很多东西需要赶上，但是他会成为一个什么样的成人呢？"

分析师："什么样的男人？"

温迪："是的，有时候感觉他的内心永远不会长大，但他的身体确实在长大。"

丽莎："我们知道他的心理发展和身体发育不匹配，但我们认为也许是时候让他去看一个男性治疗师了。"

分析师："一个更能成为男性榜样的人？"

丽莎："是的。"（犹豫地。）

分析师："在我看来，我们正在讨论几件事；似乎有点混乱。"

温迪："我认为我们需要重新审视治疗计划、目标，我认为我们感到迷茫。"

分析师："还有，被排除在这个过程之外，就像你上次提到的那样，有时好像你只是个司机，丽莎。"（一些笑声。）

温迪："听着！我们不打算在今天全部搞清楚，但我们想问你，你认为罗伯特能成功吗？你觉得我们是不是应该考虑把他送到某个地方去？"

丽莎："重复他该死的创伤！！！"

分析师："这是一场艰难的对话，让罗伯特走，让我走。你们知道，青少年的父母想让他们走是完全正常的。但这也是不同的，想让他亲近，想让他走，这是你们在罗伯特平生里经常体验到的事情。"

丽莎："可不是嘛！但我们要对这个孩子尽心尽力！我们就是这样！"

分析师："我知道你们是，我们都是。"

正如这次会谈所显示的那样，我与罗伯特母亲们的工作，尽管具有挑战性，但已经证明极其重要的是培养用一种共同的语言来思考他行为背后的原因，其中最重要的是用这种语言在人际反应中呈现他，而这会挑战他对自己的内在表征，那是一个肮脏、受损的小婴儿，需要和所有其他丑陋、受损的婴儿（泰迪熊）一起躲在遮挡物下。与罗伯特生活中的其他时期不同，他生活中的成年人正在努力共情地理解他的行为和他的内在体验，以这样的方式为他提供成长和发展所需要的安全体验。

我继续与罗伯特工作，同时每月与他的母亲们会谈。我的印象是，以发展的观点作为与这个家庭工作的主要框架是最重要的。这是什么意思呢？首先，我的临床概念化从我们工作一开始就不仅参考了孩子的发展历史，还有母亲们的。

此外，不用分类法的诊断去理解罗伯特的困难，而是采用其功能运作的不同维度去理解，促进家长、其他服务提供者以及我本人之间共同语言的发展。这种语言包括从心智化立场来处理他的情感调节问题，即以一种好奇和真正探究的态度来看待罗伯特行为背后的原因，但也注意它如何影响成年人自己的想法、感觉，及其作为回应的行为。

通过与这些家长创建强有力的治疗联盟，一个基于明确的社会契约的联盟，我们成功地度过了多次风暴。罗伯特的母亲们仍与自己童年创伤的影响做斗争，然而，她们似乎越来越能够区分自己的困难和孩子的困难。

事实上，我们的工作始于罗伯特十岁时，这在罗伯特充满挑战的青春期中，对两位母亲涵容和管理他的情感风暴的能力是极其有帮助的。尽管罗伯特有情绪上的挑战，但他仍继续成功进入一所主流高中，他在那里接受专门的教育支持。他有朋友，还想高中毕业后要参加汽车机械师的技术培训。他的母亲们在对待学业的方法上变得更加合作，鼓励他自己对学校和周围的社区的看法，而最重要的是，她们的养育成为让一个年轻男性成长和发展的安全之所。

评论 1

孩子不是在隔绝状态中长大的。他们在一个环境中、背景下成长。正如温尼科特（Winnicott，1971）很有说服力的描述，我们希望家庭系统提供足够好的环境，让孩子可以茁壮成长。如果照顾者自己的发展受损，而使他们无法充分回应孩子的发展性需要，这种"足够好"的环境就会受到干扰。

就像罗伯特与他的家长温迪和丽莎的案例那样。根据我的经验，这是儿童和青少年接受治疗最常见的情况。没有父母的参与，儿童几乎不可能在心理治疗或精神分析中取得进展。我们知道，先天和养育是密不可分的，大脑会根据环境的刺激而改变，然后改变了的大脑会感知环境。如果儿童在心理治疗的情境下开始改变，但又被放回形成其困难的相同环境中，心理治疗中发生的改变将非常难以维持。

当家庭系统随着孩子的变化而变化时，可能会发生相反的情况。有一种协同效应——孩子改变，父母改变，他们的关系改变。这就是这个优秀的案例所展示的。随着家庭三元组合中每个成员的变化，他们的互动也在变化。

分析师是一名表现出巨大的天赋、敏感性、直率以及发展性认知的临床工作者。她还以一种非常吸引人的方式描写了罗伯特、温迪和丽莎。

她开放地呈现了她所说的以及她所感受到的，这非常有助于把我们与罗伯特以及他的母亲们一起带入咨询室里。我认为，罗伯特把咨询室描述成一个"平静与欢笑的岛屿"，这直接反映了分析师是一个什么样的人：她在面对激烈的冲突和困惑时冷静以对，是一个拥有温暖的幽默感的人。这种幽默有助于减少可怜的罗伯特的自我仇恨的强度，也有助于将两个完全不同的母亲与她们自己的恶魔（Levy-Warren，2005）建立联系。她的状态以及咨询室为罗伯特和他的母亲们形成了一个新的情感性环境，为他们所有人形成了一种全新的文化，也为罗伯特的重生和母亲们的重新开始提供了一个机会。

这位分析师示范了最好的参与式观察,这是一个在人类学中发展得最多的概念(如 Malinowski,1929;Evans-Pritchard,1940;Mead,1928)。她和罗伯特在房间里,加入他富有想象力的游戏,但她能够以一种清晰而富有成效的方式观察自己以及与罗伯特的互动。加入她的工作是一种乐趣。她的高质量写作很好地吸引了读者,使我们觉得自己也是她工作中的参与式观察者。

她非常临在地和温暖地对待罗伯特的母亲们,这让她们每个人都感到安全,并与她以及她和罗伯特的分析工作建立联系。这为治疗提供了重要的缓冲。

这位分析师把自己当作一个发展性工具,从发展性角度出发,设身处地与罗伯特在一起。她和他在一起,并且能够清楚表达出那是什么样的感受。这使他能够将自己的身体和情感体验用语言描述出来。所有这些都使罗伯特更加能进入表征的世界,一个体验可以被翻译和沟通的世界。这能够发生,是因为当罗伯特通过使用咨询室、游戏以及在人际交流中再次经历某些情境时,分析师能够设身处地去想象她处在这些情境中,哪怕回溯到婴儿早期。

她理解他的失禁和尿床、他重新创建童年肮脏的婴儿床(如地板上的床垫)的需要、他对持续护理的坚持,以及他在"重生"情境下所需要的"洞穴"。这既源于他与亲生父母和孤儿院的很早期的体验,也是他到温迪和丽莎家时的体验,两个照顾者(因为她们自己创伤的历史)很难与他建立实质联结,而只是更多地关注他的行为。

由于这位分析师对罗伯特的理解和联结,她能够收集关于他心智状态的重要信息。她就这一点与他的母亲们进行沟通,这给了她们一种更全面的和富有同情心的方式来看待她们的儿子。她既为罗伯特,也为他的母亲们充当了他的体验的翻译者。

罗伯特在来治疗的时候,他的发展最为成熟的方面算是处于潜伏期。他的母亲们在自己的生活中似乎也被同一时期所困扰:她们专注于好与坏、对与错、黑与白。她们曾经需要(且现在也需要)自己向前发展,这样她们就可以让罗伯特进入事情会更加复杂和模糊的青春期。

这是养育具有它自己的发展轨迹的积极证据。充分地养育幼儿与充分地养育青少年是不同的体验。当分析师提到需要重新审视家庭关于身体的观念时，她提醒罗伯特的家长注意到这一现实。

这位分析师的案例恰当而充分地展示出，与儿童、青少年及其父母一起以发展的角度进行思考的必要性（Levy-Warren，2018）。她提到了在治疗中找到彼此心智（mind）的必要性——对此我完全同意——而且她也向我们展示了找到彼此的内心情感（heart）和精神（spirit）的同等重要性。感谢这位分析师，以及本书的撰稿者/主编，让我们有机会在精神分析工作中思考这些重要议题。

评论 2

这是一个潜伏期少年的案例，他在六个月大时被两个女人收养。他们给分析师带来了许多临床挑战，而分析师则充当了母亲们新的发展性客体并提供了安全抱持的关系。

不幸的是，罗伯特被视为症状携带者，被视为问题儿童，却没人看到他的母亲们过去失功能的家庭动力大大地促成了罗伯特的调节障碍。

在童年早期与持续可获得和给予支持的照顾者建立的安全关系，是贯穿整个生命周期的健康心理发展的基础。我们知道，拥有与主要照顾者的安全依恋有诸多好处，这包括培养调节情绪的能力，有能力建立基本信任、同伴接纳、社交技能、信心以及积极的自我认同。

就罗伯特的案例而言，我不认为这两位母亲能够很早就与罗伯特建立安全的依恋。她们把自己童年创伤的幽灵带入她们与罗伯特的养育互动环境中。他对养母们的依恋出现了问题。他渴望她们的爱和关心，每当她们表现出不可预测的一阵阵愤怒和缺乏情感调节能力时，他就会更加焦虑。

罗伯特去见过一些心理健康专业人士，他们提供了各种诊断，如对立违抗障碍、注意缺陷/多动障碍和反应性依恋障碍，这导致了专业人士之间的全面混乱。

婴儿时的罗伯特是非常脆弱的，极度营养不良。在被收养时，他的腿和手臂都有被烧伤的迹象。他是营养不良、受到创伤、不受欢迎，以及被抛弃的婴儿。他的母亲们经历了具有挑战性的国际收养程序。我们知道，在国际上收养子女的母亲们在与被收养子女建立情感纽带方面可能会遇到一系列挑战和更大的复杂性（Ainsworth，1985；Bowlby，1969）。罗伯特还把收养前他自己被遗弃和虐待的依恋经历带到了新的收养亲子关系中。

收养前这两位母亲自己也有一段艰难的家庭功能性失调的历史；她们的年龄大了，错过了怀孕时机。然后，她们得到了一个六个月大的孩子。来自母亲们自身依恋的内在运作模式的照顾系统，是被一套关于她们自己作为孩子照顾者的心理表征所指导的。

分析师耐心地将母亲们纳入同步家长工作中，以建立一个渐进的治疗联盟，取得了成功的结果。她的临床概念化告诉她，要在心中将孩子及其母亲的发展性历史作为临床干预的指导。从工作的最开始，她就意识到罗伯特关于客体恒常性、情感和自恋调节的问题。

她与罗伯特进行儿童分析，与母亲们进行同步家长工作，并与其他照顾提供者一起发展一种一致性和统一的共享语言，以帮助心智化过程。她帮助罗伯特发展了更高层次的心智运作。他学会了意识到，他有希望慢慢去掌握自己没有缺陷的想法。她与罗伯特的工作帮助他在一个安全的地方以语言象征的方式进行沟通，来发展主导性和自体表征。

作者描述了一次辛酸的分析情境：罗伯特躲在遮挡物下，关掉所有的灯，爬行，以胎儿的姿势躲在分析师的办公室里，像婴儿一样说话，以此作为他对分析性抱持关系的回应。分析师被邀请与一个毛绒动物对话，这显示他摆脱了一些原始的防御和原始退行的拉扯，向前迈进了。让分析师加入他与毛绒动物的谈话中，表明他在改造和重建过去的发展性缺陷。

这是一个有早期创伤史的收养孩子的案例，他的内在表征没有充分地整合。这个孩子体验了自己对养母们强烈的攻击性感受，这反过来又会干扰养母们好的和坏的客体表征的整合，以及她们自体表征的整合。

分析师继续家长工作，同时与罗伯特继续分析工作。这种干预对维持母亲们的抱持功能至关重要。

评论 3

在该临床片段中，分析师与孩子以及家长的工作都充满了挑战。罗伯特在开始治疗时是十岁，他和他的两位母亲都经历了严重的创伤，包括被剥夺和被虐待。他的分析师感受到："对他来说，真正的创伤是持续和累积的不被两位母亲认可和爱的体验，而他非常渴望这两位母亲。"这位分析师的结论是："罗伯特带着不被爱的体验长大，不是因为他自己，而是因为他对于他的母亲们来说代表了一个机会，让她们可以与一个新伙伴重新回顾她们自己与父母的冲突，复制她们自己熟悉的早期功能失调的关系。"

发展性视角指导了分析师的家长工作，重点是帮助罗伯特的母亲们反思她们对罗伯特的情绪反应和理解，特别是这些涉及她们自己的虐待历史，以及她们的过去如何干扰了她们共情地、思考性地，以及灵活性地回应罗伯特。这位分析师的目标是帮助罗伯特的母亲们"在人际反应中呈现他，挑战他对自己的内在表征"，向他提供一种安全的体验，并从心智化立场来处理他情感调节的问题。

这位分析师绝对是有帮助的，她与罗伯特母亲们的工作对罗伯特在治疗里的积极发展做出了至关重要的贡献。罗伯特在家和学校里行为上的问题减少了，他的学业成绩有了显著提高，一家人能够"经受住多重风暴"。据说罗伯特的母亲们能够更好地"区分自己的困难和孩子的困难"。

在罗伯特和他的母亲们都对他每周四次的分析治疗和每周一次的家长会谈反应相当积极的时候，出现了一个意想不到的重大干扰。一个巨大的转变发生了。在两年的治疗后，"两位母亲都经历了严重的医疗状况"，中断治疗近一个月。此后，由于"财务和后勤原因"，罗伯特的治疗减少到每周一次，家长工作减少到每月一次。最初罗伯特退行了，并在家里捣乱。他的母亲们越来越担心罗伯特的未来，讨论他需要一位新的治疗师的可能性，以及需要住院治疗的可能性。然而，治疗在这个相当有限的基础上又持续了几年（罗伯特现在上高中），但我们几乎没有关于这个时期的信息。

正如我前面提到的，这是一个具有挑战性的分析案例。带着思考与家长工作的不同方式的目的，我选择介绍我会如何理解和进行罗伯特以及他母亲们的治疗。我的针对创伤影响的理解和工作的模型，会在家长工作中侧重不同的方面。这个不同的方法类似于诺维克夫妇（Novick, J. & Novick, K.K.；2016）关于两个自体调节系统的工作，并受其影响，聚焦于创伤的体验导致发展出一种保护性的，但适应不良的内部结构或习惯性的处理生活痛苦的方式。这种防御结构阻碍了去吸收、代谢和内化父母的和分析师的爱，以及有帮助的回应。和计算机非常相似，人类可以配备两个不同的操作系统，并来回转换。开放系统能导向渐进的个人发展和爱的联结。由于过多的危险和情感痛苦的体验，封闭系统会成为首选的操作系统。这个封闭系统会阻碍个体的成长和联结。正如一个接受分析治疗并体验过重大创伤的小男孩所说："你应该称自己为'爱的医生'。我们的工作是关于爱的感受如何变成恨的感受，恨的感受又如何变回爱的感受。"

在应用这个模型时，罗伯特的母亲们和罗伯特都有一种毫无助益的封闭系统，相信神奇的解决方案。这里神奇的信念是，受到创伤的孩子只需要得到足够的爱和理解，就能克服过去。在收养罗伯特的时候，罗伯特的母亲们希望，由于她们自己受虐待的体验，她们具备了对罗伯特的理解、关爱，并可以用爱来注满他。然后他就会成长和发展，尽管他早期有被忽视和虐待的历史。反过来，她们对罗伯特富有成效的养育也将修复她们自己过去的伤害。这种想法导致了家长很大的失望和怨恨，因为他的母亲们很快体验到了罗伯特的"身体攻击（咬和抓）"和矛盾地拒绝她们与他联结的尝试。

她们与罗伯特的互动因自身的困难而变得复杂，她们不能接受罗伯特对她们的爱的表达（丽莎妈妈"在一次温柔的交流后公开称罗伯特为'浑蛋'"）。关于丽莎妈妈拒绝罗伯特的温柔的家长工作，本可以促使用更富同情和宽容的方式对待罗伯特对她们的爱的拒绝。每个人都对爱和脆弱感到恐惧，并感觉需要敌对的、全能的保护。为了应对太多的痛苦和恐惧所采取的适应不良的方式，却带来爱与被爱的困难。然而，这些保护会带来更多痛苦，因为它们屏蔽的恰恰是最想要和最需要的，即感受到被爱和爱。

分析性治疗可以帮助人们从封闭系统功能主导转变为对开放系统机制的优先依赖。然而，建构情感肌肉和发展身体肌肉一样，需要更频繁的工作。强化治疗将为罗伯特和他的母亲们提供加强开放系统功能的机会。每个人都能更好地给予和接受现实的帮助和爱。反过来，每个人都可以发展情感肌肉，以忍受涉及过去的伤害，当前的失望和脆弱，以及未来因缺席、成长以及个体化或死亡而失去至爱的担忧。分析师与其提供对神奇解决方案的不切实际的希望，不如提供真正的乐观，即帮助孩子成长的艰苦工作可以帮助家长面对困难的感受，并帮助她们以其他途径得不到的方式成长。

在与罗伯特和丽莎妈妈的第一次会谈中，罗伯特解释了他的沉默，他说："我说你才愚蠢，我就想做个浑蛋。"有了这个认识，罗伯特为分析师提供了一个机会，向他的母亲们展示她们可以如何支持重要的开放系统力量的发展。分析师和家长都可以强化罗伯特去意识到他是有选择的，而且他的选择既有有益的后果，也有无益的后果。此外，他可以决定去关心还是去伤害。在上面的表达里，罗伯特清楚地说出，他认识到他正选择虐待一个试图帮助他的人。罗伯特的分析师，或者在家里的母亲们，可以支持这种认识，并强调如果他尝试，他可以做得更好，而如果他选择做"好的尝试者"，他会感觉更好。这种方法将遵循鼓励和支持开放系统运作的一般原则。真诚的努力包括抓住机会，并有勇气和力量去开放和关爱。随着开放系统的运作，一个人能够冒着爱的联结和丧失的风险，而不是诉诸封闭系统，使用虚假的力量、愤怒的爆发或退缩来对亲近、感到被理解或被帮助进行回应。

这种观点为概念化以及应对治疗的突然中断提供了另一种方式。除了对财务和后勤的任何现实的担忧之外，在罗伯特和他的母亲们获得重要的成长后，频繁发生的极度退步，可能意味着倒退回去使用封闭系统功能。在治疗过程中的这一个时间点上，潜在的威胁将危及分析师、罗伯特和他的母亲们之间不断加深的联结，以及他们最终与分析师分离并且失去分析师。痛苦的另一个来源是被唤起的悲伤，因为罗伯特和他的母亲们变得更紧密地联结，同时作为个体也更加不同。罗伯特不仅年龄在增长，感情也在发展着。

对治疗的大幅削减可以被视为罗伯特和他的母亲们的核心冲突的表达，即关于享受和受益于他们最想要和需要的东西，即爱和有益的关系。他的母亲们对罗伯特日益增加的困难和可能需要改变治疗方法的担忧，可以说是反映出她们认识到，正如从一开始就指出的那样，罗伯特迫切需要强化治疗。这种理解可以帮助家长和分析师更致力于找到一种现实的方法，将罗伯特的治疗增加到至少每周两次，家长的治疗增加至每月两次。即使这种最小的频率增加也可能有很大的好处。

主编反思

在与家长接触的早期，分析师回应了她们对这个十岁男孩的描述，"……突然感到一阵愤怒"。同步家长工作的一个主要挑战是，我们面对的是这样的群体，即他们不把自己定义为病人，但他们往往比来找我们求助的成年个体病人更受困扰。成年患者来的原因是他们认识到自己有问题、自己在受苦，以及自己是在为自己寻求帮助。这个案例是具有代表性的一个例子，许多父母带着对孩子的抱怨，以及对任何探索他们在孩子问题中的角色的企图的阻抗而来。在这个案例中，家长是贬低的、敌意的，似乎无法想象孩子的感受。她们似乎不愿意探究孩子行为的意义。家长让孩子成为家庭功能失调的承载者。与这些家长的最初接触，让许多儿童分析师转而反对家长，导致他们认同孩子并希望拯救孩子。除非我们始终能意识到危险并且一路处理障碍，否则这些个案往往以过早退出而告终。

定期的家长工作让分析师有时间和空间与父母建立联盟，尊重他们并认可他们帮助孩子的积极愿望。可能需要时间才能克服他们的失望、愤怒和无助，以及找回他们对孩子原初的爱。在分析师帮助父母发现原初的爱的一些元素之前，开始治疗是有风险的，因为父母可能会以羞愧、羞辱和愤怒来回应帮助，觉得治疗证明了他们作为父母是失败的。

在这个案例里，分析师能够帮助家长开始看到她们在利用孩子来处理自己的创伤历史，并且开始明白孩子也在尽他所能地处理创伤。

事实上，分析师保持投入但又中立于家长和孩子之间，以及在两个母亲之间，这使得个案发生了如此重大的变化。评论者指出了分析师使用了敏感灵活的技术，以作为容器，作为发展性的客体，"一个能够从发展性立场出发，设身处地与罗伯特在一起的人"。他们评论说，分析师为交战的母亲们和孩子创造了一个安全的成长场所。他们同样赞赏与两个战斗着的母亲们单独做的工作。经过两年的分析和定期的家长工作，有了显著的积极改变，这是孩子和家长都认可的。男孩进入前青春期制造了一个新的危机，考验了分析师理解新压力的能力，并试图帮助母亲们进步，成为一个前青春期男孩的家长。

这时候该过程发生了重大变化，但我们没有足够的信息来完全理解发生了什么。从外部情况来看，每位母亲都发生了一个严重的、长达一个月的医疗状况。我们应该补充一点，男孩现在已经进入青春期，表现出男性发育的外在迹象。

如上所述，这些无助的体验是在具有现实胜任力、喜悦以及爱的开放系统运作中获得重要成长之后发生的。男孩又倒退到了他失控的愤怒和行为中。母亲们的反应是想更换治疗师和/或送罗伯特去某些管教机构。母亲们坚持认为，由于后勤和经济原因，她们必须将男孩的治疗减少到每周一次，家长工作每月一次。

其中一位评论者发现了"自体调节的两种系统"模式（Novick，J. & Novick，K.K.；2016）对理解这种突然的转变是有用的，以及这位高效的治疗师无法给家长和男孩封闭系统的攻击找到某些开放系统的解决方案。

本章使我们接触到家长的病理对家长工作带来的局限性（及其在儿童治疗中的角色作用）。一位评论者想到了替代技术可能可以应对防御性阻抗。当出现明显的治疗进展时，和/或由于生活环境的干扰致使成年人感到无助，并因此脆弱地依赖旧的封闭系统防御时，这些阻抗便会出现。我们也受到分析师所要面对的挑战的冲击，即使在被攻击时仍然保持情感可用。

第八章

在风险评估中家长的否认

青少年初期

临床案例

安娜和托马斯为了他们十四岁的儿子保罗来见我。在最近混乱的一天之后,保罗曾向父亲吐露:"我希望我能杀个人。"在托马斯听来,他的儿子被他那冲动、难以满足的弟弟所带来的挫败感压倒了。这已经累积很多年了。

保罗的哥哥迈克患有孤独谱系障碍,独自一人时最快乐。他的弟弟尼克则所到之处一片狼藉。保罗作为中间的孩子,一直很安静、随和。多年来,他一直忍受着被拉去参加兄弟们的治疗访谈。保罗的确看来缺乏主导的兴趣或热情。他不喜欢学校,参加体育运动只是因为父母的要求,他从来不邀请朋友来玩。

我与保罗的父母见了两次,谈论了他们的担忧,但我发现不能很好地描绘出保罗的个人形象。一位睿智的督导可能会对我说:"对象是不清晰的。"部分出于这个原因,在父母咨询的早期我提前要求与保罗会面。

保罗高大健壮……他板着脸,没有表情。他说话声音很小,我不得不经常让他重复一遍。关于他父亲向我描述过的那一天，他告诉了我一个截然不同的故事。那天他没有生弟弟的气，也没有谈论挫折。他谈论的是杀戮。他想杀人，以及了解杀戮会是什么样的感觉。这一刻他的脸上才出现了一点活力。他想象着杀戮将会很"有趣"。

但是，谋杀的法律后果让保罗犹豫了，所以他没有杀人的计划。他也没有伤害过任何人、破坏财物或者放火，尽管所有这些事情都让他感兴趣，并出现在他的白日梦中。

保罗最感兴趣的是他能从一个人身上夺走什么的严重后果。因此，杀死一个年轻人可能是最令人满足的，而杀死一个年龄更大、活不了几年的人，就不那么"有趣"了。保罗觉得他最想做的事情却是永远都不能做的，这种感觉不好。他希望心理学家能帮助他，可他不知道自己需要什么样的帮助。"你让你父亲相信你在生尼克的气，"我说，"但不是这样的。""是的。"他表示同意。我问："怎么会这样？""为什么要惹他不高兴？他最好别知道，"保罗说，"我不想让他对我有什么不一样。"

保罗说他既没有愤怒也没有怨恨……也没有友谊或爱。他不爱他的父母、祖父母或朋友。他从来没有一个喜欢的老师、教练或营地辅导员。他从来没有爱过宠物。如果他再也见不到他们，也不会想念谁。他形容自己的世界是"暗淡的"。

保罗满脑子都是死亡和杀戮的念头。他把时间花在幻想车祸、倒塌、火灾和其他人"以尽可能最坏的方式"受伤的场景。他说白日梦没有给他带来快乐，但它们确实可以帮助他放松，他注意到他会在晚上睡觉前想到这些场景。

保罗坚持要我保守他的秘密。他很担心我打算继续见他的父母。虽然我注重保罗的隐私，但我还是想办法向他的父母提出我的担忧。我说："保罗活得很孤单，没有亲密关系。""他压抑自己的感情，不认为自己是一个怀有愤怒或恐惧的人。但他花很多时间思考那些似乎由强烈的愤怒和恐惧所驱使的事情。"

父亲说他不知道，但考虑到他自己的成长过程中伴随的明显的对抗情绪，这一切似乎都不足为奇。他描述了他们家族几代人为财富和权力而发生冲突的历史。他的父亲几十年前就与他的母亲离婚了，她患有严重的精神疾病，很可能是精神分裂症。多年来，她一直流落街头，切断了家庭资源。现在，她在托马斯的监护下生活，住在一家疗养院里。

他父亲没有把托马斯和他的孩子写在遗嘱里，因为他不赞成托马斯选择安娜作为配偶。关于这些家庭内部的冲突，托马斯一直对保罗很坦率，也许是太坦率了。"你们不能相信任何人，我告诉他们。你们要小心。曾经相爱的人之间可能会发生不好的事情。"

安娜告诉我，她的母亲和妹妹都有孤独谱系障碍。她和托马斯是通过家庭朋友认识的，当时她从另一个城市来访友，而他则正值大学假期。婚后，父亲在家族企业工作，母亲把全部时间都花在孩子身上。

安娜告诉我："在尼克出生之前，我和保罗非常亲密。""尼克占据了我的大部分时间，现在我和尼克在身体和情感上都非常亲近。这样说让我很受伤，但与保罗的那种联结、那种亲密消失了。我似乎不记得他有什么反应。我们请了一个保姆来照顾两个大的男孩。他们一开始不喜欢她，后来也就适应了，但她只待了六个月。"（"然后呢？"）她耸耸肩："不好意思，我不记得了。我们就勉强凑合着。"安娜说尼克出生后，她"抑郁"了好几年。夫妻治疗和个体治疗有所帮助。我问她，听到保罗看起来有多生气以及我有多担心，那是什么样的感觉。安娜同意这是让人担心的。"这让我很受伤。幸运的是，我们可以做任何必要的事情来帮助他。"

我向家长提出了几项建议，即我们定期会面，来处理他们作为保罗父母的担忧；延长评估期，并为保罗安排心理测试；以及我更频繁地见保罗。一方面，考虑到我和保罗的父母联盟还处于很早期的状态，现在把保罗拉进来更频繁地见面似乎为时过早。但另一方面，保罗头脑中充斥的念头令人担忧，需要评估和监控。

最后，这一点被搁置了，虽然父母同意保罗更频繁地会谈，但保罗自己拒绝了。保罗的父母也问我："我们能做什么？"我让他们谈谈和他相处的质感。"我们很少有时间只和他在一起，"父母解释说，"我们认为他是一个害羞、笨拙的人，尊重他的沉默。他似乎很随和，适应能力很强，所以我们没有理由担忧。"

"对他表现出温和的兴趣，"我建议，"问问关于他的事，他的想法和感受。也许在某个安静的时刻，告诉他你们对我所说的，你们感觉正在失去他。还有，让他知道，你们看到他很疏远。让他知道你们想知道为什么。"

保罗同意继续每周的会谈。我还是继续每隔一周与他的父母见面。他们告诉我，保罗的精气神儿正在好转，他与他们说话更加开放和自由。治疗开始有帮助，保罗更舒服地参与到他们当中，他们感到有希望。

但是对我，保罗总是在说事情还是"老样子"，一如既往的暗淡。不过，保罗确实开始抱怨更多的不公正，比如足球比赛糟糕的裁判员和学校里左翼的老师。他幻想着复仇。

对于保罗的父母所观察到的和保罗向我所表述的之间的差异，他们和我都感到困惑。他们通过坚持什么是真的以及什么是假的来处理这种不一致性。他们认为，保罗所报告的需要被更正。保罗说他没有朋友，但父母对此提出异议，并希望记录得到纠正。保罗说事情没有改变；不，保罗更开放了，甚至有点主动了，事情变得更好了。似乎没有空间让保罗的体验与其父母的有所区分。

我和父母一起探索了这个空间。保罗有时看事情和他们不一样。有时候也许是因为他可能误解了什么，或者没有看到更广泛的背景。但有时候也许是因为他重视的东西与他们不一样。也许从保罗的角度来看，他确实没有朋友，是这样吗？

我偶尔问保罗，他是否有什么事情需要我代替他向他的父母提出来。当保罗请我帮忙说服他的父母让他买一把刀时，一个更开放的沟通机会出现了。他心目中的刀不是折叠刀，而是他从电子游戏中了解到的一把刀——一把巨大的刺客刀，专门为从背后割喉而设计的。

我和保罗的父母谈了他想从亚马逊上购买这把刀的愿望。他们要求了解保罗对弟弟的愤怒的最新情况，并且毫不费力地达成共识，拒绝买这把刀。托马斯说："我看到家庭成员即使没有武器也会对彼此造成伤害。""家里有武器没什么好处。""你们的考虑是什么？"我问。"我父亲过去经常打我，"他说，"他会让我选，腰带还是细棍。他很残忍。保罗知道这些，我告诉过他。"

当一个合适的时机出现时，我问保罗，关于他父亲被他自己的父亲殴打，他知道些什么。"他告诉过我。"保罗承认。"听到这个你是什么感觉？""有趣。"保罗说，耸耸肩，带着一丝愉悦。"有趣的是用你喜欢的方式，你的祖父打了你的父亲。""是啊，给他一个选择，并且还……要他选，就像……很有趣。"

保罗会见了一位神经心理学家进行测试，很快就有了初步的反馈。神经心理学家告诉我，保罗看起来很"正常"，他没有看到任何思维障碍、精神病先兆或孤独症的证据。这是一个有疑问的消息。这个诊断没有解释保罗的恶念是否由精神病态人格造成。这位测试者已经安排了一位在评估青少年心理病理方面有经验的法庭神经心理学家的会诊。我没有与家长分享初步的发现。

在我们的会面中，我继续鼓励保罗更开放地谈论任何出现在他脑海中的内容。我让他注意他让自己体验得极少的几种感受。有一天，另一位同样在保罗学校上学的病人很早就来候诊了，并且在保罗离开时遇见了他。关于保罗，这个病人说："我在学校见过他。课间休息时我们都踢足球。那孩子只有两种情绪，不动声色和愤怒。"

我和保罗的父母讨论了保罗在情感上的疏离。父母各自都用自己的想象理解保罗的行为：托马斯认为保罗试图通过筛选事情和情感上的退缩来驾驭高度紧张的家庭。这是托马斯自己一直依赖的策略，即使在他的婚姻中也是如此。安娜看到保罗拒绝被卷入他不赞成的事情中，没有把自己拉低到他弟弟的水平，像弟弟那样大声说话和反叛。

随着学年的结束，我得知保罗的母亲很快就要去她的家乡参加婚礼。她会带着最小的尼克，并把他留下与祖父母过夏天。全家人都会在夏天晚些时候去看望祖父母，并与尼克团聚。我没预料到母亲的离开会对保罗产生影响。但是，随着临近她离开的日子，保罗报告说，"好奇心"不再足以形容他对杀人的兴趣了，他说他现在感受到了去体验杀戮的"饥渴"。

第二周，保罗透露了杀死尼克的详细计划。保罗解释说，他知道，当他穿过家庭房走进弟弟的房间时，自己可以踩在哪块地板上，而不会吵醒他的父母。而且，他列出了事后杀害其他家人的理由。"逻辑决定，"他耸耸肩，"没有目击者。"

尽管保罗仍然说由于害怕后果，他不敢按照谋杀的愿望行事，但他从"好奇"到"饥渴"的转变表明了他的攻击性加剧。同时，他杀害全家的理由引起了我对初始的思维混乱和判断力受损的担忧。保罗的母亲走后的第二天，我和保罗的父亲通电话安排了在下次预约前多见保罗一次。我提醒他的父亲，当我们见面时，我会评估保罗的风险和住院治疗的可能性。

在下次会谈的过程中，我得出结论，门诊治疗不能安全地涵容保罗。我得到了托马斯的同意，带保罗去当地急诊室进行评估。急诊室评估决定让保罗住进青少年精神科住院部。

我们第一次在住院部见面时，保罗冷漠且防备。他争辩我送他去评估的决定是毫无根据的。我解释说，我答应尽我所能保护他的安全，包括不做有伤害的事情，但他觉得我破坏了他的信任。一位心理健康工作人员敲门告诉保罗，他的母亲打来了长途电话。她要到第二天才能再打电话来。我示意他可以接电话，但保罗挥手让工作人员走了。我想知道他为什么不和母亲说话，也想知道为什么她从远方打电话过来，而不是已经在回来的飞机上了。

到了周末，安娜回来了，给保罗做测试的神经心理学家准备好展示他的发现。直到那时，保罗还没有同意让我谈论我们的会谈，我也仅透露了最少量的信息。但这位神经心理学家曾经解释说，在他与保罗面谈之前，测试结果将与保罗的父母分享。所以，这是保罗的父母第一次听到保罗对杀戮的兴趣和与他人缺乏有感觉的联结的完整描述。他们静静地听着。

测试者描述了保罗卓越的智能，他没有精神病，也没有表明孤独症谱系障碍的发展史。十四岁的保罗还不到做《精神障碍诊断与统计手册》（第五版）人格障碍诊断的年龄。而且，因为保罗只在观念上而不是行为上符合"品行障碍"的标准，所以也不会给保罗下这个诊断。

保罗在心理病理专用测评工具上的分数很高，远高于临界值，但测试只适用于十六岁及以上的人，所以保罗的分数不是"有效"的，他的诊断是"没有定论"。

谈话转向保罗是如何变成这样的。保罗的母亲开始反思保罗，他疏离、谨慎、退缩，难以忍受情感。她把保罗的困难与他被诊断为阿斯伯格综合征的哥哥迈克的困难进行了比较。她对保罗在情感上敏感、内向和人际关系笨拙的观点，提出了另一种诊断可能性：亚临床孤独症谱系障碍。考虑到当前令人沮丧的选项，这一个似乎更有希望。测试人员想了想，表示了他的开放态度。也许保罗原本是可以建立联系的，但受过伤害；保持疏离，但仍然在人际接触范围内，并非冷漠和精神病态。我体验到了紧张情绪的舒缓和希望的闪现。

几天后我与父母会面。安娜急于谈论测试的缺点。她似乎从诊断没有定论这个事实中得到了太多的安慰。父母似乎不像我想象的那样关心保罗没有爱的关系和对杀戮的兴趣。起初，他们更为不满的是测试人员在报告结果上的拖延，并且质疑工具的有效性。但是，在会谈过程中，他们承认对保罗的深切担忧和不知该做什么的困惑。

我谈到我们是如何学会在人际关系中承受感受的。保罗一直远离人际关系。基于关系的心理治疗是有意义的，而且，对于十四岁的阶段来说，时间至关重要。安娜承认，多年来她一直在感情上拒绝保罗。如果我们为保罗打开空间，让他看到自己因母亲的疏远而受伤，他能再次向人类的关爱敞开心扉吗？我们讨论了治疗选项：门诊方案、住院方案。父母和我一致认为，如果有可能把保罗安全地留在家里，这就为恢复家庭关系留下了最好的可能性。我提议进行为期六个月每周四次的强化治疗试验，父母接受了。

保罗在住院部一直没有出格行为，但有人担心保罗出院后可能会采取暴力行为。医生没有确定药物治疗的目标，也没有为他开任何处方。保罗的自我评估简洁生硬而浮于表面，但并没有明显的挑衅。什么指标可以表明他出院是安全的？

住院医生、保罗的父母、保罗和我制订了一个高频门诊治疗计划。从保罗出院开始，在他和他的家人前往母亲的亲戚家时暂停治疗，并在八月下旬恢复，那时保罗和我都会回来。这次旅行对保罗和他的父母非常重要，他们保证会让保罗在成人的密切监督下，并且远离他的弟弟。

保罗在医院住了三个星期后出院了。按今天的标准来看，这是很长的一段时间。当他们收拾行李准备家庭旅行时，保罗和我又开始以门诊的方式见面。

保罗想对我送他去住院的决定提出异议，他说，他不是家里唯一知道哪些地板会发出噪音，哪些地板不会的人。我对他的了解如此之少，怎么能做出我所做的判断呢！？我解释说我别无选择。我运用了我知道的一切。也许以后他会让我更了解他？

保罗坚持他应该得到道歉。他还认为我太固执和傲慢以至不能道歉。他和父母已经讨论过。他们从未见过我有道歉的意愿。我想知道，是否我让他想起家里的其他人，他们也是这样，严厉而不道歉？保罗无法回答。

最后，我觉得我可以说："鉴于当时我对你的了解，我无法做出不同的决定。如果我对你多些了解，多些理解，我可能会的。"保罗似乎平静了。我们计划在他和我各自旅行后继续见面。我想知道这五周的中断对他来说会怎么样。保罗沉默了。

对我们的秋季计划保持谨慎似乎是合理的。在住院前的几个月里，保罗就反对更频繁地与我见面。似乎值得怀疑的是，如果保罗变得不情愿，他是否会服从这个计划，他的父母是否会坚持这个计划。

在八月间断后的第一次会谈上，保罗开场就说他有话要谈：他向我和神经心理学家说的一切都是谎言。也许某天他对他的小弟弟曾经很生气，但他从来没有想过杀人。他不知道他为什么这么说。但是，除非我愿意忘记他以前说过的一切，否则他会换一个新的治疗师，和他重新开始。

我努力保持镇静。我说："是这样！撒谎？太有趣了。"保罗说："我觉得这没什么有趣的。""我想知道你为什么要撒谎？""不知道。""撒谎并让谎言继续下去需要很大的精力。这对你一定很重要。"保罗说："我对此不感兴趣。"

"那么，如果我把你告诉我的一切都搁置在一边呢？"我问。"我们会重新开始。""那么，你会说什么？"我很好奇。"一切都很好，我没有理由留在这里了。"我向保罗解释说，我不能忘记他告诉我的事情，也不能假装我已经忘记了。那样做有什么好处，我想知道？有人这样对你吗，表现得好像他们希望你忘记一些事情？

我告诉保罗，如果他坚持这样，我们就真的无法继续下去了。我们现在可以停下来，或者，如果保罗愿意，我们可以暂缓这个决定。尽管他很生气，我们能不能花点时间看看，我们是否能接受他的感受，重新建立信任？我们已经一起经历了很多。也许对他来说是值得的。保罗谨慎地同意了。几天后，他又加了一个条件：我放弃让他住院的权力。他想象着我会签署一些具有法律约束力的文件。我说出我的疑惑，如果我开始认为他对自己或别人有危险，怎么办。保罗说，那么，你必须和我的父母谈谈这件事，在你送我去之前，他们必须同意。我注意到保罗的父母对他很重要，这是他以前从未承认过的。想象他的父母保护他免受某人的伤害，这似乎是新变化。

我问是否可以和他的父母讨论一下他的条件，保罗答应了。我告诉父母："保罗很想给治疗加上一些条件，那将使治疗无法继续。"我解释说。托马斯一脸惊讶和尴尬，但安娜说："保罗还是很生你的气。有人会不生气吗？你让他告诉你更多的想法，当他告诉你了，你把他送进了医院！""是的，但他告诉我的事情非常让人担心他的安全……还有你们的安全。"我说。

"也许吧，"安娜说，"但在他是否危险的问题上，测试没有定论。而且，我们还没有拿到书面测试报告！如果我们拿到了，如果测试是在几周或几个月前进行的，所有这些都可以避免。或者，如果你能够在春天第一次要求时就坚持更加频繁地见他。""我当时确实想更频繁地见他，"我提醒她，"但保罗拒绝了。并且当时我们都没有发现坚持这个建议的理由。他会痛恨这个建议。""为什么保罗可以和我们一起长途旅行，五个星期不见你，但现在他几乎每天都要来这里？"安娜发起挑战。

"你也在生我的气。"我说，"你不同意我所做的一些事，并且对于另外我没做到的事情，你也很不满意。"

安娜回应说："我现在所说的是，我非常能理解保罗为什么还在生你的气。我对你的感受不重要。"

"不是这样的，"我回答，"你对我的感受也很重要。保罗现在面临着重大的决定，这些决定对他来说太重大了。他将依靠你们俩来指导他、帮助他。我看到他现在求助于你们，以一种与以前不同的方式依赖你们。"

托马斯说："我看到了。但是，当有人说他不信任一个人时，我不知道别人的意见会有多大的影响。"

我反驳说："你懂得保罗还不懂的事情，关于和别人相处、承认和处理人与人之间的问题。有时候事情让人感觉如此困难，以致很想结束这段关系。在这种情况下，我认为，如果保罗有可能留下来和我一起解决问题，这对他来说是非常有好处的。他感受到的不信任和愤怒与把我们聚集在一起的问题有关。保罗感到愤怒和不信任，然后疏远和冷漠。"

托马斯谈到了他修复关系的经验，因为他的原生家庭由于冲突而分裂。他与妹妹的关系曾经很糟糕，现在好多了，他们更加配合地照顾精神分裂的母亲。他们的母亲在街头流浪多年后，被强制关进了精神病疗养院。

安娜描述她家庭中的关系是完整的，但是流于形式和表面。对她来说，最具挑战性的是与托马斯的婚姻。维持婚姻曾经是一个挑战，但在过去的一两年里，她对此更加乐观。（在写这篇文章的时候，我做了一个梦，梦见安娜在高高的缆车里，在山峰上保持着平衡。）

托马斯说："我看到保罗，在喜欢着你并且感觉好像他可以依赖你，和感觉你背叛了他的信任之间左右为难。我认为一个人可以选择自己的治疗师。"

"是的，"我说，"但如果保罗选择了我，却同时对我有意见，这种情况怎么办呢？"

"我认为我们支持他很重要。"托马斯说。

"我们能不能也想想，对于保罗，哪一方面的支持最重要。保罗有一部分是抗拒人际关系的、不信任的，并且抗拒与人亲密。同时，他还有一个比较柔软和敏感的部分，能够信任并且对人际关系是开放的。第二部分，我认为是需要你们支持的部分。保罗可以和我保持疏远和冷漠。他可以找另外一位治疗师，但找不到像我一样和他经历过艰难时期的治疗师。"

托马斯回应说："如果他愿意，我可以告诉他和你一起解决困难，但我不能代表安娜说话。我确实认为克服困难是一项重要的生活技能。"

安娜不以为然。"我不知道我是否能做到。感觉就像我没有和他在一起，没有站在他这边。就好像我正告诉他我不相信他。"

"我知道你因为失去了和保罗曾经的亲密而感到非常难过，"我说，"你可以尝试通过支持他在这里所做的任何决定来处理这一问题。或者你可以看看你和他能不能一起做这样一个重大决定。"

她说："我明白这一点，但我认为治疗师的选择是非常个人化的。"

我赞同，但说："请记得保罗确实选择了我。而且，尽管他可能强烈不同意我所做的决定，但我一直是值得信赖的。"

在随后的几次会谈中，保罗能够富有成效地讨论他的愤怒和不信任的感受。他吐露了与父母紧张关系的转变，并略微探索了导致他住院的原因。但这些成就被保罗后来回升的愤怒和怀疑所抵消了。这个月里，保罗在我们的会面中变得更加讥讽，更加怀疑我的动机。他母亲的一位治疗师朋友告诉她，在保罗住院期间，我继续与他见面是非常不寻常的。"没有人这么做。"她说。朋友的话滋长了母亲的怀疑，进而又引发了保罗的怀疑。

保罗说："就像你想诱使我接受你的治疗。"

"我这样做的意图是什么？"我问。

"这不关我的事，我也不在乎。我们决定结束了。我父母要给我找个新的治疗师。但有一件事我不明白：如果我一周要来这里四天，为什么我还能和家人一起旅行，你为什么自己还去度假？！"

"如果我真的关心你，我就应该把你留在这里，和你在一起。"我回应说，"至少这样是一致的。也许一个真正关心的人会这么做。"

保罗反驳道："我知道你在做什么，你正在歪曲我的话。我要指出的是，你关于我几乎每天都需要来这里的论点前后不一致。"

"你对我的不一致感到恼火，"我回应，"要么我希望你来这里，要么不希望，来来回回很难受。"

几天后，保罗的父母通知我，他们将为保罗寻求其他照顾，并与我讨论结束保罗的治疗。我建议保罗继续和我一起工作，直到新的治疗安排到位，转换可以在没有治疗间隙的情况下进行，但他的父母没有接受我的建议。

托马斯和安娜加入了我和保罗的最后一次会谈，这让我很惊讶。托马斯对我说："这与你无关。我们的钱根本无法继续治疗，尤其是其他孩子也在长大，他们有着自己迫切的需求。"

评论 1

展示在我们面前的是混合着毒素的开端：与父母的两次会谈后无法描绘出该年轻人的连贯图景，结合在第一次会面时保罗非常轻易地吐露了他充斥着杀戮的念头，以及他通过幻想实现了成为杀人犯的体验。从与父母工作的角度来看，现在对我来说一直面临的问题是：为什么对象是不清晰的？这当然有各种各样的可能性。

考虑到父母缺乏对保罗当下及过去的体验的理解，缺乏对当前的亲子关系，以及保罗的内在世界、自我结构、典型性或非典型性的理解，我认为分析师提供给这对父母的指导（聊聊他自己、他的想法以及感受……告诉他你们讲给我的关于失去他的事情……让他知道你们发现他很疏远）有点漫无目的，无法知道这在该过程中此时是否有帮助。但是，令人担忧的情况促使人们积极采取行动。

我们开始了解到一些重要的线索。首先，我们得知祖母患有慢性精神分裂症，祖父和父亲断绝了关系（因为他选择的配偶），保罗有两个患有孤独症的姨妈，另外哥哥也受此影响。除了关于保罗可能出现的初期精神病或神经异常的明显疑问，我开始怀疑保罗对于父母一方或双方的潜意识意义。在与他们一起工作时，可以尝试在这一点上探讨他们对有障碍的亲属的体验，特别是在情感疏远和暴力方面。

分析师敏感地注意到父母双方在容忍保罗的主观性方面的困难——"似乎没有空间让保罗的体验与其父母的有所区分"。他们想以事实性内容看待他；你确实有朋友。这方面的困难是否与他们对于精神病和孤独症的痛苦体验有关？他们是否害怕保罗会成为某种疯子，无论是精神病还是孤独症？如果是这样，这种动力最令人担忧的表现是否包括这样一种可能性，即父母中的一方或双方都在防御着他们促进保罗精神错乱的无意识努力？这是关于对象为什么如此不清晰的部分答案吗？

关于是否住院的可怕困境，我不知道该说些什么。我很难想象住院会有什么好结果，包括保罗的危险程度会降低的任何现实可能性，除了可能在短期内能做到之外。然而，最佳实践以及分析师自己的法律风险显然是支持住院的。

我有点惊讶，这位分析师没有"预料到母亲的离开会对保罗产生影响"。从一个没有参与其中的人的角度来看，这很令人惊讶。但话说回来，当考虑到反移情防御时，就不令人惊讶了。与内心世界像保罗那样混乱可怕的人一起工作，这种反移情防御的出现是可预期的。

从此时开始，出现了两个最主要的主题：信任与信任缺失，以及分离与抛弃，伴随着密集的指控。我们第一次看到，父母和孩子之间有一种更深的、病理性的联结。突然，不仅和保罗在一起时像在镜子迷宫里，和父母在一起时也是。我们看到，在母亲对事件的构建中，她在心里并没有意识到保罗危险的严重性。我们只能猜测原因，但他们之间的危险联盟的问题不能再一次被忽视。保罗的父亲显然没那么与他的危险性结盟，也没那么与他的多疑结盟，似乎有一种修复的取向，而不是重复。可以想象，他是支持努力治疗的幕后力量。但回避的需要最终胜出了。

分析师试图和父母讲道理但没有奏效，根据母亲已经固有的偏执立场，可以预料到这一点。我们现在看到了一个令人担忧的区域，她不能看到她的孩子在一些核心情感层面上的独立性，这为为什么对象不清晰增加了另一个维度的解释。对象仍然是不清晰的，因为保罗是被构建的而没有被看见。与此同时，分析师成了抛弃他的坏客体，母亲的指控曾经是指向她自己的。我想知道，坏的部分是否已经从母亲和保罗的融合中被清除了。目前，不是保罗承载着这一投射，而是分析师。实际上，所有人都迷失了。

最悲剧的是，托马斯最终投降了。他屈从于缺乏诚实，这似乎是该家庭的一个选择："这与你无关。钱不够用了。"无论对于他的母亲、妹妹，或陷入困境的配偶和家庭来说，他曾经是保护者和试图疗愈者。

有一些孩子不能进入治疗联盟，无法被治疗。令人痛苦的是，在我看来，保罗就是这样的孩子之一。有一些父母不能加入围绕特定儿童的父母联盟，因此不能真正地支持治疗。同样令人痛心的是，在我看来，这对父母就属于这种父母。在这位分析师门前出现的毒素比起最初看来的还要严重。

补充说明一点。神经心理学测试可以提供一些有趣的信息，包括现象学诊断，但对儿童的内在生命了解甚少。投射测验会是非常有趣和有帮助的。但很遗憾，现在这不是一件容易做到的事情。

评论2

我们在阅读这篇报告时遇到了挑战：十四岁的保罗向父亲倾诉"我希望我能杀个人"，那么帮助这个家庭最好的下一步是什么？在最初两次与父母的访谈之后，治疗师意识到他无法描绘出保罗作为一个人的清晰画面，于是选择与他见面，并暗示与平常他见其他接受治疗评估的孩子相比，这次会面安排得比较早。但这是一个不寻常的情况；这个刚刚成为青少年的孩子说出了杀人的想法，父亲认为更确切地说这是手足相残的想法。

怎么回事？

作为一名治疗师，我们如何在治疗中建立足够的决定因素来帮助孩子和家人安全地探索这种极端想法的本质和来源？

在与治疗师的访谈中，保罗立即提出了一个不具体的想杀人的愿望，并想了解杀人时会是什么感受，想象着会是"有趣的"。

治疗师说保罗希望心理学家能帮助他，但不知道怎么做。保罗展现了一幅"凄惨"的内部景象，关于车祸、倒塌、火灾以及人们"以最糟糕的方式"被伤害的其他场景的白日梦。他说，这些白日梦并没有给他带来快乐，但确实帮助他放松，帮助他在晚上入睡。

早期出现的疑问包括：有这个想法的保罗有多安全？他有精神病吗？被未知来源（互联网、物质、个人）所影响，被激怒，和/或这些思虑是强迫性质的吗？如果这些思虑是强迫性质的，那么它们主要是在防御——对抗什么——攻击性和/或力比多的冲动与感觉吗？十四岁的他已经进入青春期了吗？他是否有自慰的想法，那破坏了他的内在心理状态吗？对抗孤独？所有问题都需要在信任的治疗关系中，花一些时间来探索。

保罗要求他的话语/秘密留在治疗师和病人之间。为什么是秘密？保罗是否觉察到为什么对一些人来说这种"杀人想法"可能有问题？是否讨论过秘密和隐私/保密之间的区别？治疗师有责任警告即将发生的伤害吗？在最初的访谈中，个体治疗和父母咨询工作是如何被构想的？

这可能是工作早期的一个阶段，用来描述安全需要的？也可能是一些诸如"杀人想法"之类的言语比其他议题会让某些人更担心？根据最初的咨询电话，也许妈妈和爸爸担心他（保罗）话语里所表达的杀人愿望。

当保罗向治疗师保证他没有具体的愿望时，爸爸就已经锁定这个愿望是要杀死弟弟尼克。兄弟之间曾经的挫败、愤怒，或者只是一些引起吵闹捣蛋的行为已经失控了吗？家人如何表达他们的感受，特别是愤怒，还有他们对彼此的爱/情感？

在父母咨询中，有许多关于早期困难的信息：婚姻不被祖父认可，祖母患有精神分裂症（现在由父亲照顾）。外祖母和母亲的妹妹有孤独谱系障碍。保罗的母亲患有抑郁症，婚姻关系紧张，接受了多年的治疗。父亲曾被祖父鞭打并被要求选择工具——皮带还是细棍，并且祖父的遗嘱没有提及父亲。父亲把这些"也许太沉重"的信息告诉了保罗。父亲是否表明或暗示了他自己的感情——也许是他自己想杀人？

母亲报告说："在尼克出生之前，我和保罗非常亲密。"我们没有被告知年龄，但母亲报告说，她不记得保罗是怎样体验失去母亲的。保罗起初对保姆很生气，但后来能相处了，结果六个月后又失去了她。

治疗师提出有用的建议，将治疗师、患者和父母之间的早期接触视为延伸评估，安排了一次神经心理会诊，并更频繁地与保罗会面。治疗师对开始更频繁地与保罗会面有一些内在的保留，同时觉察到有一种潜在的"杀人想法"需要监控。有趣的是，家长同意增加会谈的频率，但保罗拒绝了。

随着与保罗父母的不断会面，更多关于早期历史的信息浮现了出来。家长反映"很少有时间陪他""尊重他的沉默"。他们认为他是害羞和笨拙的。

治疗师邀请父母对他表现出温和的兴趣，并补充说，当保罗疏远时，问问他为什么？他建议通过对保罗的内在世界表现出兴趣和好奇来帮助他。

当开始治疗时，保罗提供了治疗所要求的话语和想法。他讲述了他的各种抱怨——不公正、具左翼思想的教师和复仇的幻想，没有朋友。

父母报告说他的行为有所改善，但当他们听到与保罗向治疗师所说的有不一致的地方——"没有朋友？"他们声称："这不是事实，治疗师——纠正你的记录。"

治疗师试图温和地挑战父母的想法，问道："也许从保罗的角度来看，他确实没有朋友？"治疗师试图通过提出保罗的内心世界可能与他们对他的体验有所不同的想法来帮助他们。这个过程受到家长的抵制。

如果保罗和父母对彼此的体验存在这样的差异，那么，保罗和母亲以及父亲对这位治疗师将如何帮助保罗和他们所有人的想法是什么呢？什么是他们知道但没有思考过的，更别说谈论了的呢？还有其他的家庭秘密吗？关于母亲的抑郁，母亲和/或父亲对保罗分享了多少？家长反映"我们很少有时间只陪他"。保罗幼年时，特别是在晚上临睡前，是如何靠自己度过的？在最初的评估中，保罗报告了人们"以最糟糕的方式"受到伤害的场景，以及"这些场景确实帮助了他放松"，他会"在晚上睡觉前想到这些场景"。

神经心理评估的初步结果报告说，保罗看起来很"正常"，没有思维障碍、精神病前兆或孤独症的证据。这让治疗师感到困惑，他认为保罗所充斥的恶念预示着精神病态人格诊断的可能性。治疗师选择不与父母分享这些初步发现，聘请了一名法庭神经心理学家进行进一步评估。鉴于到目前为止的互动性质，以及父母很难理解他们儿子内心世界的体验，治疗师避免分享这一方面的认知是可以理解的，但似乎这也让治疗师处于更高的焦虑中。治疗师抱持着这个初步发现的体验会开始感觉像保守着一个秘密吗？早期与相关各方工作的一个关键因素是发展治疗联盟，以及各方都能感到某种程度安全感的安全空间。什么可以被分享而又不会泄露治疗师的高度担忧？也许考虑到保罗的表现，他内心世界的画面还需要用更多的时间、耐心、关爱以及安全来探索。

在父母咨询中，治疗师探讨了保罗的情感疏离。托马斯（父亲）看到保罗在应对一个高度紧张的家庭，安娜（母亲）看到他抗拒被卷入他不赞成的事情中，抗拒让自己沦落到像他弟弟那样使用吵闹和对抗的方式。治疗师认为这反映了父母各自基于自己的形象对保罗的看法。

此外，在接近学期末的时间里，他母亲开始计划与小儿子尼克的旅行。保罗描述了他"渴望"杀人，然后详细描述了杀死他的弟弟尼克，为了防止有目击证人，还会杀死家里的其他人。

这一系列想法被合乎情理地体验为需要被处理的攻击性想法的升级。不清楚治疗师是否问过保罗，他是否把这种想法与其他人——他的父亲或母亲——交流过，如果没有，这是另一个保守秘密和维护隐私／保密之间矛盾的例子吗？治疗师已经成了向保罗的父亲传递这个手足相残想法的信使吗？随后的事件导致了保罗的住院吗？

另外一个问题和思考：治疗师是否因为被要求在治疗师和病人之间守住这个"杀人的想法"，而处于保密的痛苦中？神经心理学家的初步发现提示治疗师，保罗有更严重的问题，可能会爆发精神障碍。看待这一动力的一种方法是，保罗一直保有这种"杀人想法"，也许很长一段时间内保守着其他家庭秘密——也许有好几年了。我们可以推测"为什么是现在？现在比杀人想法被语言化之前更不安全了吗？"母亲的离开、保罗的发展性年龄、尚未解决的手足竞争、父亲自己的历史、治疗师的严重担忧，所有这些都是重要的因素。对于是什么困扰着保罗，我们还没有一个心理动力性的工作概念，来说明他的主要防御结构和发展水平。

随着保罗攻击性想法的升级，治疗师推荐了住院治疗，也被父亲接受了。母亲对这个决定有什么建议？她是否缩短了旅行以便回来照顾她的儿子？对住院通常的期望是，不仅希望能保证保罗的安全，而且还会有很多双眼睛可以观察保罗，也许有助于理解他正在遭受着什么痛苦。这种方式不仅对于保罗来说不用独自面对这些"杀人的想法"，对治疗师来说也不用独自一人面对。

因为保罗在住院期间对治疗师一直保持"冷漠和防范"，更多的麻烦出现了。他的母亲在他住院期间的一次会谈里打来电话，保罗也没有和她说话。我们不是很清楚，但这似乎符合每个人之间交流有限的家庭模式。接下来可能会出现一个可预期的结果：保罗不让治疗师与他的父母谈论神经心理学家的测试结果，所以当神经心理学家说他已经向保罗解释过，在与保罗会谈之前，这些发现将与他的父母分享时，这可能造就了一个背叛陷阱。

这一结果产生了一个机会，不仅保罗，他的父母也可能会放弃那些被报告为非结论性的发现。大家所看到的报告，特别是在母亲看来，由于诊断没有定论，所以是让人放心的。

治疗师建议，如果可以在家中保持安全，可能需要进行为期六个月每周四次的强化治疗尝试。父母接受了这个治疗建议。此时还不清楚的是，是否继续定期的家长咨询。

当保罗和他的家人因夏季旅行而离开时，门诊治疗暂停了，强化治疗在八月下旬恢复。在治疗间歇期，会采用一些措施来确保保罗的安全和成人对他的密切监督。

在出院后和旅行前的间隙，保罗开始质疑治疗师的住院建议，实际他想说的是，"你这么不了解我，你怎么能这样做？"保罗要求道歉，并指出治疗师"太固执和太傲慢，所以不会道歉"。治疗师做了一个技术性决定来评论，不是在此时此地的移情中，而是做了那时那地的评论："这让你想起了谁？"这种针对治疗师的愤怒的处理方法并不少见。治疗师最终承认他的决定是根据他当时所了解的而做出的，并且如果他更了解他，他可能会做出不同的决定，这安抚了保罗。目前还不清楚保罗在会谈上愤怒的表达是如何在治疗空间的安全范围内被承认和接纳的。当一个充分的治疗联盟不仅在治疗师和受分析者间形成，也在治疗师和父母之间形成时，愤怒很可能会是出现在治疗的工作阶段的一种突出情感。

接下来保罗声明，他对神经心理学家所说的一切都是谎言，他从来没有想过要杀任何人，并且除非治疗师忘记一切，否则他会更换治疗师。

在这个节点上，解读保罗的方式的一种方法是，将他对"杀人想法"的否认视为将住院的被动体验转化为对努力帮助他的治疗师的主动攻击。可以理解，治疗师"努力保持镇静"。保罗是否正在让治疗师体验他曾经感受过的？保罗的"杀人想法"现在是否延伸到扼杀治疗师的记忆？这也许在某种程度上表明，对于保罗来说，被治疗师亲密地"了解"是不安全的？

另外一个想法：保罗所说的是谎言，是因为还有另一个"真相"吗？由于他表现出愤怒，所以看来不太可能，但他是否也怀有爱的情感呢？这是目前的推测。但值得记住的是，如果驱力没有充分地融合，力比多和攻击性冲动仍然不整合。爱与不爱的情感整合是强化治疗的目标。治疗师曾抱有一些希望，鉴于保罗的年龄和在神经心理测试中没有其他严重的指征，治疗并没有完全失败。然而，随着保罗对治疗的挑战，他的父母也对治疗能达成的事情持怀疑态度。

在与父母会面时，治疗师面临着继续治疗的阻抗，保罗的条件——"忘记我说过的话，否则我会找另一个治疗师"，现在治疗师发现父母也在拒绝继续工作——没有收到"神经心理学家的书面报告"，而且在家人夏天旅行时中断了治疗，"如果治疗师如此担心保罗的安全，他怎么会同意这样的计划呢？"

治疗师不仅失去了与保罗的联盟，还失去了与父母双方的联盟，所有人都感受到了背叛和不信任。不久，保罗的父母计划停止治疗，以家里其他孩子需要用钱作为理由。

我们可以反思这个案例，想知道是否可能有不同的处理方法，可以使治疗继续进行。毫无疑问，临床工作者会受到这个案例的挑战。显然，除非在不同的治疗阶段都与儿童/青少年，以及至少与父母一方建立联盟，否则在治疗具有严重"杀人想法"的患者时往往伴随着严重的危机，治疗是不可能持续的。

该案例需要考虑的一些特点：

1. 秘密和隐私/保密之间有一种天然的张力。秘密的体验使人孤独，有可能带来巨大的危险和伤害。通过保持相关各方之间的沟通，尊重隐私/

保密，个体就不会那么孤单。

2. 当很难得到确诊时，对患者内心所发生的有一个心理动力学的概念化是有帮助的，即使它似乎随着咨询的进行而改变。必须注意防御从更不灵活的强迫转换到投射性认同和/或其他更初级的防御，因为它们可能挑战治疗空间的安全性。如果很难得出一个有用的概念化，那么这种未知可能是一个信号，去帮助患者以及家人了解工作中存在着需要安全地探索的内部问题。这种未知会导致太多的焦虑。希望这种焦虑能够得到足够的调节，使家庭能够体验到治疗师在促进治疗联盟中相关各方之间的理解和协助，因而感到被照顾。

3. 对于遭受着内部破坏性想法和情感的儿童/青少年患者，需要至少父母一方或重要他人在家以足够好的方式陪伴在一起。父母咨询是在这些困难时刻帮助父母双方的康庄大道。否则，需要开始寻找更高水平的照顾方式，这样在危机时刻，具有"杀人想法"的人就有可以求助的人。

4. 没有万无一失的方法来评估患者的危险性，它往往充满了潜在的反移情的情感性反应。临床工作者经常被迫调整他们的方法。当临床工作者体验到这一点时，它可能是一个内在信号，可以提供一个机会，在不太有情绪性唤起的情况下，反思此时此刻正在病人和临床工作者之间发生着的移情。当识别到这一点时，这一时刻可以帮助理解导致患者通过"杀人"而不是修复的想法来解决关系破裂的动力。

5. 病人、父母和临床工作者都需要在治疗空间中感到安全。这是一个持续的挑战。"怎么办"通常由基本的信任来决定，即如果内部破坏性时刻发生了，而有向外求助于临床工作者、家庭成员、重要他人、朋友的途径，他们就不会独自面对灾难性想法和感受。

6. 当患者理解与其父母的交流不是为了破坏保密性，而是为了帮助父母与其孩子/青少年相处，定期的父母咨询是有帮助的。然而，如果父母在孩子生命的早期没有以足够好的方式陪伴孩子，这就会带来另外一系列需要探索的困难。再次重申，安全治疗空间的需要是最重要的。儿童/青少年需要体验到一些掌控，使他们能够探索他们当前在哪里，以及是如何到达那里的，并且有着生活比"杀人"更有盼头的想法。关系中的破裂不仅可以修复，而且可能会开始以健康和爱的方式蓬勃发展。

主编反思

大多数转介都出现在父母感到无助的危急时刻。来自父母的巨大压力要求治疗师给他们一个答案、裁定、解决方案，尤其是在一个关于儿童或青少年是否会杀死自己或其他人这样有压力的问题下。分析师立刻被放在进行风险评估，然后又被期待以让风险减小或消失的方式进行干预的位置上。

现实是，专业人士在某些方面像父母和青少年一样无助。本章出现的这些挑战以生动和戏剧性的语言表达了这种情境，然而在所有的案例中都存在某种程度的困境。我们如何能抵制，通过激活拯救幻想和接受无所不知的属性的防御来应对自己的焦虑和无助？相反，我们如何创建一种合作性的伙伴关系，在其中治疗师提供专业知识、经验，以及探索和学习的意愿，而父母带来对他们的孩子以及孩子历史的广泛而深刻的认知？

该案例的评论者们分别指出了与家长创建积极的工作联盟的重要性。分析师在只见过父母两次，且无法获得患者的画面后就决定见患者，评论者把这个决定确定为技术上的选择点。我们是同意父母把孩子作为指定的关注对象，并立即见他，还是停留更长的时间去探索父母可能有的防御性的含糊？关于同步父母工作，评论者暗示，缺乏对儿童的清晰画面不是一个需要远离父母工作的缺陷，而是表明父母内部以及父母和孩子之间的病理性动力，需要在决定治疗目标之前继续深入探索。

治疗师的技巧使得后来出现了一些这样的动力，但它出现在父母目标改变的背景下。分析师不被视为帮助来源，而是成了难辞其咎的人。一位评论者描述母子之间可能的"危险联盟"，即被描述为"负性的治疗动机"（J. Novick, 1980）可能起了作用，破坏了治疗。这样，治疗师最终以羞辱的失败结束，父母和青少年在幸福的幻想中团聚，尽管父母看起来很糟糕，治疗师看起来更糟糕。

本案的材料提供了有关每个人视角的差异的突出例子：分析师所描述的"延伸评估"被父母视为"治疗"；保罗及其父母对保罗和他的社交处境有非常不同的描述；母亲的离开对每个人都有不同的意义，等等。在这里，作为一个可能的一般技术性指标，我们推断需要尽早探索这些差异，因为它们对治疗的持续产生了潜在的干扰。

该案例，以及本书中的其他案例，强调了在得出和分享任何结论之前，首先与父母创建积极的治疗联盟的必要性。在与父母以及父母双方之间正在形成的伙伴关系的背景下，可以探索一些领域，得出关于以下问题的暂时性的答案：患者是谁，所有家庭成员内部和成员之间的动力是什么，父母和治疗师的角色和责任有什么不同，每个人的目标是什么，以及应该采用什么技术。在延伸评估中长期与父母的工作，各方都认为这是一个探索、彼此相互了解、摸清现状及其历史的时期，也可以防止陷入每个人都向其他人隐瞒信息的秘密网络中。

第九章

严重的见诸行动：维持多方联盟

青少年中期

临床案例

在我们第一次见面时，十七岁的安妮超重三十四千克，过度染色的头发断裂脱落。她目光呆滞，神情茫然，似乎没有意识到自己的状态有多低落。她的父母离异，都在全职工作，显得疲惫不堪。

在为期三周的延伸评估中，我与家长会谈四次，与安妮会谈三次。我了解到，安妮就读于为高天赋的孩子特设的班级，并且直到高中前两年，她一直都是一个善于交际的全优学生。她在精英运动队中表现出色，但偶尔会显得易激惹，并爆发愤怒。到了高中三年级*，安妮通常进入学校后会直接从后门溜出去，和叛逆的朋友们一起吸毒和酗酒。她和母亲曾经亲密的关系变得愤怒和敌对，她与父亲关系很疏远。

---

* 英文为 junior year，美国高中有四年，junior year 是其第三年，也是影响未来大学选择的关键一年。——译者注

通过在见面前填写并邮寄给我的发展性历史表格，我了解到安妮在十二岁时第一次尝试自杀，并且几乎致命，据称是因为她的父亲侮辱了她，并指责是她导致了父母即将离婚。据母亲说，父亲总是对安妮尖刻斥责。她和父亲离婚是为了保护安妮免受父亲的攻击，尽管她说自己也是父亲攻击的目标。随后安妮因自杀念头、酗酒和吸毒以及严重的焦虑和抑郁而住院四次。最后一次住院就是在她和我首次会面之前不久。

安妮觉得自己被比她大四岁的学业出色的姐姐莎拉贬低了，除了一个她从小学就喜欢的朋友之外，她疏远了所有的朋友。心理测试和我与安妮的会谈中透漏出：安妮会恐惧入侵者进入地下室谋杀她和家人，以及她利用感受去沉溺和放纵自己，而不是让感受成为深刻领悟的知识来源。安妮害怕拥挤的音乐会和体育赛事，而这些都是她以前很热爱的活动，她会连续几小时躺在床上，起床也只是为了取食物带回卧室。

我建议安妮做每周四次的精神分析，同时每周进行一次家长会谈。我在各自的会谈中分别告诉安妮和她的父母，安妮很难调节自己的感受；她在用吃东西、酗酒和吸毒来缓解自己的抑郁和焦虑。安妮需要去探索用思想和语言来涵容她的感受，从而使这些感受对她更有用处。安妮的方法不起作用，反而使她变得更糟。我解释说，当他们想努力成为安妮最好的家长时，父母会谈将支持他们。所有人都同意我的建议。

他们接受建议后，我觉察到对于自己是否有能力帮助这个痛苦的家庭的疑虑、恐惧以及担忧的感受。之前做过太多尝试都失败了。虽然安妮似乎与我建立了积极的联结，但我不知道这是否足以支撑我们度过一段注定艰难的旅程。

在为期十八个月的精神分析中，安妮揭示、挣扎以及修通了施受虐困境中的纠缠。虽然她接受了我的诠释，加上她自己的洞察力，产生了一种积极的幸福感和满溢的兴奋，然而有毒的内疚及其导致的退缩和逃离的强烈冲动往往随之而来。在我们的工作中，随着每一次这样的循环，安妮都更接近从一个主要通过身体以破坏性行动表达自己的青少年，成长为一个有能力深刻地用语言、思想和理解来支持建设性行动的年轻女性。与此同时,她的父母在彼此之间以及与安妮之间从施受虐为主的动力,发展到能够怜惜地使用语言来促进亲近的联结和共同的成长。

在第一次会谈中安妮很快就为失去了一个心爱的男朋友而哭泣,这个丧失发生在评估前一年。她谈到她害怕融入别人的思想和感情,同时又害怕被他们抛弃。我诠释到,她害怕与我亲近是因为那只会让她失去自己和感受到被抛弃,这导致了最初的平静和积极的感觉,随后却表现为缺席会谈的退缩。当她再次回到会谈中来时,我们把她的消失理解为对跟随美好和兴奋感受而来的负罪感的一种反应。当我们有如下理解时,她的这种模式再次出现并且加剧:她觉得自己需要全盘接受姐姐莎拉的尖刻批评,这源于她希望补偿姐姐的攻击带给她的难以忍受的无助感。

我们开始了解安妮承担全部批评的感受如何让自己感觉更有力量,并通过试图挽救关系的尝试来努力治愈这段关系。然而,采用无所不能的控制会导致有毒的负罪感,然后是自伤的冲动和陷入抑郁的旋涡之中。了解了这种模式后,安妮感觉好多了,之后又陷入惊恐和躯体化的黑暗之中,表现为头痛,并在随后的两次会谈时间在家中睡觉。和她的父母见面时,我力劝他们停止对安妮的愤怒,在她生气时冷静地和她说话,并处理莎拉对安妮不适当的敌意。当父母对安妮的愤怒爆发平静以待时,她的反应是回到她的房间,之后再出来道歉,然后表现出比父母所能意识到的更高级的良知发展。

在此后的一次会谈之后,父母保持冷静和怜惜的能力得到了加强,那时安妮因为惊恐发作而不能开车,她于是把妈妈拉进了会谈中,安妮谈到跟随在好感受后的糟糕感受。我诠释说,她的内疚表现为她感觉自己对家里的每一个严重问题都负有责任,就好像她杀了人一样。安妮极度痛苦地尖叫起来,捂着腹部说:"我什么都感受不到。我感受不到生活的任何乐趣。"母亲对女儿的痛苦程度感到震惊,于是明白了安妮愤怒的攻击和爆发只是对抗无法忍受的痛苦的烟幕弹和自我保护。母亲用她的理解更深地共情安妮,并在下一次的父母访谈中，和父亲分享了她的理解。父母双方都能够更加冷静和怜惜地回应安妮。他们新的冷静和理解使我能够帮助他们把安妮撒谎和拒绝做家务的挑衅行为，概念化为一种努力：她要通过这些行为让父母愤怒地批评她，从而减轻她的内疚感。

当父母看了安妮的短信，发现她与一名男子在附近城镇的一家酒店的性约会时，他们新的冷静和怜惜变得极其宝贵。父母已经告诉安妮，有时他们会看她的短信，为保护她免受她自己和他人的伤害。在安妮允许的情况下，父母参加了她下一次会谈的开始部分，并透露了他们对那次约会的了解，他们完全只是在表达对安妮的安全和健康的忧虑与关心，而不是像过去那样偏离到道德评判上。安妮心平气和地接受了他们的担心，并同意让他们陪她做孕检和使用更可靠的避孕措施。在以前，对于这样的父母面质，安妮会以情绪上的退缩或逃离几天来回应。

在这次会谈之后，安妮透露她与前男友的一个朋友发生了无保护措施的性行为。当我建议安妮告知母亲时，她同意了，并把母亲带到了我们的下一次会谈中。当母亲离开咨询室后，安妮能够更详细地谈论那次约会。根据前几次会谈得到的信息，我提到安妮觉得自己对父亲加之于她的所有批评负有完全的责任，而这让她感觉父亲不再爱自己。我说："安妮，我觉得你发生性关系是为了通过性来感受到爱。但这没有用。我想这感觉并不好，而它又被用作破坏你自己的途径，以证明遭受父亲的批评是你的错。这种信念是非常年幼的心智的产物，现今对你已经不适用了。"安妮立刻捂着腹部，痛苦大叫，点头称是。她说她在做爱时短暂地感受到了爱，然后觉得很可怕。我提出，虽然她似乎在寻求爱，但在另一个层面上，她没有意识到，她是在通过性寻求惩罚，她因没有得到父亲的爱而感到内疚和自我批评，并认为因此应受到惩罚。我说她对失去男友的痛苦可能是对失去父亲的感觉的替代。安妮同意了。

在这次会谈之后，也是在她开始分析的四个月后，安妮停止了随意地与男孩发生性关系，并要求父母帮助她在家里社交，直到她感到安全为止。妈妈在下一次父母访谈中和爸爸分享了这次会谈中了解到的情况。当父亲开始时对此评头论足时，我告诉父亲（在安妮的允许下），安妮的那些性体验并不愉快，而是由于感觉不被他爱而进行的自我惩罚，父亲哭了。这次会谈后不久，他要求安妮与他一起参与一次会谈，在会谈中他含泪为所有他对她的严厉批评和谩骂而道歉。安妮原谅了他。

随之而来揭示的是，被恐惧竞争的表现所掩盖的对俄狄浦斯斗争的恐惧。安妮透露了她对竞争和成功的看法，认为这是一场零和游戏。如果她赢了，她会让对手血流成河，奄奄一息。我们谈到了事实并非如此，并讨论了她如何在公共体育赛事上投射自己的竞争冲突，同时认同获胜者。在这些解释之后，她能够享受地参加公共体育活动，这是她很久没有做过的事情了。之前安妮一直担心，如果她在学业上取得进步，她会夺走莎拉唯一拥有的东西，从而毁掉她的姐姐。当这些担心被揭示出来，安妮在莎拉身边也放松了许多。安妮和她的父母原来一直觉得安妮是有同理心和关心他人的，而莎拉不是，这让莎拉没有朋友。学业是莎拉生活中唯一的成就。

安妮确信，如果她成功了，她的成功会削弱莎拉，伤害她并可能潜在地伤害其他家人。我告诉安妮，这种极端的"非此即彼"的想法来自她更年幼的心智，并且很可能，所有家庭成员都能够取得成功；之后，作为回应她成功地完成了普通教育发展测验*。此前，处于可怕的焦虑中时作为对父亲苛责的反应，她已经放弃了继续读高中的想法。在安妮成功后父亲却退行了，他开始批评安妮，并暗示她根本没有进步，此时我表明他对安妮成功的反应很可能是出于害怕安妮成长后会抛弃他。父亲平静下来并停止了批评。

无论是在人际关系上还是在学术上，安妮都有成长，这之后莎拉却开始带着无情的敌意指责安妮。据安妮和她的父母反映，在无人招惹的情况下，莎拉

---

* 英文为 General Educational Development，简称 GED，意即向未完成中等教育的成年人提供学习机会，使之通过学习和参加测验，取得中学同等学力文凭或相应证书的成人普通教育测验。——译者注

也会表现得不屑和冷嘲热讽，这刺破了安妮脆弱的自我价值感，而父母起初却没有对此做出反应。当这种情况发生时，安妮付诸行动的方式是在我们的会谈结束后直接去和朋友们聚会，而当时她的父母要求她回家，在莎拉举办的派对上帮忙。当父母在我的帮助下终于面质莎拉时，安妮平静下来，却又被焦虑淹没。她的反应是逃离到朋友家住了几天。父母的反应是受虐和无助的被动。我和他们一起工作了一个星期，希望促进他们采取行动。我再次解释了安妮是如何确信她是家庭中失败的代表的，她觉得她必须承担这个角色，否则其他人将遭受痛苦和灭亡。我告诉他们，他们的女儿很脆弱，也不安全。如果他们主动请求警察帮助，他们会把安妮带回家。我告诉她的父母不要在安妮向他们要钱时答应她，而是告诉她他们多么担心她的安全，如果她在十二小时内不回家，他们就会报警。他们照做了，安妮回了家。

在安妮离家失踪的这段时间里，我也曾试图联系安妮，多次给她发邮件。安妮不愿回应。当我通过母亲对负性治疗反应做出诠释时，安妮的回应是："她（分析师）就是试图要做我妈。"母亲告诉她我并不是那样的，并明确表示她希望安妮回到治疗中。安妮立即以参加下一次的会谈做出反应。她哭喊着对我说："我想要你和我的父母吼我，并告诉我我有多可怕。"这开启了更深层次的觉察关于她的施受虐挣扎的程度。我们谈到了当她感觉好得多、健康得多时，她的内疚之深。她确信如果她成功了，她就会变得像莎拉一样，变得愤怒和令人生厌。我谈到她希望这个负面角色能提供惩罚，以减轻她有毒的和压倒性的内疚。内疚变成了愤怒，她被愤怒的力量带来愉悦的陶醉所诱惑。我说这是为了补偿她因空虚而感到的无力感，而这空虚源于将成功推出她的觉察。我说这一切都来自她内心，不是来自我、莎拉或她父母。安妮表示同意，平静了下来。

随之而来的是通过语言和泪水倾泻出的哀伤，这份哀伤是关于放弃了出色的学术和运动生涯的。随后她表现出的进步是，她意识到由于她认定自己必须承担家庭中的失败角色而抑制了自己。父性移情显露出来的感受是从"一无是处"到在我们的工作中她的进步让我满意。这些被诠释后,她展现出进步的能力。当安妮在和我的工作中体验到成功时,她感受到了性兴奋,这时她想减少治疗,并且与她妈妈达成了共谋。我把母亲对此的支持诠释为母亲对自己内疚的否认,而这内疚源于她感觉自己在安妮小时候没有保护她免受父亲的伤害。母亲理解了,并鼓励安妮继续每周四次的治疗。安妮同意了。

与退行相比,安妮及其父母进步得更快、更持续。随着安妮把她的失败感投射给这个世界和她爱的人,以及我将这些投射诠释为对亲密关系的回避,安妮在关系中放松下来并且更加快乐。安妮所说的梦意味着她更有能力体验性的感觉和相随而来的内疚,以及她父母和朋友们对她的支持,这也证实了安妮的心智正在更有效地组织她的思想,以帮助她面对、修通以及涵容冲突。在父母会谈中父母面对并哀悼了对于父亲过去攻击安妮的歉疚,以及母亲难以保护安妮的内疚,其结果是他们与安妮之间产生了更加充满活力的亲密。这对父母能够自发地谈论安妮在她生活各个领域的进步,包括她在人际关系中面对和拥抱纯粹快乐的能力。当俄狄浦斯挣扎更强烈时,安妮发现她把渴望和欲望反转成了厌恶,接着偏离成把自我憎恨以厌恶她自己的欲望的形式投射到她的身体上。安妮因此退行到口欲的挣扎,吃了大量的食物。

这些领悟帮助安妮努力控制暴饮暴食,她的体重也因此减轻。当安妮能够主动将她对兴奋和焦虑的躯体化反应诠释为对我们的治疗中产生的兴奋的反应时,跟随这些领悟而来的是内疚感。我们二人都提及需要去重复这些反应是为更深入地理解它们,这也使她作为一个人更强大并且更愉快地整合。

当莎拉和父亲批评她时,安妮表现出可以恰当地面质他们的能力,并且当他们都退让时,她通过让自己自然地长出茂盛的头发来重新体验自己的美丽。我们都同意,安妮对母亲的痛苦的反应是她的自我边界的解体,为母亲承担全部责任来抵消她自己的无助感。这个诠释之后,安妮报告说,在与其他人相处时,她感到更自由了。在安妮中断一次治疗、她和母亲搬离原来的家后,我们重新审视了她感受到要对父母离婚、我们的分离和自杀的尝试负有责任的全能幻想。我们谈到自杀尝试是一种想象中力量感的行动化，很大程度上是因为觉得对离婚创伤负有责任的压倒性感受，并想象她的父母会在失去女儿的悲痛中复合。安妮确认这是具误导性的力量。母亲和安妮的反应是想再次减少我们的治疗频率。当我诠释她们在假装"一切都好"上达成共谋时，她们同意继续每周四次的治疗频率。

在她分析的最后六个月里，安妮继续着她的快乐、内疚和退缩的循环，但不那么戏剧化地见诸行动了。每一次，她都对自己的行为和无意识的心智有了更深的领悟。在莎拉的一次攻击中，安妮的反应是大脑一片空白，整个人处于停止运转的状态，在她们此后各自的会谈中，我与安妮和她母亲识别出并探讨了灾难化的防御。母亲透露，父亲暴躁的脾气，以及对母亲、莎拉，并最终指向安妮的攻击，在安妮出生后明显加剧。我提出母亲茫然地盯着安妮，可能是对攻击造成的紧张气氛的反应，安妮同意这个说法。她也同意我说的，当她更小的时候用心理和身体的停止运转来应对紧张气氛，而且从小到大时有发生。

在分析的最后六个月里，安妮对自己灾难化的防御有了更多觉察，也更渴望探索自己的内心世界，这些表明她进入了分析的中期阶段。同步性父母工作演变成每个家长的单独会谈，这样父亲才能更自在地去解决他防御性的愤怒，而母亲则要解决当安妮退缩时，她想撤离的冲动。据安妮说，因为精神分析，她真正的力比多能量被唤醒了。同时，开始分析之前精神科医生给她开的精神类药物现在也明显减少了。

安妮自发地谈到了她对我和她的分析的感激之情，这使得她有更强大、更清晰的思维和自体感；而父亲的脾气有所缓和，对她更加怜惜；她觉得难以置信的是，包括莎拉在内的家人能够给她如此多的温暖和怜惜。然而，她意识到她还有很多事情要做。安妮自发地感受到并表达了她把对父亲的愤怒置换到母亲身上的懊悔。那时，安妮给一个家庭当保姆获得了很大的成功，并得到赞扬；她自发地报告说她在生活和友谊中感受到了更多的乐趣；那年春天她报名了两个大学课程并因此感到兴奋。

在她十八个月的分析之后，安妮继续进行了一年每周两次的心理治疗。在那段时间里，她巩固了自己的收获，在大学课堂上表现出色，获得了更令人满意的人际关系，继续保姆工作的同时还开始做兼职服务员。

评论 1

同时存在如此多的有意识和无意识的情绪流动，青少年的精神分析尤其复杂。正如梅尔策和哈里斯（Meltzer & Harris，1973）观察到的："……青少年大多生活在只有青少年的外部世界，不能自然或舒适地与成年人接触"（p. 21）。对大多数（如果不是全部）青少年来说，父母的成人世界是他们既被吸引又想排斥的东西。那么，如何在这种往往相互矛盾的背景下安置和处理青少年的父母这个现实存在呢？精神分析的咨询室是否应该包括父母的参与？如果是，以何种形式以及在多大程度上参与呢？父母的参与是否会促进移情–反移情体验的形成，并有助于维持来访者和分析师之间关系的稳定；还是青少年来访者需要一个远离父母的私人空间以感受到与父母的分离和安全，从而帮助其巩固更强的独立感和个人认同感呢？

无论父母是否真的出现在治疗室，他们已经而且不可避免地被包括在分析的领域里。当我们接受一个青少年患者进入治疗时，我们也默认接受了最可能来自家庭的焦虑、痛苦、困惑和矛盾。父母不仅仅是基准点，他们"……尤其像一个政治结构和阶级体系（Meltzer，1973，22）"，并且在真正意义上可以鼓励或阻碍分析过程。

每个家庭，作为一个可界定的独立群体，都有其因文化、秘密、创伤、组织结构和防御形成的阶层分化，以便用来面对不可预测的现实情况。在描述家庭时，布利格（Bleger，1966）说家庭是这样一个地方，它让人投射其人格中最不成熟和共生的部分，并服务于涵容和抑制家庭成员人格中精神病性部分的表达，以便将进化最好和适应性最强的部分向外部世界去表达。他描述了四种类型的家庭组织。"聚合型"是人与人之间不分离，家庭作为一个整体行事。从"分裂型"家庭我们可以观察到距离和冷漠。这两种组织都功能失调，产生不胜任的防御，不能促进个体的分化和分离。"疑病症类型"家庭使用幽闭恐惧的防御。"适应型"是指家庭在应对每个变化的时刻时，所有防御都能保持所需的灵活性。

无论青少年的父母是否出现在咨询室，作为分析师，我们工作的领域除了包括个人的创伤性体验，还包括每个家庭从一代传给另一代的心理病理性情绪模式。这些可能会对阻止或促进来访者的真正改变和成长产生深远的影响。例如，在青少年身体和心智上的性发展挑战着家庭内部既定的关系和相对地位。当这种情况发生时，源自家庭内部被隐藏或否认的体验可能在治疗期间突然重新出现，而父母也许并没有准备好面对和消化这种情况。此时往往发生的是：青少年试图将自己从父母的信仰和道德体系中解脱出来，同时又因为在兴奋的全能感和不稳定的独立感之间摇摆而迫切需要父母的支持，以面对情感上的困难。

通常，分析师的有利位置是创造和帮助保持一个潜在的空间，让青少年可以在亲近与分离、自主与依赖之间摆动。在这些时刻，现实中的家长在青少年会谈时出现在办公室会对这一过程产生什么影响？根据我的经验，我发现保持患者和父母之间的分离有助于我们发展"双眼并用"，（无论近距离还是远距离）治疗师能够自由地看到和理解患者和家庭群组内部和外部的情绪活动。这种位置可以让治疗师"切断无关的噪音"，深入倾听患者。不言而喻，父母有一个似乎不可能完成的任务：关心孩子并出现在孩子的生活中，同时轻轻地把他们推出巢穴，使他们能够发展自己的自主性。当青少年的成长出现问题时，父母可能会受到双重创伤，因为就在他们努力放松、放弃和重建他们与孩子的情感纽带和联系时，孩子却让他们受到批评或公众的指责。因此，当一个青少年被转介接受治疗时，我们可能会看到两组受到创伤的人，青少年和父母，他们的心理现实可能会让分析师应接不暇，甚至超过分析师深入倾听的能力。

克莱茵（Klein，1932）对于儿童和青少年治疗中父母干预的可能性非常敏感，她只有在青少年突然遭遇大规模的严重焦虑和／或激烈阻抗的情况下，才鼓励积极地将父母纳入青少年的分析中。她相信，与父母合作，"通常被证明不仅没有用，而且会增加父母的焦虑和负罪感"（p. 117），并指出和描述了父母与其子女的分析师之间可能出现的困难，因为精神分析会太近地触及父母自己的情结。因此，她主张保持"教育"与分析分开，并着重说明，"……我们需铭记，我们工作的目的是确保儿童的福祉，而不是儿童父母的感激之情"（p. 121）。克莱茵的建议是，谨慎地努力保持对青少年的分析和与父母的联系之间的分隔，在对青少年进行分析时将后者保持在最低限度内，也许"只足以维持他们对治疗的支持"即可。她当然不排除在有需要的情况下将父母转介去单独做治疗。

温尼科特（Winnicott，1965）尽管认识到"真实世界"（现实的外部客体）的重要性和不足够好的养育质量的潜在创伤性，但他深刻地意识到需要牢记外部和内部现实之间的严格分离和联系，以及不这样做对精神分析的潜在影响。因此，他告诫说："……分析师准备好等待，直到患者能够在呈现一些环境因素时，其呈现方式使得这些因素被诠释为他们的投射"（p. 37）。这意味着在分析中将父母视为内部客体，并记住我们正在与无意识幻想一起工作，并尝试解释从青少年深深嵌入的精神世界浮现出来的痛苦。因此，温尼科特主张等待直到养育问题作为儿童的全能感或移情的一个方面而进入分析时，才去处理它，而不是直接干预外部现实中的"真实父母"。他主张"……分析师本人的可靠性才是最重要的因素"（p. 38）。

克莱茵和温尼科特都同意，分析的主要目标仍然是内在的改变，而不是环境的重塑。他们对分析的主要工作的观点，我强烈赞同，分析师帮助患者发现和稳定那些尚未被他们的客体消化的情绪元素，并由此促进其代谢。同样，我相信我们的首要任务是理解青少年的情感世界，在这个意义上，我强调的是家庭如何影响并仍然存在于青少年精神世界中的方式。因此，我认为我的任务是向青少年介绍他/她自己的情感真相，然后使他/她的心智能够成熟与成长。

当我和青少年工作时，我会与一位同事合作，在我与青少年建立关系的同时，我的同事会对父母进行治疗。我们决定治疗设置的条件和基本规则，包括每周的会谈次数，会谈外可能进行的沟通方式，最重要的是尊重对患者的保密性。为了选择什么是重要的，什么不是；什么有意义，什么没有；什么将会是真相，什么还不是真相，在对青少年来访者的服务中，我寻求促进主体间转化性的过程，鼓励他/她的情感成长，但永远不会忘记我们之间在角色和权力上的差异。作为一名为青少年患者服务的分析师，我认为信任对分析过程至关重要，超越所有其他的考虑，我必须努力创建、维持和保护这种信任，以便能够穿透困扰青少年的表面噪音，等待无意识幻想去浮现。

这里讨论的患者，安妮，一直有负面的治疗反应，可能是因为在分析过程中遗漏了什么或有不协调的地方。正是出于这个原因，我们来思考和重新斟酌这个过程，特别是积极地让父母参与进来这一点。安妮成长的家庭对她有着很高的期望，对此她一直很顺从，直到她进入青春期。在一次情绪崩溃后，她满怀痛苦和绝望前来做分析。安妮感到不知所措，她在一个有能力的"年轻女性"（假自体）和一个有破坏性的青少年之间波动。进入青春期后，安妮感到不知所措，无法管理自己的情绪和满足自己及其家人的无意识期待。感受着压迫和沮丧的她可能无意识地希望在时空某处，可以遇到一个接纳自己的客体，将理解她的矛盾、她的动荡，并且促进她的情感成长。我相信，她在通过她的行动复现家庭中的前后不一致、在适应和混乱之间摇摆，而这又造成了不胜任的防御，也无法促进她作为个体的分化与分离。她的家庭没有准备以及不够灵活地去涵容失去方向的安妮的情绪波动。很明显，安妮陷入了危机，她的父母也是。

我认为这种复杂的局势有着多层的焦虑、冲突、痛苦以及绝望，对任何一名单独的分析师来说，仅仅是处理和涵容都是一项过于繁重的任务，更不用说消化和转变了。因此，我主张和父母在物理上保持一定距离，但在情感上让他们在咨询室中存在。

评论 2

有机会讨论临床材料和分享我们的经验是格外重要的。乍一看，讨论这个案例的任务似乎很简单，但其实远不是一个显而易见的工作。在准备做此事的时候，我一直在思考我与青少年及其父母工作的特殊做法。为了进行想法的交流与碰撞，我邀请了一些同样与青少年工作的精神分析师朋友回顾我们在过去二十五年中的实践。我们很快意识到，过去几十年我们的临床实践发生了很大变化，但我们仍然有很多疑问。我感到欣慰的是，我们没有适用于所有情况的公式化的解决方案，这是我们必须保留的精神分析思维的财富之一，精神分析的本质就在于此。

虽然精神分析的理论和实践有其主轴，但受到每个地方的历史和当地文化的影响，存在很多不同的精神分析文化。我和我的同事开始时是以克莱茵学派的方式与儿童和青少年工作的，会有很多内容的诠释，对会谈的每一刻也都有直接的移情诠释。在过去的几年里，后克莱茵学派作者们以及比昂和温尼科特的想法，已经被加入我们的主要参考框架里。今天，我们纳入了广泛的作者们的思想，但可以认为我们主要是在弗洛伊德－克莱茵－比昂构成的一条轴线上工作的，同时为主体间性场域的概念增加了空间。这一概念首先由巴兰格（Baranger）创建，并由奥格登（Ogden）和费罗（Ferro）等人创造性地发展起来。

它在临床实践中意味着什么？主要是工作的关注点放在会谈中由患者和分析师共同构建的情感体验上，这也是我们的主要数据来源。其中显现了马特－布兰科（Matte-Blanco, 1959）关于心智的双逻辑（bi-logic）功能的模型：我们作为分析师，需要对称模式，以非亚里士多德逻辑（初级过程）来感知会谈的情感气氛；同时我们需要非对称模式（次级过程）来决定形成一个诠释（甚至是沉默）。我们的感受是最重要的向导，因为只有这样才能捕捉到那些不是有意识的，那些逻辑思维无法理解的。直觉，即不用推理就能知道的可能性，成为我们工作中基本的观察工具。在会谈中，我们不是只观察患者，还要用不同方式去感受他。这个想法遵循量子物理学，观察者参与并直接影响了体验。在精神分析任务的感知模式上也有变化：不仅仅诠释内容本身，更重要的是强调心理装置处理刺激的方式。患者需要一个能够涵容情绪并将其象征化的心理容器，"思考"这些情绪，而这成为我们工作的主要目的。总之，我意识到我们的工作方式少了很多确定性，有一个更广泛的因果关系概念，不是寻找原因和解释，而是试图帮助患者找到他创造性地应对生活挑战的方法。

当然，按照这个思路（在这里我做一个非常简短的总结），在我们与所有年龄段患者工作的方式上都有技术上的变化。当旧行为模式在会谈的此时此地重复时，系统的移情诠释已不是工作的主要工具。除了传统的移情概念，我们还带着"关系"的概念工作，就意义方面来说，或多或少是指弗洛伊德在一开始所使用的。当他谈到"移情*"时，加了"s"，试图关注在一次会谈中表现出和体验到的各种联结的方式。对移情诠释几近痴迷（将所有内容都与分析师联系在一起）是我们过去的一部分，至少在我们精神分析师群体中大部分人的确是这样的。诠释的种类和频率必须适合患者每时每刻的情况，而患者是我们最好的同事，会向我们指出他对我们与他工作的方式、我们说了什么、如何说和什么时候说、我们的沉默，等等的感受。正如我之前所说的，不仅仅是对内容的诠释，更要强调的是患者处理他的感受/思考（二者被视为一个连续体）的方式。中立的概念侧重分析师有一种反思性、非评判和非侵入性的精神态度，而非传统的中立分析师的模式，即如果被问到是否看了某部电影时，也不能微

---

* 英文为 transferences，英文用词末加 s 来表示复数。——译者注

笑或回答。正是我们的态度、语调等所传递的东西构成的框架，决定了我们的话语会如何被理解。

理解力是与患者一起构建的，而不是来自知道"真相"的姿态。这是以分析师的谦卑姿态为前提的。我们今天用更灵活的技术进行工作，这似乎更容易了，同时也更困难了。它拓宽了我们的资源，使我们有可能在没有严苛的精神分析超我控制的情况下工作，同时它增加了我们的责任，要求额外的心理上的工作来处理我们的感觉和欲望，利用它们来帮助患者找到他的道路，努力不去诱导他或（即使是无意识地）强加给他我们所认为的什么是对他更好的。

在通过这个非常简短的总结来描述我对精神分析工作的理解后，是时候提出问题：青少年及其父母的工作呢？

我之前所说的我们工作方式的变化，也适合青少年，但当然也有一些特殊性。与青少年工作需要更加灵活的技术，以及在会谈中以更自发的方式与他们联结。

必须强调的是，出于我们都知道的原因，直到最近青少年才被认为适合进行分析。只有当精神分析的技术理论将移情的概念扩展到传统概念之外，包括所有种类的患者/分析师关系时，青少年才成为更加分析性的患者。所以，关于青少年治疗的特异性，我们可能还需要更多的经验、观察以及讨论。我们逐渐感知到，通常需要具体情况具体分析，来决定如何处理每个个案的父母问题。

我们通常不会像其他人那样把父母转介给另一位治疗师，但这不是一个理论上的姿态；也就是说，我们不反对这种与父母工作的方式。虽然这种做法似乎保护了与青少年的设置，但它可能带来更多的失联，并创造了一种新的"混合"设置。我们不治疗父母，也不把定期与他们见面作为准则。一切都取决于青少年状况的严重程度、父母的状况和动机，以及我们对整个情况的感觉。

当面对如何与父母工作的问题时，困难在于建立一个普遍的规则。在我看来，一切都是视情况而定的。情况越严重，可能需要我们越多地与父母工作。

然而在这些情况下，我们需要面对一些挑战。我们不可避免地会认同父母或青少年，这就需要意识到这些感受，以便不将它们付诸行动。在这种情况下，治疗师如何与父母交谈而不责备他们是值得注意的。当然，我说的不是以一种明显的方式去责怪，而是以无数种非言语方式传递出他们难辞其咎。

同样不可或缺的是，我们心智中要清楚地认识到，我们不可能成为比这对父母更好的家长。我们的自恋需求使得我们容易受到这种错觉的影响，就好像我们知道适合那个青少年的最好的行为方式以及最好的家庭模式一样，等等。当我在报告中看到目的是帮助他们成为安妮更好的父母时，我想到了这一点。我们真的知道什么是更好的吗？治疗师非常敏感地工作，但我是在思考一般性的规则。我没有在报告中看到关于治疗师在这种令人焦虑的情况下的感受。这可能是报告的写作方式；每个人都可以想象分析师在面对该案例时遭受的痛苦和其涵容的能力。我们也可以想象治疗师一定有很多疑惑：当安妮离家出走时，该怎么办？如何与父母谈论她的性活动？诸如此类的疑问。我们在写案例报告的时候，分析师的感受是必不可少的。也许这就是我们的区别之一；我们认为分析师在分析过程中的感受和思考是作为理解分析过程的必要条件，而不是附属品。

在与家长交谈时，记住我们期望实现的目标和这种设置的所有局限也是至关重要的。如果在一个高频设置下，把责任转让给分析师的患者认为，寻找那些未知的东西是分析师的角色，而且很多时候那些未知的东西也是他自己并不想知道的，这时获得改变是非常困难的。那么我们对不在那里接受治疗的父母又能期望什么呢？

评论 3

阅读那些证实精神分析干预价值的高明工作总是令人愉快的。当我们听到很难让父母配合治疗时，也许我们需要把镜头转向我们自身的困难，特别是现在我们听到在看似非常困难的情况下如此有把握的工作带来如此快的结果。我的讨论将是临床的，而不是理论或技术的。

我把重点放在分析师的工作上而没有广泛扩展，但很重要的一点是，把这个工作放在某一特定类型的背景下讨论，虽然这可能不会被世界上的其他取向所认可，在这些取向里，父母会由另一名分析师治疗。诺维克夫妇（Novick, K.K. & Novick, J.；2005）已经非常清楚地提出了为什么他们认为让父母参与进来可以使儿童治疗发挥作用的理由，作为一名督导我看到了其他分析师和候选人通过诺维克夫妇描述的让父母参与的工作方式改变了他们的工作。（我还认为，婴儿－父母治疗中对婴儿的直接工作越来越多，而且这种方式往往还扩展到了婴儿期之后很久的时间，这也间接支持了上面谈及的趋势。）

这个女孩所表现出的紊乱是非常严重的，自杀尝试、毒品、暴食和对身体的攻击，还有我所认为的灵魂谋杀，这是我在快速阅读她与父母之间非常困难的关系时的最初反应。

这位分析师取得了令人印象深刻的结果，特别是父母在很短的时间内几乎像在性格上发生了变化。分居的父母处在激烈的离婚程序中是一个额外的困难，而分析师恰当地安排父母工作，先与他们共同会谈，而后来与他们单独工作。我们很少看到关于分析师如何体验父母，尤其是他们的优势是怎样的公开描述；然而，分析师以慧眼识别出被活现的施虐行为，但仍然保留着在他们身上发现一些可取之处的能力，特别是能够看到父亲有时甚至是恶毒的攻击、父母的共谋等防御背后他们的绝望。父母对分析师诠释的反应异常迅速，这归功于分析师敏锐的洞察力，以及以一种可以让他们几乎立即变化的方式传达见解的能力。

我们听到，通过力劝父母平静地说话，而不是用他们的愤怒爆发进行交流，分析师再次起到作用，因为不久之后，父母能够保持相对的冷静和怜悯。我认为父母对分析师的移情是极端积极和孤注一掷的。因此，由于这种移情，在治疗早期父母就有"蜜月期"的改变，而这移情带动了父母工作。

安妮通过随意的性接触来活现她对父母之爱的需求，迫使这个活现进入了分析师与父母的工作中，分析师向父亲诠释，安妮的性行为对她来说不是一种快乐，而是一种惩罚，此后这个活现结束了。这个诠释显得有点突兀，但显然意义深远，导致了一连串的改变。我想起了S.莱博维奇（Serge Lebovici）富有感召力的工作方式，正如，当他描述做出的诠释和依靠自己的权威带来治疗上的改变时（我认为安妮的分析师没有那样做，但同样）有一种坚定的品质，而这会带来被这位分析师很好地抱持的感觉。

接下来，我们看到先是父亲，然后是女儿的负面的治疗反应带来的"海啸"。父亲是非常脆弱和不稳定的，却对一个诠释立即做出反应，好像分析师是一个权威的父母或来自他童年的父母意象；当然，是那种可以在他对女儿的攻击方面能够带来他所希望的快速改变的人物。然后安妮极大地退行了并且消失，这活现了她在婴儿时父母消失的感受，无论这个活现在理解她对此的感受上将有多大帮助，但是，在当时（以及过去），她已经如此放纵轻率，不顾自己的生命和安全，所以最重要的是保护她的安全。在这里，我们看到分析师提出了真正强有力的建议，远不是我们作为分析师通常会做的事情，比如建议父母不要给女儿钱，并告诉她他们会报警。无论有些分析师对告诉父母报警有何疑虑，在这个案例里，这显然是有效的，因为报警是当时所有人的需要？

接下来，母亲作为一个角色，占据了舞台的中心。首先，分析师在患者不在场的情况下，需要通过母亲来做诠释；非常时期需要非常手段。然而，这使得母亲以更明确的方式要回她的女儿，然后就进入更加共谋的、前俄狄浦斯期的尝试，从分析师那里夺回她的女儿，当时分析师需要做出一个快速、无遮掩的移情诠释，至少是针对母亲的，即她对内疚的否认导致在安妮小时候她没能保护安妮免受父亲的伤害。或许在这里，保护分析绝对地需要一个比通常在父母工作中听到的更有力的诠释。

这位分析师不得不总结说，随着父母面对自己的内疚并且进行哀悼，这似乎很快地带来一个好的结果。

母亲感到痛苦时安妮就崩溃了，当安妮和母亲修通了这一系列崩溃并且克服无助的感受，安妮在一定程度上成了母亲的家长，并且之后试图自杀，无意识地将父母聚集在一起。这种新的理解及其带来的解脱导致了立即试图以假装一切都好，来阉割分析师和在那之前完成的工作。一如既往，坚定权威的诠释立即带来了患者和家长的回应。我猜想在这个时候，分析师已经很清楚，而患者和家庭也可以理解：这种近乎假装的"逃入健康"，在一定程度上带来了巨大的安慰，即自体和父母没有崩溃，崩溃的自体被传递给了分析师。

这位分析师甚至能够在父母工作中指出，在安妮的婴儿时期，母亲和女儿都使用了可能是灾难化的防御，以及母亲可能的解离导致安妮难以拥有一个可靠地运作的自我反思性的心智。这似乎超出了人们在大多数父母工作中常听到的内容。这些父母工作的目的是帮助父母成为他们所能做到的最好的父母。但我相信这种诠释可能是有帮助的，也可能是"恰当"的。在安妮的内心世界里，母亲似乎并不重要；父母也可能把女儿"移交给"分析师，又或者分析师有这样的人格和道德的权威，以至他们在它之前"臣服"了——关于这点，英国独立学派提到成为患者需要的分析师；我认为，分析师已经向我们展示了，对于父母而言要成为父母需要的分析师。作为讨论者，我发现自己只讨论而不评论，我认为这是对这项工作的见证。

主编反思

本章的评论描述了，关于是否以及／或者如何与治疗中的儿童和青少年的父母同步工作，当分析师被要求发表意见时，经常遇到的各种态度。此外，评论者还提供了对分析文献中关于这一主题的思想演变的洞见。

第一位评论者承认，当他们的青春期患者被接受进入治疗时，父母参与的方式多种多样，特别提到"最有可能来自家庭的焦虑、痛苦、困惑和矛盾"。分析师面对的是"两组受到创伤的人，青少年和父母，他们的心理现实可能会让分析师应接不暇，甚至超过分析师深入倾听的能力"。青少年患者是否需要一个远离父母的私人空间以感受到分离和安全感，从而帮助其巩固更强的独立感和自我认同感呢？一篇评论回顾了克莱茵（1932）和温尼科特（1965）的态度，以说明二人如何强调了私密的分析－患者关系的作用和质量。克莱茵的建议是"谨慎地努力保持对青少年的分析和与父母的联系之间的分隔，在对青少年进行分析时将后者保持在最低限度内，也许'只足以维持他们对治疗的支持'即可"。对于这位评论者来说，实际上也是对许多其他人来说，历史上和目前的解决方案是"与一位治疗父母的同事合作，而我（评论者）则与青少年建立关系"。这是对经典克莱茵学派立场的极好总结。

第二位评论者与同事回顾了儿童工作的发展过程，起初受到克莱茵的影响，然后受到后克莱茵学派作者（包括比昂和温尼科特）的影响，还有受到弗洛伊德的影响，然后是最近关于主体间性场域作者的影响。在描述一种"更少决定论"的工作方式后，评论者问道："青少年及其父母的工作呢？"给出答案是："我们通常需要具体情况具体分析，来决定如何处理每个个案的父母问题。"关于将父母转介给另一位治疗师的做法，第二位评论者说："虽然这种做法似乎保护了与青少年的设置，但它可能带来更多失联，并创造了一种新的'混合'设置。"

因此，昔日的克莱茵学派分析师强烈表达了当代克莱茵学派的观点，变得更加灵活，同样意识到分裂治疗的风险，也更愿意接受对儿童和青少年运作的其他影响，比如父母的影响。

接下来，第三位评论者首先说："当我们听到很难让父母配合治疗时，也许我们需要把镜头转向我们自身的困难，特别是现在我们听到在看似非常困难的情况下如此有把握的工作带来如此快的结果。"此处的重点是案例片段以及分析师对安妮的烦恼和父母的需求的反应。在回顾了案例中的分析师、患者及其父母之间的各种互动后，评论者总结说："这似乎超出了人们在大多数父母工作中常听到的内容。这些父母工作的目的是帮助父母成为他们所能做到的最好的父母。但我相信这种诠释可能是有帮助的，也可能是'恰当'的。"

本章为我们阐述了，在我们与儿童和青少年患者的父母不可避免的互动中，固有的长期充满张力的领域。我们无法回避父母，但我们应该尝试回避吗？本章的材料对我们去评估通常的同步父母工作的相对成本与收益提出了挑战。这需要考虑各方的移情和反移情及其反应，保密以及隐私和秘密的细微差别，以及我们可以描述为治疗师努力平衡心理和外部现实时的矛盾感受。

此外，我们还受到关于青春期发展任务的基本假设，以及由此产生的技术上的挑战。倾向于青少年和父母工作应该分开的技术意味着继续持有这样的假设，即青少年的主要发展任务是与父母分离，这是许多精神分析学家的观念。然而，如果发展任务是孩子和父母双方共同承担亲子关系的转化，那么同步父母工作就被视为至关重要的。对于与青少年父母的同步工作问题更广泛的讨论请参阅诺维克夫妇的文章（Novick, K.K. & Novick, J.; 2013）。

第十章

重新配置父母工作

青少年期

临床案例

青春期带来了许多挑战，包括心理结构的重新构建、驱力激活的日益增强、持续的身体变化、对早期阶段的哀悼、与原初客体分离的个体化，以及来自家庭之外替代性的虚拟世界的更大压力。为了度过潜伏期并能够满足青春期的需求，在青少年的心理装置中需要发生什么？当我们具体考虑到这个时候女孩的发展时，我们可以问，她们需要从原初的亲子关系中获得什么，用来跨越青少年的旅程，尤其是和母亲的关系中，认同和分化是其中的部分任务。

在青春期，母亲和女儿的身体都发生了变化，而且还在持续变化。结合着她们女性身份的过去、现在和未来，母女二人在彼此身上反映着她自己。与女孩新的身体形象有关的感受和冲突可以通过一个接纳自己身体改变的、共情的母亲的临在得以缓解。但是，如果母亲挣扎于自己的身份，并挣扎于俄狄浦斯竞争和自体定义的新的迭代更新，丧失和抑郁的感觉可能会加剧。

女性青少年的分析任务复杂且不可预测。经典技术主要聚焦在青少年个体的发展上，把父母排除在外。鉴于转化母女关系对于女儿未来的自主性和身份认同的重要性，似乎有必要将父母纳入治疗过程中。把母亲排除在外会破坏关系，而不是整合和转化关系。

创造性在构建精神分析情境时很重要，以便为每个患者提供他们所需要的，有时可能是与他们在生活或其他治疗中所获得的有所不同的东西。在某些情况下，我建议建立一个三方机制，我称之为"二项（binomial）治疗模型"，尊重每个人的个体性，但却是整合而非分裂的过程，目标是建立父母和孩子之间的纽带。组织化的共有移情使得在这种依恋情境中可以通过言语来修改客体关系。

下面举一些例子。

蒂塔

蒂塔的母亲从关于十五岁的蒂塔的第一次会谈开始，就要求有自己的个体会谈，似乎是在寻求关注，并侵入蒂塔的治疗空间。蒂塔很孤立，没有很多朋友，对每个人都持批评态度，超重，对权威人物也很叛逆。蒂塔是家中最小的孩子，兄姐分别年长她十岁和十二岁，她因为意外怀孕而出生的，她觉得自己被忽视了，好像她在家里没有安全的地位；事实上，她从来没有自己的房间，总是睡在书房里。

我没有为蒂塔制订一个只有单独会谈的治疗计划，也没有定期地同时进行父母会谈，而是提出了母女二项工作，我每周与蒂塔会谈两次，每周的第三次会谈与蒂塔和她的母亲进行。蒂塔愉快地同意了。这创造了一个治疗空间，蒂塔和她的母亲逐渐能够和彼此分享焦虑，并利用我的帮助建立了更加现实的边界。

与蒂塔和她的母亲同在一个房间里，使得我体验到了对蒂塔母亲的控制和专横态度的愤怒和挫败，并且实时地呈现了她们一方对另一方的影响。与此同时，我能够感受到母亲想要这个最小的孩子获得成功的愿望，并且支持母亲尊重蒂塔作为个体的权利。

在治疗的早期，第二十四次会谈时，蒂塔的祖母也出席了。她一直想参加讨论，她鼓励蒂塔在"最终减肥成功"时去做乳房缩小手术，以便"她会更好看"。我认为她本想争取我来参与这个对身体的干预。我能够识别这种通过行动和对内在体验的回避进行防御的代际模式，我和蒂塔已经在她自己的会谈中花了很多时间来讨论它。蒂塔的结论是，她现在想考虑的是学校考试，而不是乳房手术。

有一次，在她母亲出城的时候，蒂塔的父亲出席了一次共同会谈，分享了他童年的故事，这些故事引起了蒂塔的强烈共鸣。他们共有的心理痛苦，以及他们对母亲的控制产生同样的恼怒和抵抗，使他们更加亲密，对蒂塔的自尊产生了良好的影响。蒂塔的父母彼此变得更亲近，蒂塔更有安全感，她的母亲也更少侵入了。

我的猜想是，二项模型将强大的力量在治疗空间里被涵容；如果我不一起会见她们，母亲可能更容易破坏蒂塔自己的治疗，造成治疗和家庭之间敌对的情境，以及蒂塔的忠诚冲突。在共享会谈的安全环境下，父亲的参与为蒂塔开启了其他选择，可能也同样防止了分裂。

玛丽亚

我的电话响了，是一个四年前搬到遥远城市的前患者的网络电话。我们进行了两年的心理治疗，对他严重的焦虑有很大帮助，前半部分是面谈治疗，在他搬走后的后半部分的会谈通过通信软件进行。现在，他十四岁的女儿正遭受惊恐发作的折磨，多种恐惧干扰了她的日常生活、友谊和活动。他问："你能和我女儿一起工作吗？她现在很不开心，你对我真的很有帮助，所以我相信你能帮助她。你可以通过通信软件工作，她不会介意的。"

我回答说我们可以试一试，然后评估整个情况。第一次网络会谈包括父母和玛丽亚及其妹妹。之后的一次，我见到了玛丽亚和她的母亲，很明显她们都在为分离焦虑和自主行使功能的多重含义而挣扎。在那之后，我和玛丽亚单独在她的房间里通过网络工作，中间穿插着她母亲定期参加的会谈。在这些会谈中，她母亲能够更明确地表达出她自己的恐惧，如果她允许玛丽亚有更大的自主权，她就会和玛丽亚渐行渐远了。通过这项工作，父母双方都放松了警惕，玛丽亚开始容忍晚上一个人待在家里，尽管可怕的声音让她担心。

在我看来，在解决患者的挣扎和她母亲在这些挣扎中的角色时，我们似乎不太有效，除非我们能让他们共同参与，一起努力来检视他们相互纠缠的移情和依赖，同时在玛丽亚的个体会谈中解决她自己不愿意成长的问题。每个人使用通信软件的不同方式成为一个有力的隐喻，用来共同思考亲密与距离，以及跨越距离与分离的亲密。

评论 1

父母工作与儿童和青少年的个体精神分析工作同时进行的想法，与经典的以及克莱茵取向的培训项目中的标准培训完全不同（Novick, K.K. & Novick, J.；2005）。从目前的儿童精神分析文献中可以看出，同步父母工作已逐渐被人们更多地接受了，但与青少年父母的同步父母工作仍然是一个有争议的话题。针对青少年父母的同步工作的主要反对意见是保密问题，以及青少年的主要任务是与父母分离的基本假设。

这一简短的方法论和临床描述阐述了一个主要假设，即青春期的目标是通过设定"转化"亲子关系作为核心来实现分离的。一个重要的贡献是作者对女性青少年的关注。

这位分析师指出了与女性青少年一起工作的复杂性和不可预测性，并补充说，经典的技术关注的是个体，而把父母排除在外。作者说："鉴于转化母女关系对于女儿未来的自主性和身份认同的重要性，似乎有必要将父母纳入治疗过程中。把母亲排除在外会破坏关系，而不是整合和转化关系。"分析师继续强调创造性的重要性，以"构建分析情境，以便为每名患者提供他们所需要的……"

作者似乎在提倡灵活性，并建立了另一种与父母工作的模型（二项治疗模型）。本书的主编把同步父母工作描述为一种不断发展的技术，从每一案例中特定的父母和孩子的需要中产生，但所有这些都是基于这样一个假设，即父母和孩子都参与持续一生的复杂互动，这种互动会因不断变化的需求而不断发生转化，并可能成为双方力量或病理的主要来源。

分析师描述了一种同步父母工作的形式，即每周单独见青春期女孩一到两次，然后每周一起见母亲（有时是其他人）一次。分析师给出了两个简短的例子来说明这种方法的有效性。

在第一个案例中，十五岁的蒂塔自己每周见分析师两次，她和母亲一起每周见分析师一次。作者指出，蒂塔"高兴地同意"这一安排，进一步证明青少年并不总是寻求与父母分离的治疗。这一发现与诺维克夫妇在他们的文献中关于与青少年后期所做的同步父母工作类似（Novick, K.K. & Novick, J.; 2013）。

另一个证明有效的发现是，蒂塔和她父亲的一次会谈对蒂塔的自尊和父母的婚姻关系产生了积极的影响。父亲在青少年精神分析工作中的作用需要进一步关注，这一同步父母工作的例子进一步强调了需要更多地关注父亲对男孩和女孩的重要性。

分析师描述了与母亲和蒂塔的会谈如何让分析师亲身体验到由于母亲的控制和专横的态度而产生的愤怒和沮丧。与此同时，她开始欣赏母亲对女儿的积极情感，以及她支持女儿成长的努力。这与我和青少年患者的父母一起工作时的体验如出一辙。他们觉得自己被肯定、被认可，然后愿意接受我对他们父母的积极看法。这也让我可以分享一些负面的观点,并质疑他们保护父母免受合理批评的需要。

第二个案例向我们展示了另一个例子,说明分析师的灵活性,因为这个"二项"形式的同步父母工作是通过通信软件完成的。这工作说明了这种二项形式的父母工作是多么有力量。我们在这里看到母女之间相似的冲突的复杂互动。

在对"二项治疗模型"的理论和实践的简要描述中,我们看到的是分析师致力于这样一个主张:孩子和父母存在持续一生的复杂互动。正如弗曼(Erna Furman)在谈到亲子关系时所说的那样,"这是一种复杂的多因素决定的互动,两个紧密交织的人格以各种不断变化的无意识方式相互补充"(1995,p. 25)。如果一个人致力于这一主张,正如本文作者所明确指出的那样,那么无论以何种形式,同步父母工作都必须是每一个儿童或青少年治疗的一部分。

评论 2

在这一简短但发人深省的一章的开始,作者指出了青春期的许多挑战,"包括心理结构的重新构建、驱力激活的日益增强、持续的身体变化、对早期阶段的哀悼、与原初客体分开的个体化,以及来自家庭之外替代性的虚拟世界的更大压力"。据观察,"经典的技术主要聚焦在青少年个体的发展上,把父母排除在外"。从表面上看,该评论涉及在随后的临床工作中"患者"是谁,作者暗指了一个重要的平行发展过程。

无论是男孩还是女孩,当青少年在体验着以上引述中提到的挑战时,他们的父母也正在经历并挣扎于协调他们自己的发展性变迁。当提到"母亲和女儿的身体都发生了变化,而且还在持续变化",我们同样可以注意到这种变化是如何同时发生在父亲和儿子身上的。对于青少年的母亲和父亲来说,他们也面临着无数的发展变化，既包括生理/身体的变化，也包括情感的变化。他们正在进入成熟期、成年后期，身体变得不那么柔软和灵活，并且对未来生活的想法开始更多地惊叹于他们已经度过的岁月，而不是尚未展开的无限未来。（对一些人来说会有更多这样的感觉，但对大多数人来说，在某种程度上会有这样的感觉，即当他们看到最近还在依赖自己的孩子似乎要走向成年和独立时，会嫉妒甚至怨恨。）这是一个重要的观点，但也许需要表达得更清楚。也许我们可以说："所有的父母对孩子的成长都有一种自豪、快乐、焦虑、羡嫉、嫉妒和怨恨的混合反应。这些情感的平衡可能会干扰或促使在亲子系统中的每个人的逐步转化。同步父母工作可能是改变情感平衡的一个重要因素，从而促进孩子的成长。"

我还要进一步断言（而且认为作者会同意），正如所强调的那样，关于女孩，我们必须考虑她们在与母亲的关系中特别需要什么，对男孩也是如此；对男孩和女孩来说，在与父亲的关系中也有特殊的需要。

因此，当我们经常想到孩子身上发生的"青少年期转化"时，也应思考父母在多大程度上通过养育子女的经验来改造和促进自己的发展，他们也需要改变与孩子的关系，并且在这个过程中他们可能需要帮助。

对于支持这些相互过程的演进，分析师具涵容能力的临在——如案例中的"二项治疗模型"那样，可能对青少年和家长都有帮助。分析师将这个过程描述为一个"尊重每个人的个体性，但却是整合而非分裂的过程。目标是建立父母和孩子之间的纽带"。

在十五岁的蒂塔的案例中，从一开始，就是她的母亲"要求有她自己的个体会谈，似乎是在寻求关注，并侵入蒂塔的治疗空间"，这可能表明母亲意识到她需要帮助，才能"转化"她与女儿的力比多关系。"每周的第三次会谈与蒂塔和她的母亲进行……创造了一个治疗空间……（她们）逐渐能够和彼此分享焦虑，并利用我的帮助建立了更加现实的边界。"分析师描述说，能够亲身体验到"母亲的控制和专横的态度，并且能实时地呈现她们一方对另一方的影响。与此同时，我能够感受到母亲想要这个最小的孩子获得成功的愿望，并且支持她尊重蒂塔作为个体的权利"。

当蒂塔的祖母参加了一次会谈，倡导蒂塔接受乳房缩小手术时，这位分析师作为容器的角色也很明显。"我能够识别这种通过行动和对内在体验的回避来进行防御的代际模式，我和蒂塔已经在她自己的会谈中花了很多时间来讨论它。蒂塔的结论是，她现在想考虑学校考试，而不是乳房手术。"

蒂塔的父亲在母亲不在的时候参加了一次会谈，当父亲分享他童年的故事时，分析师在场并观察这些故事是如何被蒂塔深刻地接受的。随后，父亲和女儿变得越来越亲近（父母之间也是如此），蒂塔的自尊也随之提高，因为她感到更安全，母亲也不再那么侵入了。特别是在这个例子中，在这三个人中，我们可以看到，俄狄浦斯冲突的重新修通是如何得到支持的。

这种干预模型似乎还有另一个有价值的结果，它可能会影响和支持青少年与其父母之间依恋关系质量的转变。分析师说："组织化的共有移情使得在这种依恋情境中可以通过言语来修改客体关系。"人们经常观察到，在与父母（或多个父母）的"不安全的"（或至少是"不够安全的"）相互依恋关系的环境中成长的青少年，更难以实现从青少年到成年的持久转化，这种转化甚至可能调节发展中的青少年未来的依恋潜力。

就像蒂塔一样，在第二个例子中，这次的家长是被分析师治疗过的父亲，为他的女儿玛丽亚寻求帮助。在第一次会谈，分析师通过通信软件不仅会见了玛丽亚，而且还会见了她的父母和妹妹。随后的工作继续与玛丽亚进行个体治疗，并与她和她的母亲共同进行联合治疗。同样，在分析师看来，"在解决患者的挣扎和她母亲在这些挣扎中的角色时，我们似乎不太有效，除非我们能让他们共同参与，一起努力检视他们相互纠缠的移情和依赖，同时在玛丽亚的个体会谈中解决她自己不愿意成长的问题"。

本章中描述的与青少年和父母同步/联合工作的类型可能并非适用于所有情况。然而，当分析师对使用这一模型感到舒适，并且患者和父母可以参与时，它可以提供一种非常有效的方法，以恢复向前发展，并打破家庭内基于非安全依恋的代际传递模式。

主编反思

这一简短的章节描述了一种着眼于青少年患者的利益，父母作为伙伴参与工作的另类模型。正如作者所说，二项模型与其他章节中描述的同步父母工作的形式的共同之处是，它是"一个整合而不分裂的模型"。这很好地呈现了在这本案例集中可以找到同一主题的各种变化的目的。分析师的灵活性是显而易见的，"我们可以放手一试"。与儿童、青少年及其家庭工作的分析师有时对被迫尝试一些不寻常的事情可能会感到不情愿，而又会被意想不到、富有成效的结果所惊讶。同意网络会谈的意愿就是一个例子，它表明了各个年龄段的人现在都认为这些技术比一些分析师认为的更"普通"，说明这种技术的潜在有利用途。

那些提供父母－婴儿心理治疗的分析师所描述的经历可能在某种程度上影响了这位分析师，以至不太担心与本章中描述的两个十几岁女孩的家庭所尝试的新方法，在这个例子里，分析师让不同的家庭成员和患者一起参与会谈。那些在婴儿家里观察婴儿的人逐渐习惯了兄弟姐妹和祖父母的进进出出，就像该案例中的情况一样。

读者在阅读本章时可能会问，这里讨论的二项模型是否更类似于家庭治疗，而不是精神分析。有人说，精神分析就是当有一个精神分析师做这项工作时发生的。仔细观察这个模型背后的精神分析思维会发现这是一个很好的例证。分析者的思维包括对身体和驱力、依恋以及重新修通俄狄浦斯关系的考虑。关于涵容、依赖、移情，以及提供患者所需要的，这些想法被明确地包含在这个模型的技术中，就像在更传统的同步父母工作中一样。我们可以考虑使用有助于实现治疗双重目标的标准来评估创新的治疗结构的相关性和效用。治疗结构是否可以促进儿童回到向前发展的道路上，是否有助于改变和加强亲子关系？

本章的两位评论者都谈到了影响青少年、青少年的父母和不断发展的父母–青少年关系的"转化"。其中一位强调了和父母工作的一项基本原则，即认清"孩子和父母会参与持续一生的复杂互动"。在这里，我们可以再次想到那位出现在会谈中的祖母，就她女儿的女儿应该做什么发表意见。另一位评论者指出，对青少年期的依恋进行工作"甚至可能调节未来的依恋潜力"，使其影响到下一代。

第十一章

成人依恋访谈：创建治疗联盟
青少年期

临床案例

对青少年的评估带来了复杂和特有的挑战，其目的是对过往的发展性道路以及青少年的脆弱性和资源得出一个可靠和共同的观点。这个观点应该"自然"地导出治疗指征——治疗被认为是必要的时候，这样青少年及其父母才能够充分理解和接受这些指征。

在青少年的评估和治疗期间，父母是必不可少的参与者和基本资源。父母如何看待他们的青少年子女（他们心中孩子的意象）受到父母的需求、期望和恐惧的影响，这可能会让他们很难认清自己现实中的孩子。他们头脑中子女的意象会受到他们过去关系的影响，特别是他们是如何体验和修通自己青少年时期的变迁的。

在评估阶段，重点是通过镜映向父母阐明父母对孩子意象的感知。这种与青少年的评估并行的父母咨询的过程，为与他们创建初步的工作联盟奠定了基础。在必要时，这个工作联盟将使他们能够更好地理解和接受他们孩子的治疗指征。在某些情况下，评估的结果还可能建议进一步的父母工作，与青少年的治疗并行，以帮助家长应对变化，并从新的角度支持他们孩子的发展。

因此，在评估阶段就极其重要的是，在主体间性的框架内建立一种关系，能够拓宽青少年及其父母对于他们的问题的觉察。换言之，建立一个初步的工作联盟是重要的。在评估过程中，发展初步的工作联盟和扩大青少年的觉察力是自我整合的重要因素。工作应聚焦于青少年在个体化过程中自我意象的发展和浮现着的冲突议题。

戴安娜的母亲为她十六岁的女儿寻求帮助，在她看来女儿显得很抑郁、无助。戴安娜患有严重的进食障碍已经两年了，厌食症和暴食症交替发作。她母亲三年前和她父亲分开了。戴安娜经常目睹父母之间的激烈争吵，并且当她试图保护母亲时，有时会遭到父亲的殴打。父母分居后，戴安娜只和母亲一起生活（她是独生女），并变得越来越具攻击性。与此同时，她变得极其黏人，紧紧抓住母亲和控制她。

在第一次会谈中，母亲显得心事重重、很害怕的样子，而且对女儿很生气。从一开始，她就对戴安娜和她们的关系给出了矛盾的描述。在与丈夫的关系里，母亲把自己描绘成一个无助的受害者，她形容他为一个"让人恶心的男人"，虐待她和她的女儿。她会评论说她再次掉到了坑里，因为在过去，她曾经有过可怕的经历，她受到过继父的身体虐待，甚至性虐待。

在第一次会谈结束时，母亲被要求进行一项评估，其中包括成人依恋访谈（Adult Attachment Interview，AAI），以了解她的个人问题领域对她与女儿的关系以及她的发展有过怎样的影响以及正如何产生影响。母亲同意了。同时，我们将开始与她的女儿咨询，如果戴安娜同意，我们也会建议她进行成人依恋访谈。

对母亲的访谈突显出她在讲述过去遭受虐待的经历时呈现的未解决/混乱的心理过程。当她开始谈论自己时，混乱的叙述占满了整个空间。治疗师很难跟随她的谈话线索，因而陷入困境。几乎不可能明白她说的是谁，以及一些事件是什么时候发生的。

戴安娜不情愿地参加了第一次访谈。她看起来处于极度痛苦的状态。一开始，她几乎不说话，似乎深陷痛苦的思绪中。然后，她开始哭泣并且越来越难过，转而指责母亲"侵扰"她。不是她需要帮助，而是她的母亲需要！

然而，当我们向她提议进行依恋访谈并告诉她，她的母亲也接受了访谈，而访谈的结果可能会提供一些关于如何改善她们关系的指引时，戴安娜突然显得很感兴趣和愿意合作。在访谈的第一部分，她对有关童年经历的问题的回答极其模糊，显露出冷漠的心理状态。这就是戴安娜从小就用来抵御潜在的压倒性感受的防御方式。然而，在随后的访谈中，当最近她父亲对她实施的虐待情景浮现时，戴安娜的回答显示出迷失的特征、口误、没有逻辑和连贯性的改变，这些都是被归类为"未解决/混乱"个体的典型特征。

评估结束时，在适当地考虑和讨论了戴安娜的一些回答后，这些回答显示出母女之间明显的相似性，她被转介接受分析性治疗。治疗师与戴安娜和她的母亲已经一起完成的工作使得他们建立了初步的治疗联盟，这些工作是具有共情性的，并且对一些互动行为的意义有了更好的理解。

戴安娜接受并开始治疗。她的母亲也被建议接受治疗，只是与另一位心理治疗师工作，以帮助她修通过去的创伤，以及应对女儿青少年期引起的强烈情感。此外，这位分析师同意戴安娜的观点，他将定期与她的母亲见面，努力与她建立合作关系并减少母女关系中功能失调的方面。值得强调的是（如 Novick，K.K. & Novick，J.；2005），如果这类青少年的治疗工作不与父母干预同时进行，它将是没有用的，因为父母会持续威胁治疗的进程。

通过这个临床案例，我试图说明这种评估模型不仅聚焦在青少年的，也聚焦在父母的心理运作上，特别是他们的运作模式如何被他们最近和遥远的过去内化的关系所影响。

在这个评估过程中，在分析从访谈和成人依恋访谈中所显现的内容时，治疗师会检视在系统中和设置中活现的"关系倾向"。值得强调的是，需要进行特殊和全面的培训才能实施成人依恋访谈以及对依恋类型进行分类。另一方面，我也相信，对这种方法的深入了解可能会提供新的理论观点和技术技巧，以补充与各个发展阶段的儿童，特别是青少年工作的精神分析师的"装备"。

我在这里所概述的评估模型的目标是与青少年及其父母发展一个初步的工作联盟，以帮助他们所有人投注在发展自己和他人的潜能上。在某些案例中，这种初步的工作联盟至少应该引导父母允许青少年与治疗师"在一起"，从而使心智之间的交流成为可能。一般来说，这种模型建议治疗师在评估阶段便提供新的关系体验。

治疗师所提供的体验，是在安全环境中新的、善意的客体，这体验基于安全依恋的品质（接受、共情、尊重、好奇、游戏性、连贯性），并考虑到青少年那些可能被重复的互动模式，同时又要"温和地"与那些模式区分开来。在适当的时候，治疗师也会把自己的反思能力提供给青少年，与他一起理解情感、思想和行为，并努力实现更好的整合。

与其他用于评估青少年的精神分析模型相比，这个模型包含父母更深入和更广泛地参与评估。即使在孩子青春期时，父母作为支持子女的关键角色也因此得到肯定。这一角色承载着他们与孩子的情感纽带的历史，以及随着时间的推移而发展起来的关系模式。

成人依恋访谈旨在探讨依恋关系的跨代维度。换句话说，如其他作者所强调的（Fonagy et al., 1993），成人依恋访谈被设计为在这些关系空间里"测查幽灵"的存在。

牢记这一点，并顾及让父母参与对青少年期孩子的评估和治疗是多么重要，我建议开发一种使用成人依恋访谈将对青少年及其父母的依恋风格评估结合起来的临床评估方法。"非临床"样本的研究表明这种访谈能够被青少年很好地接受，实现了这点后，我们开始了一项对厌食症青少年临床样本的研究，向这些年轻女孩及其父母推荐使用成人依恋访谈。

应当指出，父母也非常愿意参与（除少数例外），并且在研究中很配合。

我们开始意识到，这种访谈是一种非凡的工具，在临床设置中也是如此，可以了解患者的病史，同时关注青少年及其父母的心理状态，以及他们的互动风格，这些风格倾向于保持和重现早前被建立的关系模式（特别是在此时此地与治疗师的关系中）。通常仅仅通过访谈，治疗师便可以与青少年及其父母建立初步工作联盟，他们感觉自己被"招募"参与一个有益的反思过程，包括回顾过去，有时能产生早期的洞见和初步的转化。这种基于依恋的方法使得我们能够在整个评估过程中探索自体的各个方面，以及与依恋无关的其他风险和保护因素。

上述评估方法包含聚焦于青少年及其父母的依恋关系模式如何影响并试图"激活"治疗师特定类型的情绪和行为反应。这些影响和"激活"大多是无意识的。

因此很重要的是，要确定是否存在不对来自青少年及其父母的这些需求做出反应的方法，以及对于在行为和表征上这样的偏差治疗师会做出的什么样反应，例如有什么样的阻抗。从评估开始，A. 斯莱德（Arietta Slade，2008）就建议治疗师采取"敏感的灵活性"的态度，测试温和地对抗青少年及其父母当下的依恋风格的可能性。同样重要的是要记住，治疗师自己的依恋组织在确定她/他的反应与患者的风格是否匹配或不匹配方面起着至关重要的作用。

评论 1

从第一次接触那些因为担忧孩子而打来电话的父母开始，分析师的目标就是与他们建立联盟。不管父母的困难和缺点是什么，要理解所有父母都在以他们所知道的最好的方式养育他们的孩子，这有助于分析师对他们和他们的处境的共情，并促进这个共情的过程。与父母的初次会谈是开始确定他们的担忧、解释评估的过程和分析师可以提供什么，以及传达这样一种信念：分析师和父母是一个团队，共同帮助孩子。

获取详细的发展历史对评估过程以及进一步加强工作联盟至关重要。发展历史远不止是发展里程碑和重大事件的清单，因为就其本身而言说明不了什么。相反，这是一个在家庭成员内部和成员之间的关系背景下收集信息的过程，目的是了解儿童整个人，而不仅仅是症状或当前的问题。发展历史的收集开始于父母分享他们个人的成长史，以及他们两个人作为一对伴侣的关系历史，然后进展到孩子的故事。怀孕是如何发生的、父母的希望和愿望、怀孕本身是怎样的、家庭的状况如何、当时父母的关系是怎样的，所有这些都是这个初始阶段的一部分。然后，通过分析师提出的开放性问题，请父母回顾孩子的生活，尤其关注生命中某个特定时间相对应的各种发展阶段与发展任务。例如不同的照顾者和分离等议题是要重点去探讨的，因为这些关系到孩子忍受挫折和处理焦虑的能力。分析师试图理解孩子和父母的情感生活、他们之间关系的性质，以及这种关系在发展的各时期和环境状况中所发生的变化。父母的心理构成如何影响孩子也很重要。

分析师在完成这项任务时，心中会有一个框架，并理解所呈现的材料通常不是沿着一条直线发展的，而是在人生的各个时期来回地向前发展的。这个框架基于分析师对发展的理解，包括关于各阶段和层次的目标和任务，人格结构重组的分水岭，以及发展过程本身因其有的复杂性而带来的后退和前进。成人依恋访谈中的问题（George et al., 1985）有助于确定这个框架的各个方面。当由受过训练的专业人员实施时，会得出被访者的依恋类型，这当然是有帮助的，但还不是故事的全部。

评估的其他部分来自孩子自己。这些诊断访谈不同于治疗会谈，有时更加具有指导性。分析师很好奇孩子对他自己的困难和他的人际关系的评估，包括与家人和与分析师的关系。年龄较大的儿童或青少年可以直接接受访谈，而如果是比较小的孩子，这种诊断会谈过程是通过游戏进行的。同时，分析师试图了解孩子内心的运作、他的客体关系、他的防御和冲突、他如何应对或不能应对自己的感受、他的焦虑程度以及对此的态度。这里仅仅列出了要探索的领域中的几个而已。分析师的框架是一个诊断廓图的框架，它考虑了发展的特定类别，例如内部和外部的客体关系；自体的发展和个人与自体的关系，包括身体的自体；自我的发展及其功能；与情感和焦虑的关系；以及超我的发展。重点要考虑的还包括重大的环境因素，例如搬家、丧失和创伤。分析师还有兴趣评估儿童如何或是否可以使用分析师的干预和治疗本身。

一旦收集好信息，分析师至少在自己的头脑中勾勒出一个临时的诊断廓图，这对工作是很有用的。廓图的重点是查明正在浮现的复杂的心理模型，"被设想为一个多模块系统，旨在管理范围广泛的生物心理动机"（Green & Joyce，2017，p. 139），并从发展的角度理解儿童的心理病理。廓图是由汉普斯特德诊所（Hampstead Clinic）的一个研究小组开发的，最终导致安娜·弗洛伊德将她自己的想法阐述成一个正式的框架（A.Freud，1965）。诊断廓图在 2006 年被修订了（Davids et al.，2017），然后在 2013 年再次被重新修订（Green & Joyce，2017）。现在，它考虑到了我们在理解越来越复杂的心智动力系统方面的进步，是在一系列层次结构上构建起来的，以一种多维度的方式概念化了发展性心理病理学。这个廓图"使得考虑到病理产生于不同的发展阶段：由于各种原因，包括生物学原因，引起的心智基础结构的缺陷；以及在已经建立了足够好的心智结构下由更成熟的功能引起的症状"（p. 146）。因此，可以用"更后现代主义的眼光"来看待儿童，他们不是"根深蒂固、一成不变的稳定状态"，而是"具有更大的流动性和转变的潜力"的（p. 147）。

完成了诊断廓图，分析师就能够提出一个暂时的发展性诊断，汇集儿童的内部和外部世界的不同方面，并提供关于儿童的发展和心理病理学的概念化。经修订的 2006 年版诊断廓图提供了三个可能的领域：对儿童呈现的问题和其他心理病理学的动力学理解、对各种致病因素的叙述，以及对儿童正常发展和病理发展的理解（Davids et al.，p. 156）。分析师为父母提供了一个对孩子整体的可以理解的叙述，不仅仅是孩子的困难，还有孩子是什么样子的，他是如何成为现在的样子的,以及关于发展性紊乱起源的一些想法。然后,父母和分析师可以考虑并对帮助孩子的最佳方式做出明智的决定,是否做精神分析、心理治疗,还是不对孩子进行干预,并以更明确的方式与父母合作。

安娜·弗洛伊德和她的同事们认为,在儿童治疗中同时与父母合作是很重要的,诺维克夫妇研究和完善了这个观点(Novick, K.K. & Novick, J.; 2005)。R. 埃奇库姆(Rose Edgcumbe, 2000)也对此表示赞同。她概述了来自安娜·弗洛伊德中心一个研究小组关于在儿童治疗中与父母一起工作这个主题的两个基本假设:(1)父母在"促进儿童发展"和"治疗心理问题"方面的"核心角色";(2)他们可以"通过讨论儿童的情感需求和发展,以及他们自己为人父母的经验",获得最大的帮助(p.150)。

按照我所描述的方式进行精神分析发展评估,可以实现许多目标。它使分析师和父母更清楚地了解儿童的发展和心理病理,从而提出明智的治疗建议,建立与父母和儿童的工作联盟,并为儿童与分析师以及分析师与其父母之间的持续工作做好准备。

评论 2

我们都知道在青少年及其父母这样的群体里,诊断性咨询很少"自然地"演变成"可理解和接受的"的治疗建议,无论我们多么希望有这样的结果。任何可以帮助给这个过程带来更好结果的事情,往往都是对我们的专业技能有益的补充。

本章呈现了研究发现与临床挑战的可喜结合。精神分析师一直都知道家族历史的重要性,先前几代人的经历会影响个体的发展和功能。关于优势和病理学的代际传递,有大量的临床讨论。随着成人依恋访谈的开发并以各种方式应用多年后,我们也从广泛的研究中确认和验证了这个认知。

我们在这个案例中看到了这些想法的进一步的延伸和应用，该案例实验性地使用成人依恋访谈作为由父母带来接受评估的青少年的诊断评估的一部分。这个实验引发了另一个对分析的核心假设，即治疗联盟是治疗的基本要素。这里我们有一个儿童和青少年分析师早已熟悉的附加前提，即与父母的联盟对于建立起一个能够实施下去的儿童或青少年治疗至关重要。作者强调了在评估期间建立关系的重要性。

戴安娜及其母亲的例子说明并强调了一些特别有趣的议题。戴安娜本人听起来像一个备受困扰的年轻人，有许多不利的童年经历，以及严重的进食障碍、焦虑和抑郁症状等预后不佳的临床表现。与她建立一个可工作的联盟将是很有挑战性的。但我们这里的重点是父母工作，以及是什么让它成为可能，它对治疗有什么影响。这里也向我们呈现了一个紊乱的母亲，她困惑、愤怒、情感贫乏，并希望得到关注。在对孩子的指责中，可能看出，她不太能够为了孩子的利益与分析师结成联盟。尽管如此，她还是主动地把她受虐待的童年和她与戴安娜父亲的暴力关系联系起来。

我很有兴趣从该案例和讨论中梳理出一些因素，那些因素似乎可以使我们有可能与戴安娜，以及与她的母亲建立联盟，并最终在她们之间建立联盟。最初与母亲的会谈听起来非常困难，让治疗师沮丧又费解。这种体验一直延续到成人依恋访谈，结果证实了最初的临床印象。但我认为这位母亲在这个过程得到了一个信息：她在这种情况下也很重要，她的历史是有意义的，治疗师想要去了解这个故事和了解她。对于一个一生中都被虐待的人来说，有价值的感觉创建了合作纽带的萌芽，并且在让母亲感到绝望的困境中提供了希望。

我认为，在向戴安娜提出实施成人依恋访谈的想法时，可能也涉及一个类似的过程，这似乎显著地改变了她对评估的情绪和态度。戴安娜和许多青少年一样，试图把责任和病态外化到母亲身上。当她被认真对待时，也就是当分析师表明她的母亲确实是整个状况的重要因素，而不是过早地对防御做解释时，戴安娜产生了兴趣，变得投入。

通常建立治疗联盟的另一个维度，是在评估中对事情有某种程度的理解。从一个混乱、早期的状况里，有人寻求（至少开始）与患者和父母共同构建一些概念化，一些对正在发生什么以及它是如何产生的解释。这让事情平静下来，就像命名能够把事情置于自我的庇护下一样，并指出了界定治疗目标的方法。我认为，无论是做成人依恋访谈的想法和体验，以及浮现出来的实际内容，都明确和加速了这个理解的过程。

结果，做成人依恋访谈的共同经历使戴安娜和母亲比过去很长一段时间以来更加亲密，使她们能够一起开始治疗，而不是作为竞争对手或敌人。我们不知道持续工作进展是怎样的，但评估中建立的工作基础似乎比两人的最初情景所预示的更坚固些。

本报告中描述的另一个维度提及治疗师对父母的反应、移情和反移情的持续挑战。来自成人依恋访谈的材料，这些发现描绘着孩子和父母的关系模式，有可能提高治疗师对可能出现的移情的觉察。这种先知先觉可能给治疗师提供一个保护因素，也提醒治疗师始终要努力自我觉察自己的关系模式。

主编反思

治疗师强调在评估阶段建立关系的重要性，一种主体间的工作联盟，"能够拓宽青少年及其父母对于他们的问题的觉察"。这种觉察被支持和提高，取决于父母和孩子获得相对准确的对"自体"和"他人"的观察的程度。正是这样的观察促进了反思功能（reflective functioning, RF），研究表明，这种能力很好地预示着进行精神分析心理治疗和精神分析的成功（Steele, H. & Steele, M.; 2008）。

正如戴安娜和她母亲的案例所指出的那样，青少年及其父母根深蒂固的防御性往往在被转介去治疗时会突显出来，成为一种干扰。母亲表现为"心事重重、很害怕的样子，而且……对女儿很生气"。在过去的两年里，在母亲和虐待她的父亲分居和离婚后，女儿一直徘徊在厌食症和暴食症之间。在"极度痛苦的状态"和"深陷痛苦的思绪"中，戴安娜不情愿地接受了会谈，并断言"不是她需要帮助，而是她的母亲需要！"然而，她被成人依恋访谈的访谈过程所吸引，变得很合作、愿意参与。对母亲和女儿来说，在评估阶段创造性地使用成人依恋访谈被证明是最有用的，因为每个人都对她们一些互动行为的意义有所领悟。继而，戴安娜同意接受分析，她的母亲则与她自己的治疗师一起工作，同时她也持续定期地与戴安娜的分析师会谈。

一位评论者指出，在与青少年及其父母的工作中使用安娜·弗洛伊德的发展性廓图框架是有价值的。弗曼在 1992 年的著作《幼儿和他们的母亲：早期人格发展的研究》(*Toddlers and Their Mothers: A Study in Early Personality Development*) 中，不仅改编了发展性廓图使之适用于幼儿发展水平，也对廓图进行了补充，并强调了对幼儿父母进行深入评估的价值。在评估青少年时，发展性廓图有助于为父母建构一个可以理解他们的"完整的孩子"的叙述。伴随着父母深入了解，他们自己的童年体验的持久影响如何作用于他们对孩子的养育和他们对孩子的看法，同时增强了这一过程，这对父母来说既对他们个人产生了强大的影响，也让他们能够支持青少年的治疗。

另一位评论者指出了"在评估中对事情有某种程度的理解"的价值，并指出"无论是做成人依恋访谈的想法和体验，以及浮现出来的实际内容，都明确和加速了这个理解的过程"。这种"理解"为儿童和父母提供了创造"连贯叙事"的过程的开端。这一过程已被证明是与"创伤的代际传递"中的儿童和父母一起工作并取得成功的关键（Liberman & Van Horn，2008）。

对有进食障碍症状的青少年及其父母使用成人依恋访谈也特别有用。因为新出现的研究强调了儿童早期对主要照顾者（们）的依恋方式，与后来在儿童期或青少年期进食障碍的发展之间的可能关系（Masters，2018）。如果把有障碍的进食看作对主要照顾者（们）潜在的不安全依恋的一种症状或表现，而不是把它本身看作一种疾病，就能更好地理解这些症状。

　　本章强调了尽早与青少年和父母结成联盟的重要性，并为此提供了更多的方法。它还提醒我们要开放地结合既定的和新的方法，并将研究成果纳入我们的知识库。我们关于父母同步工作的发现之一是，有必要延长最初的探索期到能够启动一系列的转化，最重要的是开启治疗师与父母、与孩子的治疗联盟，以及父母之间和父母与孩子之间的工作联盟。这通常与父母的焦虑和他们希望立即有一个诊断和治疗计划相冲突。向父母的焦虑妥协往往会导致父母过早地退缩。成人依恋访谈是许多可以以合作的方式用于促进联盟的工具之一，并证明在治疗的建议被给出之前进行初步探索期的必要性和价值。这同样适用于诊断廓图。它最初是为了帮助制订一个精神分析诊断，但正如评论者所介绍的那样，该廓图可以在较长的探索期中导向关键的转化，特别是从自助到合作性的治疗联盟的转化。

第十二章

物质滥用和父母工作的挑战

青少年后期

临床案例

维克多（下文简称为"维克"）开始精神分析时是个年龄较大的青少年。多年来，他做出了各种自毁行为。他描述说，身体多处穿环和几乎全身文身的感觉带来了一种极乐的超脱感。当这种更能被社会接受的解离方式不足以满足他时，他就依靠各种更危险的自我毁灭行为，从内部对他的身体释放强烈和压倒性的感受和攻击性。这样，他就不会像自己被伤害那样去伤害别人。当他开始害怕失控和意外自杀时，他要求他的母亲克拉带他来见我，而克拉没有觉察到他的挣扎。

他的背景信息包括父亲伊万对他施行的身体和精神虐待。多年前，在伊万的赌博和其他成瘾行为被公开曝光后，他突然离开了家。维克被母亲忽视，她的否认保护她自己免受创伤的困扰，但却令维克很脆弱且要独自照顾他自己。在分析中，维克的自我毁灭性的防御随着时间的推移而软化，流露出令人钦佩的韧性、爱以及对未来的希望。

经过两年的分析，在维克看似成功地过渡到大学的几个月后，他几乎死于芬太尼过量。他已经宣称早在治疗初期就没有吸毒了。过渡新阶段和离家的压力似乎激活了他旧的防御。他的濒死经历提供了去处理之前被隐藏的脆弱感和移情的机会。

在服药过量之前，维克似乎处于看似成功的分析的结束期前阶段。克拉对一段新恋情（将她的注意力从维克身上转移的众多关系之一）的沉迷导致他的分析过早结束，但他和我都觉得他正走在好转的道路上。她需要钱来筹划她即将到来的婚礼。在她心里，这是一次"从头再来"，将会抹去她与伊万的婚姻的痛苦。一旦结婚，她的新丈夫将不再为维克提供住处或支持，这迫使他比理想情况过早地离开他的支持系统（以及分析），自谋生路，照顾自己。不幸的是，这个计划没有回旋的余地，特别是在维克服药过量之后。我们四个月的结束期专注于巩固他在面对成瘾问题时的成功，修通强烈的移情神经症，并以一种联结、爱的方式道别。每名家长的参与和不参与都既促进了早期治疗，也导致了不太理想的结局。在这个简短的案例中，我将提供一个治疗总结，重点是父母（伊万和克拉）的角色，然后是对我们过早道别的描述和反思。

在延伸评估期间，维克提供了关于家庭的大部分信息。克拉和维克专注于当下，不愿意重温他们痛苦的历史。他们把"可怕的伊万"描述为一个沉迷于毒品和糟糕选择的泼皮无赖。他们相信如果伊万知道了治疗的事儿，他会羞辱维克。维克声称他只对伊万感到恐惧和仇恨。他深深地赞同克拉的观点，并且当触及她明显的否认和忽视时，他全都原谅了。他把所有的麻烦都归咎于伊万。当伊万在许多领域的成瘾倾向不可否认地变得具有破坏性时，克拉和伊万结束了他们动荡的婚姻。这家人的表达方式是否认。我发现，去理解每名家长和孩子为重大的过错、疏忽以及谎言辩解的方式，是让人痛苦的。尽管克拉抗议，并且维克因伊万而感到耻辱，我仍然感觉在不了解每名家长的情况下，我不能和维克一起工作。我联系上伊万，当这个所谓的恶棍因听说维克的自我毁灭而失声痛哭时，我感到震惊。自责的同时，他为当时维克提起治疗时自己嘲笑他而感到内疚。伊万同意尽可能地参与进来，提出支付维克治疗的大部分费用，每月至少与我会面一至两次，讨论这对父子如何找到（或重新找到）他们曾经共有的爱。维克和克拉私下嘲笑我的努力。即使伊万兑现了每一个承诺，维克仍坚持说"他在要你"。我很难为克拉的会谈安排时间，并且经常被取消。感觉她的会谈是有所保留的、防御性的以及浮于表面的。她最多一个月来一次，似乎已经忘记了维克在几周前陷入危及生命的麻烦。她将要去长期旅行，留下维克一个人。我们一起工作总是让人感受到无望。即便是在维克不好的时候，她也一直在向我保证他没事。她谈到了伊万的破坏性，尤其是当伊万和维克交谈更多的时候。

就像克拉对维克"不可用"那样，对我来说也同样"不可用"。当她出现在会谈中时，她拒绝接受外界的观点。例如，我从来没做到让克拉意识到维克对父母双方的需要，或者帮助她把自己对前夫的仇恨，与她儿子需要体验和父亲在一起的爱区分开。虽然我邀请她参加每周一次的父母会谈，以努力去建立联结，但我的另一部分却希望她能拒绝。我觉得即使温和的挑战也会使克拉变得愤怒和具有破坏性。我的反移情阻抗与我这样的感觉有关。我对她的（和我自己的）攻击性的回避可能帮助克拉在最初时支持治疗，但却付出很高的代价，并在我们工作的结束阶段显露出来。

在治疗的第一年，维克与我创建了强有力的联盟，与朋友和一位伴侣建立了爱的关系，并完全停止了自我伤害和物质滥用。他第一次开始为自己感到骄傲，认识到自己是多么出色，开始为自己设想一个充满希望的未来。当维克提供了每名家长更详细的历史时，他开始以新的方式了解自己。

伊万出生的家庭中的父子们有着虐待和成瘾的悠久的代际传递。他克服了逆境，通过纯粹的意志力试图创造一个不同的生活，脱离养育他的环境。尽管他渴望改变家庭的虐待模式，但伊万还是成了他发誓不要成为的施虐者。然后，他用成瘾和自我毁灭的选择破坏了他的成功。他离开家以后，和维克的联系很少，直到我们一起工作。

随着时间的推移，维克通过了解伊万的童年故事，开始理解他和父亲共同的施受虐关系。例如，伊万常常讲述他那有着可怕的自恋需求的父亲。如果得不到家里任何一个成员的赞美和崇拜，伊万的父亲就会打所有人，包括伊万的母亲。维克开始明白，伊万复活了这个故事。当维克拒绝了伊万为了赢回他而表现出的装腔作势和含泪道歉时，伊万变得刻薄和具侮辱性，尽管他在尽最大努力与儿子联结。这并没有减少伤害，但现在维克可以对伊万感同身受，并且有时选择不同的回应。值得注意的是，维克从来不记得伊万所讲述的温暖的童年记忆。相反，当提起这样的记忆时，维克却被受到伊万虐待的创伤记忆所淹没。

克拉对她的家人卷入暴力的极端组织感到非常羞愧。在克拉的家庭成长过程中，她一直觉得自己不受欢迎和格格不入，经常公开被羞辱。维克开始注意到并告诉我更多关于克拉的麻烦，包括极端的节食和频繁的导泻。她在家居装饰上的极端"极简主义"也导致她清理掉了那些属于维克的，甚至是特别特殊的或赋予情感的童年用品。她的清理反映了她需要摆脱难以忍受的情感和记忆，最终甚至是她自己儿子的麻烦。我们开始把维克的自伤理解为他释放这种难以忍受的情感的重复尝试。当他有足够的勇气学会如何把感受识别为信号，并以熟练的方式对它们做出反应时，他得到了解脱。

随着维克开始了解自己的家族史，他对每名家长都形成了自己更平衡、更成熟的看法。他永远不会"背叛"克拉，但他私下很生气，因为他的需要和痛苦已经成为她情感"清理"的一部分。虽然他永远不能"原谅"伊万，但两人在谈论共同兴趣时找到了一些共同点。此处，父母工作中的缺陷开始显现出来。虽然父母都说他们支持治疗，但克拉和我没有一个框架用来支撑她去体验，当真正地支持维克发展具有日益增长的独立性的关系时，会是什么样的感受。

从分析开始，我就敦促伊万、克拉还有维克考虑让维克推迟上大学，这样他就可以得到家人的支持，也避免给他的治疗带来时间上的压力。然而，那个时候，他们却一致反对，并且让维克进入了一所遥远的大学。父母双方都告诉我："他知道如何照顾自己。"当过渡开始时，克拉不再来见我。维克有了巨大的进步。我担心，像克拉一样，维克并没有准备好去面对，离开充满冲突的童年家庭这样的艰难转变会带来什么样的感觉。我提醒他，在我休假期间他对分离的强烈反应。维克逃离童年家庭的愿望压倒了他考虑其他可能性的能力。他很快吹嘘说他很长时间都没有自我毁灭的行为了。他的移情的爱是显而易见的。有时我担心他是一个"太好"的病人，尽管当他告诉我他和克拉如何像嘲笑伊万一样嘲笑治疗时，也会显露出一丝负面情绪。他和克拉感到亲近的唯一方式是通过他们共同的创伤和对伊万的恨。如果维克开始与伊万发展独立的、有爱的、成人的关系，他会失去克拉的爱和支持吗？

这个时候，我做了一个有意识的决定，并且与克拉不约而同地停止了见面。她回避、取消了我们的会谈，并且重新充满活力地计划她的婚礼，好像要在维克离开她之前离开他。当维克拒绝伊万收留他一年的提议时，看起来他真的要依靠自己了。现在的任务似乎是帮助维克为这种近似被父母抛弃的分离做准备。

在此期间，伊万继续定期联系。他继续支付账单，并寻求和解。维克和我同意远程工作一段时间，帮助他过渡到大学生活。尽管他想念家乡的朋友，但他的调整似乎让人难以置信。他结交了新朋友，并意识到了自己智力的潜力。他和伊万联系得更频繁。他似乎处在一个成功分析的结束前阶段，巩固着他管理强烈情感的能力而不再自我破坏。我们同意继续远程工作，直到克拉的婚礼结束，在那之后她将不再为治疗支付费用。

年中，我接到一个令人震惊的电话，得知维克差点死于芬太尼过量。我们很快恢复了面对面工作，同时进行了强化的物质滥用治疗。尽管我经常询问药物使用情况，但离开克拉家还是激活了维克过去隐秘的防御。为了应对这种复杂的分离，他在过去一次小手术后存下来的止痛药中找到了一种幸福的缓解。他很快发现芬太尼提供了一种更快、更强烈的快感。按照成瘾的模式发展，他对自己和我回避着这个问题，而把重点放在他认为会让我骄傲的事情上。毕竟，他的其他自我毁灭行为已经停止了。他对秘密成瘾的忠诚让我想起了他是如何不会背叛克拉的，以及伊万在堕落之前是如何隐藏自己的破坏性行为的。

在这时，我发现克拉禁止维克告诉伊万他服药过量的事情，而父母工作中的漏洞变得更加明显了。维克的麻烦和伊万的麻烦的相似性似乎盖过了克拉的母性保护本能，而导致她经常性地尝试使用最小化/清理维克的问题这种防御性方式，还伴随着对维克和我的被动攻击。克拉拒绝重新考虑她婚礼的时间，也拒绝支持维克的分析，只给我们短短的几个月时间来结束我们的工作。她在婚礼后拒绝以任何方式支持他，迫使他要么和伊万住在一起，要么在他还没准备好的时候自谋生路，并过早地结束了他的分析和物质滥用治疗。尽管维克似乎并没有一个保证成功的计划，他还是选择尝试自力更生，也许是想努力"清理"自己的失败，证明自己的独立。

在维克回家后的一周内，我设定了界限，当时维克是同意的，而后来他却暴怒反对。我不会以每周少于三到四次的频率治疗他，同时还要进行强化的物质滥用治疗。克拉的计划是每周一次的治疗和"根据需要"的十二步会谈*，对维克面临的生死存亡情况视而不见。维克有能力在他最黑暗的时刻表现得像个"模范"病人。就像伊万一样，维克可以在独自承受痛苦时说正确的话。

我还面临着一个伦理困境——维克的父母都参与了治疗，但是伊万不知道维克的成瘾和服药过量。他们想让我对伊万撒谎吗？与他切断联系？在一次非常艰难的会谈上，我解释了我的困境，并告诉维克，如果我们要继续在一起工作，他需要告知伊万和让他参与到我们一直有的框架中来。我不会和维克以及克拉一起对伊万保守秘密。当时，维克是紧张又如释重负的。他想告诉伊万并请我在他坦白时帮忙。

---

* 英文为 12-step meetings，最初由匿名戒酒会开发用于帮助其成员戒酒，旨在支持人们从物质成瘾、行为成瘾和强迫中恢复。——译者注

当我们准备和伊万一起谈话时，维克陷入愤怒中。他因为自己服药过量而责怪伊万。他一直恨着伊万。他不记得他们正在改善的关系以及伊万的多次道歉。克拉觉得让伊万参与是具有破坏性的，虽然维克在做要告诉伊万的决定时没有考虑她。维克铆足劲儿地准备反击伊万的严厉评价。当我们告诉伊万真相时，他表示完全地支持。伊万谈到了自己的治疗、他的遗憾、他对维克无条件的爱和支持，以及他支持治疗的愿望。维克被激怒了，独自面对那些难以忍受又无法投射到伊万身上的感受。维克需要看到伊万是一个掌控的、操纵的以及失败的人和父亲。很快，维克就用这些词来形容我。

起初，我们在治疗中处理的一个主要问题是维克认同伊万的破坏模式。我很担心维克沉浸在愤怒中以逃避自己的康复。这种愤怒似乎放错了地方，而且不完全是他自己的，特别是考虑到伊万对治疗的支持和克拉的长期否认/忽视。维克对伊万的仇恨让他感到强大和兴奋。就像毒品一样，愤怒让他感觉良好，让他的问题消失，让他在当下无可指责。也只有在共同愤怒的时刻，维克才能感受到对克拉的亲近。他们共同的兴奋仿制了一个共谋的和破坏性的母子俄狄浦斯胜利，他们可以一起杀死"可怕的伊万"。

虽然，在这些兴奋的时刻之外，克拉都是消失的。他们的关系的成长仍然停留在维克童年的创伤和愤怒之中。我们也开始明白，对于维克来说，芬太尼和其他自我毁灭的行为有着母亲一样的效果。它们抱着他，用克拉没有的方式安慰他。这让我想起维克告诉我，他是多么依赖身体接触，在任何关系中都会寻求身体接触，即使是他不感兴趣的关系。他经常开玩笑说他需要一个"拥抱棒"。芬太尼是这种婴儿般幸福体验的最有效途径。维克告诉自己，这比他的许多糟糕关系所带来的孤独会产生更少的后果。当他离开家以及他所有的亲密关系（包括面对面分析）时，在一个对大多数年轻人来说都充满孤独的过渡时期，这就变得特别有吸引力。

我开始面质维克的成瘾，不只是物质上的，还有自我毁灭、失败以及自我破坏。和伊万一样，维克成功地走出了一个陷入困境的家庭，有着一个光明的未来。在成功和过渡的时刻，他破坏了自己。我力劝维克停止外化，向内看，这样他才能在这种模式杀死他之前理解它。由于药物治疗只关注行为改变，我让维克向内专注的提议吓到他了，他很轻易地就以"不能支持我"为由拒绝了。

几天后，维克决定退出分析。他的新成瘾咨询师，以及他的新的十二步项目资助者没有咨询我，而认同了克拉减少治疗的愿望。他们认为维克的分析"太多"了，会导致他的复发。当我提出治疗小组正在活现一个家庭模式，咨询师略带歉意和好奇，但没有改变立即停止分析的建议。

维克认为我和伊万一样，对他有毒。他对我有一连串的抱怨。我早应该知道关于成瘾这回事。我强迫他和伊万建立一种他从来都不想要的关系，他再也不能信任我了。在我身边让他想自杀。试图用现实来为我自己辩护是徒劳的。就像对伊万一样，维克需要恨我。旨在帮助他适当地告别，构想了提前一个月通知的政策，对此他以冷笑作为回应。"你有上帝情结，你认为你是唯一能帮助我的人。"他最终又来了几个月。

这段时间我很讨厌维克。我对他的谎言和责怪很生气。当我重新站稳脚跟，我看到一种强烈的移情神经症已经出现了——我变成了伊万。维克的侮辱既包含了他童年时从伊万那里忍受的一切，也包含了他希望能对伊万说却没能说出的一切。我告诉他我变成了伊万，一个不值得信任的、控制的恶棍。我回忆了我们已经取得的良好工作进展，这是他服药过量也没有"毁掉"的。现在我们需要了解我们之间发生了什么。维克的愤怒平息了。由于害怕自己的不稳定，他采取了初步的步骤来照顾自己，而不再责怪别人。我鼓励他接受药物治疗。在接下来的几周里，维克稳定下来。这显示他生理需求的反应能够与他的情感创造出足够的距离，让我们重新联结。

维克很难记起自己为什么这么生气，经常让我提醒他。他建议我们利用最后几周谈谈伊万。我们现在都瞥见了维克对伊万的愤怒、恐惧以及羞愧。我们较少被活现所纠缠了。维克看着我承受住他的愤怒而没有反击，支持了他，捍卫了我自己。他通过这一切发现我们的关系与他的父母都不一样。

与此同时，克拉和伊万继续把维克夹在他们冲突的中间，把他的分析当成战场。克拉把父母的责任推给了我，拒绝见面，因为我已经"让他"上瘾了。维克感受到我可能会试图强推一段他不想要的关系，拒绝了与伊万进一步会面。因此，我们只能讨论他的内部和我们对他家庭的共同体验。事实上，除了我们一起工作之外，他还需要父母的支持。

在我们最后的几次会谈里，维克告诉我，当他遇到麻烦时，他希望我有无所不能的力量去"知道"，就像孩子相信他们的父母知道一切一样。他一直渴望被这样的人"看到"，并发现了我们的分离的边界。"人们读不懂我的心思。我需要让他们知道我到底怎么了，这样他们就可以帮助我，而不是等着他们弄明白。"他在考虑建立更多的成人关系。

直到最后，维克仍然不愿意探索他对克拉的保护。他可以看出，他对父母冲突的破坏性解决方案是他对伊万最坏部分的认同，这提供了遮掩他爱伊万的方式。这种反常的爱回避了对克拉的忠诚冲突。他可以爱伊万，只要看起来像纷争、仇恨，或者自我毁灭。克拉和伊万无法容忍任何其他形式的爱。

虽然维克停留的时间超过了我当初原则上"要求"的，但他还是比我们最初的计划提前离开了。他再也无法处理我们的工作所造成的他对父母的忠诚冲突。他们将破坏性的家庭动力活现到分析结束，超出了分析的范围。维克用愤怒遮掩着他任何爱或丧失的感受，他也曾尝试过带着这样的愤怒离开，但他还是选择留下来，用足够长的时间来理解我们之间的破裂以及强烈的父亲移情的意义。他让自己记住我们在一起良好的工作进展，并令人辛酸地感谢我。对维克来说，我不再代表"可怕的伊万"，而是一个更复杂的、在某些方面帮助了他的独立个体。他对我还是有点生气。在我们告别的时候，他能够因为我们一起创造的一些成功而给自己一些应有的赞扬。

这部分工作围绕着他对父亲伊万的反常和隐藏的爱，是我们关于自我伤害、自我破坏以及维克对爱的困难的分析工作的累积和巩固。虽然维克隐藏的成瘾告诉我们,他还有很多年的工作要做。但我们的结局告诉我们,他的成瘾并没有毁掉他在分析里取得的重大进展。

我不能说克拉和伊万经历了同样的成长,并担心他们的冲突会很容易地把维克拉回旧的轨道,特别是在康复早期,而且还有一个不太理想的过早结束。我希望我们能够带着一种相互肯定的感觉结束,即维克将过上健康和富有成效的成年生活。在我看来我们所做的工作只是维克将掌管航行的漫长道路的开始。

随着分析的结束,我开始反思我在整个治疗过程中的选择,包括让每名家长参与进来和排除在外,以及我为了让分析继续进行,对每名家庭成员表现的攻击性的回避,直到事情分崩离析。最终,维克选择对我隐瞒了重要信息,而且很可能无论如何他都会这样做。这是他家庭冲突的反映。不过,事后看来,我是否应该在治疗维克之前或治疗维克的同时更集中地针对这对父母的冲突进行工作?如果我从一开始就坚持和他们多见面,克拉和伊万能够支持维克的分析吗?还是会把他们吓跑,彻底毁了维克得到帮助的机会?

在治疗中,维克和我把重点放在他对伊万的危险的认同上,并了解他自己恨的部分。我没有意识到这部分工作会在他的家庭中产生连锁反应,即与伊万的认同会引起混乱、忠诚冲突、被克拉拒绝的威胁,以及更多的恶性和危及生命的秘密。在没有父母充分参与的情况下帮助维克梳理家庭问题的决定似乎在许多方面对维克有实质性的帮助。但随着时间的推移,他还能不顾家庭的争斗维持自己的进步吗?

评论 1

事后评论案例远比在咨询室的现场体验容易得多,此处我的评论只是人们可能采取的不同角度,不一定是更好的角度。也就是说,即便治疗师采用了我的观点，也可能不会导致不同的结果，但我认为这是值得考虑的另一种方法。

治疗师令人钦佩和勇敢地处理了这个非常困难的治疗，但其中有两个议题我想谈谈。如果治疗师只和维克一起工作，而让另外一名治疗师作为可以给父母安全感的人，这样做会发生什么？我所说的给父母安全感的人，是指一个没有自己的议程要去"帮助"这些个体相互理解或"更好地相处"的人物。特别是考虑到他们极度的心理紊乱，我将简短地阐明一种不同的方法，让家长加入治疗联盟。

由青少年的治疗师同时开展同步父母工作的潜在危险之一，是盘旋在患者和分析师、父母和分析师，以及患者和父母之间的复杂协同作用上的无意识意义，这将总是以无法预测的方式对治疗的轨迹产生普遍性的影响。尽管治疗师可能试图将这些意义意识化，但仍有许多意义将被无意识地封闭、否认或合理化。在这种情况下，青少年的治疗可能会倾覆，因为青少年可能担心治疗师将他/她自己的议程置于青少年的愿望之上，或者偏向父母的观点，或者将折损青少年对自主的发展性追求。在这种自主性的追求中，青少年会更偏爱那些他们相信（无论正确与否）不是父母想要的东西。

例如，在维克的案例中，他对治疗师与父亲一起工作的反对甚至毫不掩饰。维克的母亲克拉和维克都公开嘲笑治疗师与维克的父亲伊万进行富有成效的工作的努力，嘲讽说"他在耍你"。这证明，治疗师向克拉和维克展示伊万对维克的承诺，这些努力在治疗的早期就不受欢迎。这是事实，尽管维克可能无意识地想看到他父亲关心他的方方面面。在报告的稍后部分，治疗师聪明地表明，维克和他母亲联系在一起的唯一方式，是通过他们共同的创伤和对伊万的恨。治疗师试图邀请他们更客观地观察伊万，这不符合母亲和儿子只按他们的想法来看待他的需要。有所不同地去体验或者甚至去想象伊万，都会威胁这个二元体以及每个人的内心平衡。

这就引出了我要说的第二点：父母双方（以及维克）的严重病理和潜在的创伤导致了问题行为，如物质滥用和成瘾、暴力和遗弃行为，以及脆弱的自我功能，还有分裂、投射以及投射性认同的防御倾向。在不诉诸行动的情况下他们容忍强烈情感方面的明显局限，即他们的"薄皮肤"，表明了以共情性的倾听和涵容的立场为特征的治疗策略，可能要持续很长一段时间。在这种案例里，治疗师抱持患者的投射，而不是用诠释把它们返还回去，这能够在这种情况下让人松一口气。因为这些个体需要治疗师营造持久耐心的环境，以及沉默反思中的稳定，这可能会成为未来认同的来源。在治疗的后期，治疗师可以尝试帮助父母找到方法，在没有严厉的超我责难的情况下，为他们的投射负责，从而与他们进行富有成效的工作。

因此，对我来说，治疗师雄心勃勃地试图帮助每个人将别人视为独立的个体，这似乎为时过早，而且具有威胁性。每个参与者似乎都把治疗师的解释体验为在攻击每个人长期以来创建的身份，例如，克拉和维克作为"可怕的伊万"的受害者。桑德勒（Sandler）对陀螺仪的隐喻适合用在这里。患者通过无意识防御，和与童年时期内射客体保持旧的关系等机制寻求保持心理平衡和平静。①

为了让克拉和维克保持心理上的活力以及彼此之间的联结，他们需要指责、攻击，以及在言语上摧毁伊万。这是他们心理稳定的核心。在没有充分准备的情况下，通过解释工作剥开他们的这些防御，给他们俩都带来了恐惧。毁灭焦虑似乎是恐惧的根源，因此在面对内部黑洞的焦虑前景中，他们对治疗师产生了猛烈的攻击。

在这样的围攻下，治疗师和青少年的关系以不可避免的破裂告终。正如

---

① "当下无意识中具稳定作用的幻想就像一个陀螺仪，以多重意识旋转着。它将可用的原材料编织成可能相当复杂的组成物，有时似乎与用来制造它们的材料非常不同。当个体不断被婴儿的愿望和以前的童年期适应所威胁和冲击而失去平衡，它们就像陀螺仪的旋转一样，对个体具有平衡、稳定的功能……用安娜·弗洛伊德的话说，这种无意识的幻想提供了'幻想中的补偿'，特别是通过使用各种防御机制和创建与幻想客体的对话和其他互动，带来了稳定和内在的心理适应，这些幻想客体可以被视为植根于童年的内射客体……"（Sandler, 1989, p.189）。

治疗师所说："维克认为，我和伊万一样，对他有毒。他对我有一连串的抱怨。我早应该知道关于成瘾这回事。我强迫他和伊万建立一种他从来都不想要的关系，他再也不能信任我了。在我身边让他想自杀。试图用现实来为我自己辩护是徒劳的。就像伊万一样，维克需要恨我。"

我也相信，维克本人能够在治疗过程中通过令人印象深刻的自我反思，关于他的过去和现在的生活使用不同的思考和感受，而不是使用他从前采用的封闭性系统框架。这样，他原可能比他的父母，特别是他的母亲，走得更远。不幸的是，就其本身而言这个跨度可能太大了。

评论 2

像大多数儿童分析师一样，我发现对维克的分析，以及分析如何被他父母所扰乱和限制的描述令人心痛。我们每个人都有过这样的案例，其中父母一方或双方对患者、分析以及我们的敌意使分析进展受限，这是很可能的。因此，必须强调，我评论的目的不是批评。我真的相信，考虑到父母的病理及其与患者防御组织的相互作用和影响，没有什么会改变这一分析的结果。因此，我随后的发言只是启发性的，有助于更好地阐明父母带来的困难以及指导我们与他们工作的可能的原则。

首先，我要祝贺维克的分析师不畏艰难的分析工作。维克病理的严重程度、他母亲病理的复杂因素，以及患者与母亲之间的相互作用通常都会阻碍在本案例中获得的各种分析过程和结果。具有讽刺意味的是，这个案例既突出了同步父母工作的重要本质，这项任务的失败又使最终的预后笼罩着不好的预感。克拉对分析公然的阻抗，积极破坏她儿子对他的分析师的依恋，并坚持她的儿子在她对他父亲和分析师的敌意中站在她那边，这些说明了一种老式信念的谬误，即青少年分析师应该只关注病人的内心世界，而远离父母。该案例强调了一个发展性的和临床的现实：即使较大的青少年患者在现实世界中，而不仅仅是在他们的幻想中，仍然与他们的原初客体联系非常紧密。因此，原初客体继续影响他们的心理运作，包括他们看待和使用分析师和分析工作的方式。

如果分析师尝试与克拉工作或与伊万建立联系失败了，那么分析工作不太可能取得现在的进展。与伊万建立联系并支持父子之间的关系，使维克有可能重新考虑他对父亲僵化的、封闭的看法。由于父亲的一个关键的发展性功能是情感调节，特别是容忍和表达攻击性，所以促进父子之间的和解可能有助于维克更好地控制他在咨询初期时如此自我毁灭地表达的愤怒。然而，尽管如此，当分析过早结束时，维克对自己冲动的控制似乎仍是脆弱的。

显然，造成这种状况的一个重要原因是分析师无法让克拉参与分析并支持她儿子的进步。诺维克夫妇（Novick，K.K. & Novick，J.；2005）强调了在进行分析之前帮助父母和孩子在情感上分化的重要性。如果父母不能共情孩子的个人痛苦，同时没有把它体验为孩子的表达，父母就会像克拉那样行事。他们会破坏治疗，让他们的孩子陷入对分析师的忠诚冲突中，不能容忍他们的孩子发展出与他们不同的对世界或对父母的看法。我们大多数人都习惯于忽视诺维克夫妇的建议，因为在当时看来，似乎在临床上是必需的。当父母中的一方和孩子希望得到治疗，并且孩子明显地正在遭受痛苦时，忽视父母中的另一方对我们的敌意是很普遍的。

但我的经验是，这样的情况很少有好结果。通常，治疗频率会下降到不能维持分析过程的水平，或者敌对的父母单方面过早地结束治疗。考虑到这些通常的后果，维克的分析师尽力维持了分析的持续性，他/她应该得到我们的赞扬。尽管如此，我想质疑这样做是否正确。不是说不应这样做，而是澄清试图要达到的目标。显然，我们大多数人都会问另一个选择是什么。拒绝治疗维克肯定会导致更严重的、潜在致命的自我毁灭。我非常确信这一点。但我怀疑是否真的能避免。不幸的是，对于他将能避免成瘾和自我毁灭，我是悲观的。这似乎不太可能，因为他没有真正考虑他对母亲的情感或她真正是谁。不能面对和学会容忍他受的伤、幻灭以及对她的愤怒很可能是促使他恢复吸毒的原因；我看不出这种情况不会继续下去的理由。我们都没有水晶球。转化是发展的特征，这一事实为更好的结果创造了可能性，尽管很小。但在分析结束时，维克似乎并没有以任何牢固的方式走上这条道路。

那么，在维克的母亲能够分化她自己和她儿子的自体边界之前，同意分析他有什么好处呢？我相信，分析师为维克提供了一种关系的体验以及分析能够带给他的体验。这让他意识到，有人真心想帮助他，而不需要他发挥自恋客体的功能。这种觉察能够潜在地存在，并且他可能会在将来重新考虑。如果是这样，也许他会找到另一个分析师、原来的分析师，或者只是一个好的现实客体来帮助他掌握他的内在心魔。如果这种情况发生，分析师不畏艰难的表现是值得的。如果没有，则这个案例证明了没有听取诺维克夫妇建议的人将会感到心痛。

主编反思

"我们每个人都有过这样的案例，其中父母一方或双方对患者、分析以及我们的敌意使分析进展受限，这是很可能的。"第二位评论者沮丧地说。本案例集的前几章展示了父母工作如何超越困难。与此不同，本案例承认了一个艰难的现实，即我们与父母一起工作的最大努力有时会失败。维克的分析师告诉我们，通过他们的第一部分分析工作，维克形成了"他自己对每名家长更平衡、更成熟的看法"。必须强调，这在任何分析中都是一项重大成就[1]，而父母工作则能够对此做出贡献，因为分析师拥有来自患者的心理现实和心理表征，以及与父母直接互动的两方面的客观判断力。

---

[1] 治疗儿童和青少年的分析师可能特别能适应与成人患者在这点上工作的强度。

然而，第一位评论者持不同的观点。他警告说，由青少年的治疗师而不是由其他没有任何议程的治疗师作为"给予安全感的人"来进行父母工作，可能存在陷阱。在维克试图通过去上大学来超越家庭和分析的脆弱尝试，以一次几乎致命的服药过量而结束后，他回来了。但是在最后，对于绝望地要待在心理安全区中的他来说，分析是一个太大的威胁。他的分析师总结道："在我们一起工作之后的几年里，他将继续需要父母的支持。"这种令人痛心的认识适用于所有儿童和青少年患者，尽管这个认识可能令人失去信心，但记住它是件好事。

正如第二位评论者所警告的那样，"如果父母不能在共情孩子的个人痛苦，同时没有把它体验为孩子的表达……他们会破坏治疗，让他们的孩子陷入对分析师的忠诚冲突中，不能容忍他们的孩子发展出与他们不同的对世界或对父母的看法。"尽管对维克的未来持悲观态度，但这位评论者还是抱着一些希望，尽管父母工作有局限性，但分析本身为维克提供了"一种关系的体验以及分析能够带给他的体验。这让他意识到，有人真心想帮助他，而不需要他发挥自恋客体的功能"。

认识到维克和他的母亲需要诋毁和憎恨父亲，以保持他们的病理性依恋和脆弱的心理稳定，第一位评论者对这种情况提供了另一种技术方法，重视共情性倾听而不是诠释，以便涵容毁灭性的焦虑，并抱持投射，直到它们可以用来相互探索的时候。本章中的分析师诚实地谈到，当这个案例陷入困境时，保持对父母、病人和自己本人的共情是多么具有挑战性。

本章突显了分析师所面临的临床选择的困难，决定什么时候共情性倾听被看作对冲突的回避，以及什么时候解释防御和冲突，对于患者或者更有可能是对于父母来说，不是过早的和不可忍受的。在理解动力和干预方面，比起患者的个体治疗，父母工作要求同样多的，甚至更多的，专业技术和细节。

正如第一位评论者所强调的，一个重大的选择是，是否进行同步父母工作。但病人的第二轮面对面分析证明了没有父母工作会发生什么。当这个年轻人从大学回来时，母亲确定不进行父母工作。她停止了接触父亲的任何尝试，父亲是唯一可能有助于病人康复的一方。她选择了另一种治疗形式，她促进了"康复专家"和分析师之间的竞争。第二轮分析是一个没有父母工作的分析，它以治疗师被病人、母亲以及"康复专家"指责和憎恨而痛苦地结束。

本章强调了我们从本书其他章节收集到的一些知识，例如，由父母病理造成的障碍、当父母没有为了孩子一起工作时增加的困难、在身份巩固的过渡时期病人面临的忠诚和认同的困境，以及当各方都没有完全参与时构建父母工作的技术复杂性。它也强调了治疗师需要重视那些能够完成的事情，即使在为那些变得不可能的事情感到遗憾的时候。

第十三章

精神病与同步父母工作

成年初显期

临床案例

我们第一次见面时，詹姆斯二十五岁。这是位正步入成年期的年轻人，他仍然和母亲住在一起，在家庭之外没有重要关系，也没有就业的能力，他似乎遭遇了人生的"独立失败"。他还被诊断为精神分裂症，服用氟哌啶醇。詹姆斯在一家医院的门诊部就医，在那里我们一起展开了工作。

詹姆斯是独生子，父亲在服务业工作，母亲是与儿童工作的专业人士。詹姆斯的父母在二十岁出头时相识，很快就结婚了。婚后不久，如他们所愿很快就怀了詹姆斯。他的妈妈描述说初为人母的想法使她充满了希望、热情和目标。孕期很顺利，生产也很正常。詹姆斯在幼儿时期出现了发育迟缓，他的母亲发现了问题，并对此进行了早期干预和支持。大约在这个时候，父母的婚姻关系开始紧张。在他六岁的时候，父母分居了。

詹姆斯的爸爸最初搬进了街区另一头的公寓，并一直参与儿子的抚养。在詹姆斯的前青春期，爸爸搬到了遥远的另一个州。詹姆斯的爸爸通过电话中简短的交谈与詹姆斯保持着远程联系。在母亲和两个姐妹的支持下,詹姆斯的妈妈为自己可以同时承担父亲与母亲的角色而感到自豪。她帮助詹姆斯完成了高中学业,并在十八岁时进入大学。

据詹姆斯和他的妈妈描述,詹姆斯最初离家进入大学的过渡期异乎寻常地轻松顺利。然而,詹姆斯在第一学期就已经出现问题了,包括成绩差、缺课和不做作业、越来越多地饮酒,以及社交困难。詹姆斯开始出现幻听,但他最初没有告诉任何人。

在第一学年第二学期的早些时候,詹姆斯在一次聚会上喝醉了,对一位他一直在追求但不理睬他的女生表现出敌意,并对她进行了人身威胁。另一名男生阻止了他,校园保安也介入了。詹姆斯的状态很不稳定,这让人们对他进行了精神健康评估,并安排他住院治疗。

詹姆斯被发现患有精神病,要接受药物治疗,并请假回到母亲身边生活。在返回大学的尝试没有成功后,詹姆斯从大学退学了。他尝试到一所地理位置上离母亲更近的社区大学登记入学,却导致了类似的困难和第二次住院,随后他在我们会面的医院门诊部登记接受治疗。

在詹姆斯被转诊到门诊部时,记录显示他在个体治疗中收获寥寥。尽管声称他的目标是就业并独立生活,但他却继续与母亲生活在一起。詹姆斯的母亲被认为是有条理的、负责任的,是他康复的资源;但记录也指出她的心理健康素养低以及从治疗中受益的潜力不大。诊所发现,除了一对一咨询,詹姆斯也将受益于同步家庭治疗。詹姆斯和他的母亲接受了这些帮助。

詹姆斯和他母亲第一年的家庭治疗主要包括心理教育和问题解决。治疗坚持聚焦在詹姆斯明显的破坏性和有危害的行为上,包括他经常撒谎和不能遵医嘱服药。在他接受治疗的第二年,更多的议题得到了讨论。这些议题系统性地聚焦在家里的适当界限、关于詹姆斯进入社区提供的职业培训的感受,以及他尝试建立更实质性的同伴关系的新进展。重点主要集中在詹姆斯的功能性障碍上;他的母亲主要作为他前进和坚持治疗的促进者。

我和詹姆斯是在他治疗的第三年开始时认识的。最初我与詹姆斯和他的母亲一起进行双人的家庭治疗，并最终承担了詹姆斯的个体心理治疗和用药管理。

在我与詹姆斯和他母亲的第一次会面中，我感觉他们对事情的描述是情感疏远的、机械的。我们进行了自我介绍并讨论了治疗目标。詹姆斯理解的治疗目标是"继续我的精神分裂症康复"，对他的母亲来说则是"更好地支持詹姆斯"。詹姆斯毫不含糊地接受了他在家庭中作为"病人"的身份，并同意在治疗中努力进步，他表现出顺从的姿态和简单的、没有神韵的样貌。詹姆斯的母亲表现出一种开放的态度，似乎可以探索所有的主题，同时微妙地表达了希望将治疗的重点仍保持在詹姆斯身上的意图。我感到很不幸，这些立场剥夺了我理解詹姆斯的主体性的机会。我了解家庭的现状，但也提出我自己的立场，即我相信要通过理解而不是通过施加影响力来促进改变。我们开始了治疗工作。

第一次会面之后，我既确定又不确定今后该如何进行治疗，詹姆斯却几乎立即解决了我的困境。在他的第二次会谈中，詹姆斯报告了他上小学时的一次重大的性创伤，侵犯者是一位熟悉的年长男性邻居。詹姆斯没有与他以前的两位女性家庭治疗师分享这段历史，也没有告诉他的个体治疗师。母子俩多年来都没有谈论过这件事。激烈的母子争吵随之而来。立刻，与之前对受控和教育性的工作的描述相反，一切似乎是狂野的、鲜活的和强烈的。

激烈的母子争吵和詹姆斯对创伤的原始描述让我难以抑制。我觉得自己被拉入了詹姆斯的生活，感受到就像是我被侵入了一样，并行于他的创伤故事。我几乎动弹不得；当母子俩吵架时我变得沉默。我反思我的麻木和死寂是一种活现。在遭受创伤的时候，詹姆斯是一个前青春期的孩子，正处于即将开始对自体建立新的理解的切入点，其标志是新的性感受和实现个体化与自主性的新机会。性创伤最初是在母亲不知道的物理环境中主动地和相互地引发的，但之后变成了被动的和创伤性的。他对妈妈很愤怒，既因为她没有保护自己免受创伤，也因为当妈妈得知这件事时，他感到她的反应是沉默克制的。愤怒的强度表明了一些防御在运作着；詹姆斯的愤怒是为了让自己远离悲伤的感觉吗？詹姆斯是否意识到，这种创伤性的叙事像是在说，与母亲分离、对性好奇的探索愿望将带来暴力和被伤害？他是否希望得到母亲的保护，他是否相信母亲能够出于他的最大利益而有效地保护他？他是否希望父亲出现，这也许能防止创伤的发生，但也意味着他与母亲会有不同的关系？我作为男性治疗师的出现是否以激烈的方式重新打开了这些困惑和混乱？就像詹姆斯一样，我脑子里有如此多的问题。我也在那次会谈中变得沉默和被动，但也发展出一种更坚定的动力想要与詹姆斯和他的母亲一起工作。

我重新定位了对前任治疗师们的工作的延续性，并保持一种更接近体验的联结。在接下来的几个月里，通过倾听问题行为的意义和功能这样的新视角，我们持续对詹姆斯的问题行为进行了温和的关注。通过报告，然后通过渐进的行动将这些带入我们的会谈中。例如，詹姆斯的母亲首先报告，当她在某一天得知詹姆斯没参加职业康复服务项目时，她是如何面质詹姆斯的。詹姆斯会对她的面质表现出顺从和被动，也觉得很羞愧，但同时潜在地，还可能会因为妈妈"抓住"了他并"保持着"对他的监控而感到满意。

随着时间的推移，詹姆斯的母亲开始不再向他指出是否发现他缺席，之后却在会谈中指出她发现的情况。我和詹姆斯一样，会感觉到猝不及防地被"抓住"了。虽然我开始看到他日益增长的自主性需要他的母亲放手，把这些责任转移到他自己身上，然而，我同样因为他母亲还"保持跟踪"着他在外界的运作而感到某种程度上的安心。

我们试图从母亲的行动转移到讨论詹姆斯的行为如何激怒了他的母亲，让她检查他的情况。我们讨论这是如何让詹姆斯持续依赖，也受制于母亲的警惕；以及如何在会谈中讨论这个"困境"：妈妈不允许缺席而不受惩罚，同时也在良好行为方面限制发展他的自我监控和禁令。

当詹姆斯的母亲在会谈中遵守约定停止行动时，詹姆斯开始把他的行动带到我们的工作中。詹姆斯经常迟到，或者根本不参加会谈。当詹姆斯出现时，我们努力中立地指出这些互动，而不是以一种强化詹姆斯耻辱感的方式来评论它们。能够感受到这样一个不表扬"好"行为或惩罚"坏"行为的人物形象是詹姆斯的发展所需要的，使他作为一个年轻的成年人可以自由地自我观察、思考和为自己做决定。对于詹姆斯缺席的平静反应帮助他在我们的个体治疗中内化了一套更温和的禁令系统，效仿这点，在我们的家庭工作中，詹姆斯的母亲也学着认识另一种联结的模式。当我们谈论对行动意义的优先探讨时，也为他打开了一个空间去谈论事情而不是行动化，去决定他希望在个体治疗中谈论什么，在与母亲一起的会谈中又谈论什么，这也产生了一种隐私感、个性化以及主导性的感觉。

随着时间的推移，我们开始讨论母亲对詹姆斯的激烈反应，让他经常羞愧难当，并将其作为进一步回避和不出席治疗的原因。这在我们的工作中为詹姆斯的母亲创造了第一个空间，让她离开作为詹姆斯康复的旁观者和支持者的角色，而作为需要与詹姆斯一起成长的家人角色。

我们确实为这一进展而挣扎。在这种缺席行为得到彻底解决前，詹姆斯有时会继续缺席个体治疗和家庭工作，或者来得很晚。当我们等待他到来或不到来时，我自己的沮丧或担忧似乎是詹姆斯不去体验这些感受的唯一表达。在我和詹姆斯的母亲单独见面的时候，我私下也好奇，在儿子缺席的情况下，他那不可预测的出席在把母亲介绍给父亲的替代品上起到的作用。

随着时间的推移，在这些会谈中，詹姆斯的母亲开始对她自己选择的担忧有了觉察，这些选择与詹姆斯的迫切需要有关或无关。由于咨询室中精神病性的幽灵，其中一些想法变得越来越突出：詹姆斯在吃药吗？无论是具体指来咨询的路上，还是在抽象的康复之路上，他是有条理的吗？或者他失去了理智，面临着对自己或他人的暴力的风险？

与这个工作并行，一个意味深长的时刻到来了，我们需要讨论将詹姆斯的口服药物过渡到长效注射制剂，这是替代医疗提供者提出的建议。新的药物治疗方案是让詹姆斯每月接受肌内注射抗精神病药物，这个改变将降低如果詹姆斯不能保持遵从口服药物方案而出现问题的风险，也把他的母亲从不得不监督他服药的角色中解脱出来。尽管计划是合理的，但我可以感到我、詹姆斯和他的母亲都有矛盾和抵触。詹姆斯能够讨论关于计划的侵入性和失去自主权的主题。他能够把替代医疗提供者"在这一点上的强迫"与他对和母亲的关系的感受联系起来，也与先前的性创伤带来的感受联系起来。詹姆斯难以驾驭这些多重的相互对抗的视角，导致他被动和无效地拒绝这个计划，他最终还是接受了注射。詹姆斯随后在注射后的一个交叉期内完全拒绝口服抗精神病药物，此时持续口服药物对维持抗精神病药物的血清水平仍然是重要的。因此，詹姆斯再次经历了严重的精神病症状，导致他第三次住院。

在这次挫折的同时，詹姆斯的母亲通过探索自己的被动性的意义及其对她既定目标的影响，加深了她对治疗过程的投入和承诺。詹姆斯的母亲能够再次去约会了，并在与儿子的关系之外，找到自己的方法和一个伴侣保持亲密和紧密。她反思了自己与儿子紧密的关系在她生活中所起的作用，这既促进了一种整体感，也让她更容易避免个人的其他焦虑。她变得更加乐于探索与儿子康复无关的焦虑。詹姆斯的母亲不再觉得有必要坚定地维护自己作为保护性母亲的单一形象，我们一起处理了她寻找自我认同的过程，这可以补充她对于成年儿子的角色。在这个过程中，她找到了一种方法来更好地把儿子作为当前现实中一个真实的人来理解。

这一过程中发生了一次关键的治疗会谈。詹姆斯和他的母亲在一次会谈中异口同声地透露，詹姆斯小时候曾出现在一个受欢迎的儿童电视节目中，在节目中他扮演了一个模范儿童的角色。詹姆斯的妈妈问我们能不能一起看录像。我们反思了这样做的愿望，在詹姆斯妈妈能接受的情况下，试探性地探讨了我们所有人成为一个疼爱詹姆斯的家庭的幻想，以及她通过理想化詹姆斯的成就来支持她的自尊。最终观看录像的决定是为了获得历史信息，示范了在行动之前聚焦地反思，持续示范了一段灵活的关系，以及增加了他们指导治疗进程的自主性。

我记得在观看录像时，我立即意识到詹姆斯和他母亲对录像的反应之间存在巨大的失联。詹姆斯在观看过程中对于录像以及母亲对录像的反应都表现出犹豫和轻微的不适。妈妈则表现出热情洋溢的喜悦和自豪。我自己却感到悲伤，不仅因为当詹姆斯情绪强烈时妈妈是不可用的，也因为录像捕捉到的詹姆斯幼儿期发育迟滞的清晰表现。很明显，这些可观察到的发育迟滞往好了说是以前被漏报了，往坏了说是被误解了。我的反应让我们直接开始探讨詹姆斯和他母亲对他的缺陷的反应。

在许多会谈中，当我们讨论对詹姆斯真实的缺陷的认识时，也帮助他的母亲对真实的儿子体验到温暖的感情。我们指出他母亲本人想修正这些缺陷的不现实的，甚至是破坏性的愿望，同时指出她不尊重詹姆斯通过他的个性找到自己的人生道路的自主性。我们越来越多地引导詹姆斯和他的母亲做出符合他实际能力和满足家庭当前需要的决定。私下里我反思了自己的演变：从持续、大量原初投注于有效照顾到詹姆斯所有问题的愿望，到同步于詹姆斯母亲的成长的一个真正地更加中立的立场。

当詹姆斯和他的母亲决定让詹姆斯过渡到寄宿职业培训时，我和詹姆斯及其家人的工作结束了。詹姆斯自己完成了识别和探索这个愿望的意义的工作，詹姆斯的母亲同样审视着她自己对这个计划微妙而复杂的感觉，充满了理想化的丧失，但在他的自主性上找到了新的骄傲。与此同时，他们有着综合的能力在现实中彼此保持联结。我们一起看到这种骄傲如何取代了为以前执着和渴望的成就所付出的努力。詹姆斯和他的母亲都愿意在家庭治疗的同时进一步进行个体治疗。个体和家庭之间的区别得到了更好的区分和发展，并坚定地致力于进一步的工作。

评论 1

我觉得这个临床案例非常有趣。它与目前治疗精神分裂症的精神病学方法相去甚远。病人被当作既有心智又有大脑的人来对待。是的，他需要药物治疗脑部疾病。但他也需要一种能够承认这种事实的治疗，即他仍然有心智，意义和意图对于他以及把他当作一个人来理解来说，仍然是至关重要的。詹姆斯需要把自己当作一个人来理解自己。他需要一种方法，承认他的亲密关系的质量和性质是值得探索的。治疗的目的是告诉他，他不只是一个无助的受害者，他的思想和行为对他周围的人是有影响的。截肢者可能会觉得自己只是所处环境中的一个无助受害者，或者他可以找到一种不让其定义他的方法，与失去的肢体相比他身上还有更重要的东西。精神分裂症并不是詹姆斯的全部和本质，并且治疗师认识到了这点。他很幸运有这样一位医生。

詹姆斯的早期发展并非一帆风顺。他似乎有一个自信能干的母亲对他倾注了全部心血。也许她对母亲的角色过于投入。但这不会导致精神分裂症。我很好奇提到的那些早期发育迟缓是什么，会不会和他后来的精神疾病有关？（后来公开的录像提供的证据似乎指向这一点。）围绕他发育迟缓而形成的婚姻紧张一定造成了压力，但婚姻问题也不是精神疾病的原因。他的父亲与詹姆斯的距离越来越远是不幸的，可能会导致一些情感问题，但也不会引起精神分裂症。

我想多听听他青春期的情况，这是汹涌的驱力和发展性的改变挑战自我的时候。毫不费力地过渡到大学似乎说明了僵化、脆弱的防御，而这很快就崩溃了。他无法满足大学的社交和智力要求，开始出现精神病的症状。不可避免地，他回到了家里。他开始进行个体治疗，后来增加了母亲参与的共同治疗。最初与母亲一起的治疗集中在詹姆斯功能上的缺陷和他母亲作为促进者的角色上。

当詹姆斯提起早期的性创伤时，母子的治疗会谈变得"狂野的、鲜活的和强烈的"。这位不寻常的治疗师能够把这个情况视为一个机会，而不是试图压制会谈中原始和激烈的部分。我想很多治疗师都会被这种情况吓到，并试图把它压下去。相反，他能够思考反移情并以富有成效的方式来使用它。他继续努力去理解这些经历对于詹姆斯的发展的意义。复杂的反移情感受增加了治疗师与这对母子一起工作的动机。

治疗师创造了一个治疗性环境，这个环境中的三方都在这个过程中的不同位置上，都有抱有想法，即什么可能最终证明对这个年轻人找到他的人生道路是有帮助的。是的，精神分裂症会继续发挥影响。也许药物会改善这种情况。而詹姆斯将参与决定他是否接受药物的帮助。

尽管精神病和暴力的威胁赫然在前，但治疗师能够保持探究的姿态和不具侵入性，努力寻找意义。每个人似乎都因这种方法而成长。母亲为自己找到了一个角色，以一种允许詹姆斯逐渐走向成年的方式，对他负起责任。她也开始更多地关注自己的个人需求，这样她就有其他获得满足和意义的来源，而不是仅仅掌控儿子的生活。这最终会帮助詹姆斯努力成为自己。

总之，我认为这个治疗的关键点是治疗师有能力不被自己的焦虑冲昏头脑，不会为了让自己有掌控感而去操控一切。而这正是母亲以前做的。当然这完全可以理解，因为她想拯救她的儿子。但这让詹姆斯无法成长。治疗师通过他的自我理解，能够打开一个空间，在那里各方都能够得到成长。

评论 2

詹姆斯和他母亲的案例不是讨论治疗儿童时与父母工作的典型情况。这个孩子是个成年人，他患有精神分裂症。我希望做的是讨论与詹姆斯母亲的工作，并考虑它如何示范了在治疗中与儿童的父母工作，及其与这类工作的不同之处。

　　作为一名儿童和青少年分析师，我没有与成年患者的父母频繁工作的经验，但很明显，这位母亲和成年儿子的二元组合需要这名治疗师。同样明显的是，母亲本人在为人父母这个发展阶段需要帮助。由于早期的发育迟缓，詹姆斯在整个童年时期都比许多其他孩子需要更多的帮助，他的母亲一直愿意提供这种额外的协助；但是现在她需要得到帮助，以找到一种新方式可以与成年后的儿子相处。

　　我们被告知，父亲对孩子来说只是一个遥远的存在，母亲显然能够从自己的母亲和姐妹那里得到支持来完成她的育儿任务。当然，父母往往很难知道他们的孩子在每个发展阶段需要多少直接的帮助，以及他们又需要后退多少并随时能够给予孩子可能想要的指导。这个孩子的心理健康问题相当严重，因为他被视为精神病患者，无法重返大学。

　　詹姆斯现在的治疗师是一名男性，他告诉我们，詹姆斯之前的治疗师都是女性，在接受其他治疗师最初两年的治疗中，因为危险的行为、撒谎和不遵从医嘱，他们更多专注于心理教育和问题解决。然后他们能够就参加职业培训和开始发展友谊进行工作。母亲的任务主要是让詹姆斯能够参与治疗。

　　现在的治疗师对孩子的治疗和母亲在其中的角色采取了不同的立场。治疗师没有继续聚焦在影响病人的行为上，而是想通过理解来帮助詹姆斯。詹姆斯似乎渴望被倾听；在一次母亲在场的会谈中，他第一次报告了童年的性创伤经历。这导致了母子之间非常激烈的交流，最初治疗师也被吓到了，并陷入被动。

　　当治疗师似乎再次站稳脚跟时，詹姆斯的困难行为在理解过去受害经历的新框架中被重新定义。詹姆斯在治疗之外的不当行为开始在母子治疗中被视为具有当前的人际意义。母亲会发现他行为不端、在会谈中迟到或缺席，以及试图监控他。这使他感到羞耻，但似乎也给了他某种满足。他们三人开始讨论詹姆斯如何刺激母亲，让她一直保持警惕，以便她最终通过"困住"他来控制他，不让他为不当行为"逃脱"。这让母亲一直与詹姆斯纠缠在一起，并干扰了詹姆斯发展自己的自我监督功能。治疗师找到了一种方法中断了母子之间那种持续的互动。他会以非评判的方式谈论詹姆斯的行为，既没有羞辱也没有赞美他的行为。这帮助詹姆斯自己思考并做出自己的决定。

特别值得注意的是，他的母亲如何学会了以一种新的开放地理解的方式与她的儿子建立关系，而不是用更适合年幼孩子的表扬和惩罚的方式。治疗师也能帮助母亲注意到她在治疗中对儿子强烈的情绪反应促使他逃避治疗。在治疗师的帮助下，她从一个行为修正者的角色转变为在成为成年儿子的母亲过程中积极成长的角色。

当詹姆斯通过肌肉注射接受药物治疗时，大家逐渐意识到詹姆斯童年的被动受害以及他在目前的治疗中继续保持着对此的恐惧，这似乎导致詹姆斯和他的母亲都更多地意识到他们在其他情况下的被动。母亲能够在自己的生活中更积极地考虑她对伴侣的渴望，而不是把整个生活都集中在詹姆斯身上。

最后，在一次会谈中观看詹姆斯童年时期一段录像的经历，揭示了他的母亲难以注意到他早期的缺陷，以及这对詹姆斯来说是多么的悲哀。这也使治疗师认识到他也很难去尊重詹姆斯寻找自己的个性之路。治疗师和母亲能够并行地成长。

这个治疗展示了通常治疗师与父母工作的许多方式，而这个治疗中的一些工作更像一种"伴侣治疗"，而不是更典型的父母工作。该案例中典型的父母工作的例子是，治疗师描述了母亲似乎对工作中出现的一切持开放态度，却如何以一种更隐蔽的方式坚持工作的重点只聚焦在詹姆斯身上。当父母带孩子来治疗时，他们的自恋是如此脆弱。我们意识到，他们害怕自己伤害了孩子并且会受到我们的指责。我们意识到，他们渴望得到专家的免责声明："这不是你们的错。"如果我们成年人都赞成孩子才是需要被解决的问题，而不是做痛苦的工作去帮助父母认识到她/他在孩子的困难中扮演的角色，那么似乎一切都更容易一些。

另一个更典型的伴侣工作的例子是，在一次会谈中，詹姆斯向分析师透露他小时候受过性侵，而后母亲和儿子卷入了一场激烈的、非常令人不安的争吵，詹姆斯的治疗师起初似乎很兴奋，然后被打击而变得被动。治疗师能够见证并让自己积极地被拉入家庭的行动中，然后让自己思考这个家庭中被活现的许多愿望和恐惧，包括思量自己被放在了那个也许可以保护孩子却缺失了的父亲的角色上。他还开始考虑如何为母子提供一个机会，让他们有一种不同的关系：一种在三元关系中的母子关系，而不仅仅是前俄狄浦斯期的二元关系。在问题较少的心理发展中，第三人（通常是父亲）的存在调节了母子关系的强度及其导致退行的拉力。

在我们试图帮助的家庭中，我们经常被拉入这样的角色。我们可以感受到被邀请参演家庭戏剧中的各种角色。在父母一方缺席的情况下，我们会发现自己被迫扮演缺席一方的角色。或者，当在场的这方父母的怨恨需要被满足时，我们可以感受到被邀请加入去批评缺席的那方。如果父母双方都在场，我们可能会被要求在长期的婚姻斗争中选边站。这个旷日持久的战争经常会找到新的战场，那就是争论什么是处理孩子困难行为的最佳方式。

詹姆斯似乎倾向于对他的生活采取被动的立场，治疗师有时也变得沉默和被动。我们被告知，父亲与男孩的关系发生了三次变化，分别在孩子三岁、六岁和十二岁时。这些时间应该正是充满强烈激情的俄狄浦斯期、转向外在世界的潜伏期初期，以及情感增加并真正面对世界的青春期。詹姆斯十二岁，在父亲离开的同时，他又遭遇了一次可怕的性经历。最后，在离家上大学时他得了精神病，这是另一个剧烈变化的时期，而他的父亲可能又不在场。

我好奇治疗师的被动是不是在面对明显强大的母亲又没有父亲作为缓冲时，对患者的认同。这位母亲是否被视为能够除掉那些不同意她的愿望和观点的男性的人？长大和离开她的愿望对詹姆斯来说意味着什么可怕的事情吗？当父母中的一方表现得非常强大，甚至可能很危险的时候，对我们来说，深入探究这样的动力是可怕的。这位分析师能够思考自己的被动反应，这使他有可能勇敢地面对这一挑战，并更加坚定了与詹姆斯和他母亲一起工作的动机。

示范处理孩子问题行为的新方法对于和年幼的儿童工作的分析师来说是相当常见的。我们听到过太多应对孩子的方法，以至我发现自己，不管结果怎样，都会向父母建议可能的替代方法以处理特定的挑战时刻。有些家长觉得这很有用，感觉得到了帮助。其他人则设法挫败那些即使我认为简单无害的建议。

然而，给出建议是棘手和微妙的，因为它可能会使我们偏离理解孩子行为的意义的目标。詹姆斯的治疗师能够把焦点集中在詹姆斯是如何刺激母亲不断地监督他的。当治疗师捕捉到这个活现，并帮助母亲停止公然"抓到"詹姆斯的不良行为时，治疗师也能够展示另一种处理这些行为的方式：不是担任识别不良行为的角色，而是让詹姆斯承担责任，帮助他发展自己的自我调节能力。

最后，随着孩子的成长，父母可能很难认识到自己的角色发生了变化。正如詹姆斯的治疗师所做的：意识到孩子在治疗师这里已经开始需要不同的东西，并允许我们自己思考这一点，从而改变我们给孩子提供的东西。这也是另外一种向父母示范不同的反应方式的方法。

一个写得很好的案例，就像这个詹姆斯的案例一样，总是让我们想更多地了解相关的人，我们也希望我们能知道更多关于互动的细节。我想知道治疗师是否安排了与母亲的单独会谈，或者只有在詹姆斯缺席共同治疗时才单独见她，后者可能更适合一个有精神病的成年儿子。我们可以推断，无论治疗师与詹姆斯的母亲工作的细节如何，她了解到了她自己的冲突，可能也了解到了对她的精神病孩子的内疚。治疗师似乎能够帮助她认真对待这些困难，并接受帮助。

评论 3

人类情感发展的顺序和过程是过去一个世纪以来在理解心智方面的主要进展之一。关于儿童成长的实验证据已经成为理解我们临床工作有力的导航工具。然而，除了艾瑞克·埃里克森（Erik Erikson，1980）之外，很少有作者考虑过青春期以后的发展。但在青春期之后还有一些发展阶段，包括为人父母阶段（Benedek，1959）。

为人父母阶段之前是成年早期，在这个时期，个体学会照顾自己，并与另一个人发展亲密关系。为人父母阶段的挑战不仅在于有能力获得心理和身体资源，以充分照顾自己和承担自己的责任，并且与他人达成伴侣关系；还在于有能力承担责任并且开始照顾另一个人，即孩子，通常始于怀孕期和婴儿期。为人父母阶段发展的挑战不是一件一劳永逸的事情。它涉及递增地调整自我，以便在儿童发展的每个阶段能够给予他们支持。当一切顺利时，父母的情感会与孩子的发展捆绑、联动地成长。当然，如果还有其他孩子，父母发展水平的前沿将跟随着发展最靠前的孩子，而较小的孩子则受益于一名更有经验的家长。

与孩子的发展一样，父母的发展也是由某种基因编码决定的。孩子的发展由生理遗传决定，大概就是 DNA*，还有经验。父母的发展可能更多地编码在"情感遗传"中。这种情感遗传是编码在其人格中的，而人格是父母通过与自己的父母在一起的童年早期体验积累形成的。这种情感转录和翻译的一个例子可以在口语中看到。母语是通过环境而不是 DNA 从父母传递给孩子的。孩子说的是父母的语言，这种语言是代际相传的。格林斯潘和尚克（Greenspan & Shanker，2004）研究了这种将人格从一代传递到下一代的情感转录和翻译过

---

* Deoxyribonucleic Acid 的缩写，即脱氧核糖核酸，生物细胞内携带遗传信息的一种核酸，是生物体发育和正常运作必不可少的生物大分子。——译者注

程。这种代际传递的另一个生动的例子是 G. 恩格尔（George Engel）对莫妮卡（Monica）的案例研究（Engel et al., 1979）。

　　这并不是说情感遗传编码是不变的，就像 DNA 不是肉体的唯一决定因素一样，例如基因型不一定是表现型。在情感发展上，父母不必做他们小时候别人对他们做的事情。然而，对于父母来说要做不同的事情通常需要有意识地决定去做得有所不同。否则，从父母到孩子的转录和翻译是自动的。然而，在许多情况下，父母在孩子的发展中都会面临他们在自己的发展中没有遇到过的情况，因此没有任何编码告诉他们要如何处理。

　　例如，思考一下聋儿与听力正常的父母。在这种情况下，家长没有体验过作为聋儿成长是什么感觉。为了提供促进健康成长的养育，首先，父母必须学会说一种不同的语言，然后把这种语言传递给孩子。但是新的挑战不止于此。孩子的耳聋将使得发展的轨道朝向听力正常的父母从未面对过的方向。随着孩子的发展，这将要求父母以新奇的、不可预知的方式去成长。

　　现在让我们来看看詹姆斯和他母亲的临床案例。当青少年进入成年期早期时，正常发展会要求青少年的父母提供一个稳定的发展基础。"然而，（对詹姆斯来说）麻烦出现了，他又回到了母亲身边生活……"对于一个无法在家庭之外创建有意义的关系，也没有能力维持自己生活的孩子，母亲该怎么办？就像听力正常的父母有个聋儿一样，没有情感编码的遗传来指导詹姆斯的母亲（尽管对母亲自己童年和青春期的历史细致了解后可能会发现，母亲的某些经历也许对现在的情况是有影响的）。随着詹姆斯回家，母亲和詹姆斯的整个发展轨迹都偏离了正常的发展方向。

　　我们可以考虑导致所谓的"独立失败"的所有可能的影响因素。例如，就像母亲在看录像带时向我们揭示的，她对詹姆斯童年早期的缺陷缺乏认识，因此我们可以考虑母亲在能够清楚地"看见"她的孩子方面的缺陷。我在临床工作中所知道的事实是，大多数父母不是我们所认为的"优秀"父母，但他们已经足够好了。就像大多数的童年不一定是"美好"的童年，但也是足够好的童年。我们或许可以对临床治疗师说同样的话，我们不一定"优秀"，但我们通常也足够好了。

无论如何，提供给詹姆斯的算不上足够好的，家长和孩子两边也都可以看到可能的缺陷。但此时此刻的问题是："在试图解决詹姆斯面临的挑战中有什么优势和资源是可以利用的？"我们还要考虑如何最好地支持母亲的支持性角色。我发现在案例开始的时候提醒自己，我们在一个未知的领域，这是很有用的。在这个案例中，这个领域对成年的子女、父母，以及治疗师来说都是未知的。似乎大多数治疗师开始在这个未知领域"航行"所使用的方法，都是去思考每个人带入咨询室的叙述。在这些叙述中都嵌入了他们自己的、世界的以及这些如何结合在一起的模式。

在我与这种亲子二元组合（或者更准确地说是包括我在内的三元组合）工作的经验中，有这样的案例，由于父母错放的焦虑和不愿对孩子放手，又把孩子拉回家庭里。还有一些情况，父母的不愿放手来自他们的现实焦虑，认为孩子还没有准备好成长到更高的成熟水平，如果父母放手了，孩子就会崩溃或者变得更糟。有时只有在三元组合中工作很长时间，相信即使做得不够好，但是只要每个人都在尽最大的努力，通过来来回回地"划桨"，每次抓着一点又放手一点点，也许最终才能够让人感受到，而不仅仅是理解，三人组中每个人能做到的和不能做到的。即使这样，已经有了十年经验的我还是要面对困境：例如，一个二十五岁认知智力正常的成年孩子咬着她母亲的大腿，直到警察来把他带走时才松开。把孩子激惹成这样是由于：我建议母亲更清楚地向女儿呈现现实，然而女儿不能容忍母亲没有向她确认，死亡只发生在童话里。每一次失策都会对情况有更多的理解。只要这些失策不会造成太大的创伤，正是通过所有这些经历，发展才会发生……如果它终将会发生的话。

在詹姆斯的案例中，母亲的自我反思是有限的，而詹姆斯则几乎完全没有，这当然是一个不利因素。这是这个案例的主要挑战，正如很多其他案例那样。在该案例中，目标是帮助母亲和孩子能够将自己的状态带到有意识的心智中，并在有意识的心智中抱持自己的状态，进而反思这些状态对自己和其他人的影响，包括母亲对孩子的以及孩子对母亲的影响。

从技术上讲，有人可能会问，谁是最好的工作对象，成年的孩子、母亲，还是他们的二元组合？我发现通常这是由可行性来决定的。谁能够参与治疗的工作？我曾经为如何让一个四十五岁还受父母供养的儿子的母亲来咨询室而挣扎。母亲把儿子一个人打发到我这里，而她则待在家里看肥皂剧。在与这个男人工作了一段时间并努力了解完整的历史后，他和我决定也许值得一试，把他服用了近三十年没有调整过的高剂量抗精神病药物减少一些。他回到家后不到十五分钟，母亲就来到了我的办公室，准备工作……或者打架——她和我都不确定。但她已经在咨询室里了，之后我们建立了治疗联盟，为帮助她的儿子而工作，个案的情况得以向前推进。

我们的病人以及他们的家人和这个世界的相处有冲突和麻烦。他们来到我们的咨询室里，当然他们会以同样的方式与我们陷入冲突和麻烦，活出他们的叙事，活出他们那并不适用的应对世界的模式。这种在行动中的活现发生在各个水平上。例如，R. 谢弗（Roy Shafer，1980）在他对"行动语言"的探索中呼吁关注这一点。从另一个角度来看，我们称之为移情。我们的临床工作就是在遇到这种现象时保持耐心，并提供一个安全和足够好的陪伴衬托者，允许"在临床上传递足够好的发展"，也许使用的正是与父母将人格传递给下一代时相同的机制。这种治疗成为父母和孩子的鲜活体验，支持双方的发展。治疗师为他们提供了一个过渡空间，让他们发展一个富有活力的叙事，一个更贴近现实一点的模式。这就是成熟和发展的根本。例如，在詹姆斯的案例中，治疗师示范了"对于詹姆斯缺席的平静反应帮助他内化了一套更温和的禁令系统……在我们的家庭工作中，詹姆斯的母亲也学着认识另一种联结的模式"。

温尼科特（Winnicott，1969）谈到抱持环境。在这个案例中，我们可以看到治疗师是如何抱持强烈的反应的。一点一点地，三元组合中的每一个人都走向自我反思，并在这种自我反思中，开始看到自己在父母和孩子的联动发展中的角色。坎纳（Kanner，1949）和贝特尔海姆（Bettleheim，1967）认为，正是一位母亲的无反应性，造就了孤独症孩子。但仔细观察我们就会发现，在很多情况下，事实正好相反——正是孩子对妈妈的无反应性，导致了"冰箱妈妈"。

在詹姆斯的案例中，正如案例介绍最后所描述的那样，很可能母亲的自我反思帮助她看到了联动的本质，以及谁在影响谁。这种澄清有助于母亲摆脱母子关系中的一些方面，这些方面不支持健康的促进成长的发展，在某些情况下甚至可能干扰发展。这包括詹姆斯从儿童到成人的发展，以及母亲自己的发展。因为她需要从一个儿童的家长，过渡到一个不再去提供日常依赖需求的家长。那些需求通常是依赖着父母的儿童才需要的。

一般来说，青春期的发展会促使父母和孩子脱离彼此的联动。大多数时候如果有一个功能足够好的二元组合或三元组合，孩子可以顺理成章地实现自立。我曾经有过这样的机会，能够在精神分析的设置中与像詹姆斯这样的儿童或青少年一起密集地工作，并且能够帮助促进其发展。然而很多时候，要么是由于资源不可用，要么是由于发育迟缓过于密集，导致这些孩子在情感上已无法进入成年早期阶段并实现自立。有时候要花好几年才能弄清楚到底是哪个原因。

我的经验表明，只要父母对孩子不是施虐的（或受虐的），即使他们不擅长育儿，只要他们参与进来，孩子通常会做到最好。而在稳定而合理的支持下，发育迟缓的孩子，比如詹姆斯，可以继续发展，尽管很慢。但孩子可能已经达不到情绪自主，更别说物质资源自主了。父母可能会觉得，也可能事实真的是这样，他们已经变得疲惫不堪、精疲力竭，而父母与孩子只有一方会在情感上活下来。为了父母的存活，孩子最终要寻求父母以外的实体以满足他们依赖的需求。否则，他们都可能无法继续生活下去。

这种不由父母提供的替代照料通常涉及某种组织或机构（如"寄宿职业培训"），因为像詹姆斯这样的成年子女的依赖需要不可能由个人来承担。正是那些对孩子投入最多，试图照料孩子，却完全无法管好孩子的父母证明了一个人提供这种大量照顾工作的困难。因此，任何其他更少投入的单独个体都不太可能管理好这种成年的孩子。

斯皮茨（Spitz, 1945）证明了这种机构护理的缺点。尽管像斯皮茨所研究的那些照顾婴儿的孤儿院似乎与集体之家或寄宿机构中的成年人相去甚远，但我认为事实并非如此。住院通常是让儿童自立的最后一次绝望的推动；偶尔它会起作用，儿童会对机构的工作人员建立起依恋关系。然而，根据我的经验，孩子在机构里通常做得不像他们在父母那里做得那么好，当他在情感上慢慢地枯萎时，但至少在身体上是安全的。

以詹姆斯为例，我想知道"替代医疗提供者提出的建议"是否在绝望地进行倒数第二次推动，去做一些对于詹姆斯来说正确的事情，因为不想放弃对詹姆斯的希望和与他说再见。当詹姆斯从口服过渡到长效注射抗精神病药时发生的事件，也许是一个警告，治疗师的大部分工作不是为病人制订治疗计划和设计叙事，而是在一种平静的感觉状态下完成的，在那个状态中我们可能想尝试用事后叙事来解释。没有经历过三元组合工作的临床工作人员所提出的外部干预，给出的建议通常具有破坏性。

有时，来自专业人士的不同意见和武断的督导能够提供有用的其他观点，但是，我认为不同的意见和督导更重要的作用是帮助初级治疗师探索那平静的感觉状态，就像治疗师的角色是帮助患者自我反思一样。另一方面，如果对治疗师的信任和依恋受到挑战，而治疗师不能在三元组合内解决这个问题，那么我认为治疗师应将其职责交给提供不同意见的治疗师，而不是继续做感觉不对的事情，这才是最好的处理。治疗师是可消耗的资源，无论如何，生活才是最终的老师，治疗师不是。

回顾詹姆斯的案例，也许我们可以看到詹姆斯和他母亲的捆绑发展是如何延缓了母亲作为家长的正常发展的。新生儿的父母像奴隶一样，把孩子的每一个呜咽和愿望都当作命令来回应，但是也从每一个打嗝、放屁和鬼脸中获得巨大的快乐。对于詹姆斯的母亲来说，这种命令式回应不得不一直持续到詹姆斯二十多岁，而代价则是她无法清楚地看到詹姆斯的缺陷。詹姆斯和他的母亲在观看过去的录像时，都能够看到和反思詹姆斯非常真实的缺陷和局限性，这要归功于詹姆斯的治疗师，并且这也许是母亲/孩子发展的最后一次解绑。到这个节点上，母亲终于放手，让詹姆斯进了一家机构。对母亲来说，这很可能是把神经症性的困苦变成了普通的人类不幸。我预计，对詹姆斯来说，随着他成为机构的常客，他的发展将放缓或停止。

总之，这个青少年发育迟缓的案例向我们展示了父母和孩子之间互相捆绑、联动的发展。为了孩子，家长在为人父母方面的发展延缓了。在孩子尽管缓慢但持续的发展中，家长延迟自己为人父母的发展时，受益的是孩子。换句话说，实际上当母亲第一次观看发育迟缓的、挣扎的幼儿的录像时，她看孩子的视角是看待婴儿的父母视角，直到治疗师能够帮助母亲看到詹姆斯的真正缺陷，母亲的发展才进入有着年龄更大一些的孩子/青年孩子的父母的发展水平上。此时，母亲可能会感受到（无论正确或错误，虽然我觉得在治疗师的头脑中认为是正确的），继续做一个在成年躯壳里的依赖和发展严重迟缓的孩子的母亲是徒劳的。

在我工作过的许多类似詹姆斯的案例中，在某个时候，要么因为父母筋疲力尽了，要么因为青少年自身的发展，要么因为治疗师的帮助，要么因为死亡，父母和孩子的发展才互相解绑。作为后话，根据我的经验，一旦这种捆绑的父母/孩子的发展被解绑，除非照顾者和（成年）孩子之间建立了情感依恋，否则成年孩子的情感发展就会停止。有了这个观察，我们可以看到在其他情形下观察到的东西：发展取决于对另一个人的依恋。在某些情况下，我们作为临床工作者可以与这些机构的工作人员合作，支持健康的依恋关系的建立。在其他情况下，这些机构，如刑事司法系统，大多是无情的，尽管我也见过例外。

对一些人来说，这可能会引起一个伦理困境，即我们作为临床工作者是否应该致力于解绑父母/孩子的这种捆绑发展。以我的经验，当我们考虑可能性的时候，伦理问题也失去了讨论的意义。可能性的限制通常消除了可能引起伦理质疑的替代方案。换句话说，在詹姆斯这样的情况下，如果母亲继续作为一个依赖的孩子的家长，母亲和孩子都会在心理上死去。我们可以以电影《灰色花园》(*Gray Gardens*)为例来思考。无论如何，答案应该留给家长和孩子自己决定。作为临床治疗师，我认为我们的工作是帮助父母和孩子更清楚地看到他们面前的状况。我们在三元组合中的工作就是把这个状况看得更清楚。

主编反思

本案例集最后几章展示了这种思考的有用性：把与父母的工作视为一种潜在的"永恒"的努力，不应该在某个由时间顺序或情境决定的时刻结束。亲子关系在一生中不断演化和转变；虽然本书包含的案例不超过成年早期，但很可能治疗师在某些情况下治疗甚至年龄更大的患者时，也在做不同类型的父母工作。詹姆斯和他母亲的工作也拓宽了我们的思路，即当病人患有严重精神疾病时，父母工作的适用性——确实相当重要。正如一位评论者睿智地指出，"精神分裂症不是詹姆斯的全部和本质"。我们可以说，有一个患精神分裂症的儿子也不再是妈妈的全部和本质。分析师帮助这位母亲从一个限制她和詹姆斯的身份，即一个有着不寻常需求的孩子的母亲，转变为允许他们在生活选择上有更大自由的身份。她逐渐把自己看作一个"在适当的支持下，面对一系列特殊挑战的成年初显期成人的母亲"，以及一个可以拥有自己的充实生活的成年女性。

这位分析师讲述，他与这对母子一起工作，"目的是通过理解促进改变"，而不是之前的治疗师们提供的心理教育和问题解决。他确定了他的工作方式的要素，如示范在对待詹姆斯的挑衅时做出冷静反应，并证明可以相信詹姆斯能够内化对其功能的责任感。正如一位评论者所观察到的，他认为詹姆斯有大脑和心智（还有自我？）。在这些态度和技术之外，工作中还发生了更多的事情。一位评论者强调，这位分析师可能无意识地陷入了这种"伴侣"特有的被动性，让自己"积极地被拉入家庭的行动中"……并参与扮演"家庭戏剧中的一个角色"。这位分析师自己也表达了一些更多时候没有被说出来的东西："私下里我反思了自己的演变：从持续、大量原初投注于有效地照顾到詹姆斯所有问题的愿望，到同步于詹姆斯母亲的成长的一个真正地更加中立的立场。"他也改变了（！），正如我们与父母和孩子充分接触时，我们所有人都会改变。

弗曼（Furman，1992）密切观察了母亲和幼儿相互展开的发展。她描述了母亲的发展任务，即从对孩子（作为自己的一部分）的自恋投注转变为对他／她作为一个拥有自己权利的人的客体投注。詹姆斯和他母亲的案例表明，父母工作，即使是对一个年轻成人的母亲，也可以帮助促进这种转变的发生。事实上，在我们治疗的每一个案例中，无论是明确地还是隐含地，都有一些关于这种发展转变的工作。第三位评论者最后提出了一个有趣的想法，即作为临床治疗师我们的工作就是"把这个状况看得更清楚"。我们的工作包括许多事情，在父母工作中，它变得更加复杂，因为我们试图从多种多样、混乱和经常冲突的观点来看"这个状况是什么"，同时保持我们对病人和他们的照顾者现在是怎样的以及将来会变成怎样的投注。评论者对我们提出挑战，去思考分析师的双重角色，既要同时促进成年初显期的成人及其父母的发展，也要解决病人的治疗需求。

第十四章

成为心理上的父母：父母初显期

成年初显期

临床案例

我选择"父母初显期（Emerging Parenthood）"作为本案例的标题，因为我希望让人想起现在被称为"成年初显期（emerging adulthood）"的发展阶段（Arnett，2014）。本案例中描述的年轻父母正处于人生的过渡时期——孕育着他们的孩子，他们不再是青少年，但还没有真正成为独立的成年人。他们的经历可能突显了年轻人面临成为父母的任务时的一些特殊挑战，同时仍在经受着内部的以及与他们父母的关系的发展性转变，这将会持续到二十多岁。他们的经历也让我们有机会关注祖父母在这种情况下所处的位置，以及他们会如何影响他们尚未完全成年的儿女的"父母初显期"。

当卡森的母亲第一次为卡森寻求帮助时，他是一个苦恼和沮丧的四岁半的孩子，在日托中心遇到了很大的困难。卡森在班级里的行为看起来充满攻击性、失控、对于老师帮助他的努力毫无反应。他经常被送到主任办公室，一旦有了大人的专属关注，他就很容易安定下来。他哀怨地请求她来帮助他守住他的承诺——乖乖的。解决他的困难的一个策略是缩短他在日托中心的时间，或者在适当的支持对他无效时，让他的母亲早点来接他。

他的母亲也很担心和沮丧，并寻求她信任的儿科医生的建议，儿科医生转介她去接受指导和支持。当时，莎伦是一个二十出头的单身母亲，正在上社区大学，仍然和她自己的母亲住在一起。她非常关心她的孩子，但面对他的困难却感觉很无助。她对他的行为感到尴尬，认为这反映了她的不好，她对为了早点来接他而不得不缺课感到愤怒和纠结。在她痛苦的时候，她会对他变得严厉和具惩罚性，或者责怪别人，包括他不可依靠的父亲。

这位父亲卡尔的年纪稍大一些，也是二十出头。当莎伦意外怀上卡森时，他也还和父母住在一起。他和莎伦是高中时的朋友，但没有恋爱关系；后来的怀孕是一次偶然性交的意外结果。莎伦认为卡尔和他的家人是不成功且缺乏志向的。卡尔渴望成为一名职业运动员，但未来前景没有保障。尽管两个人处境艰难，还是做出了放手一搏的决定，希望能一起抚养孩子。因此，无论他们各自有什么复杂的原因，在某种程度上，他们想要并且也选择了成为父母。卡尔搬进了莎伦与母亲以及十几岁的表弟合住的复式公寓。

外祖母莱恩太太一直在抚养她的外甥卡森，因为他的父母无法养他。她本人作为一名单亲妈妈抚养自己的孩子们长大，尽管他们的父亲仍然参与育儿并提供支持。虽然莱恩夫妇没有像夫妻那样在一起，但他们设法找到了一种方式，在养育子女和孙子的过程中很好地合作。尽管莱恩太太感到很遗憾，因为她的妹妹有问题，需要她介入并照顾她的外甥，但是她接受了这个角色，并付出了爱。她把希望寄托在她最小的孩子莎伦身上，认为她有潜力从大学毕业，掌握能保障她拥有一份高薪工作的专业技能。她对莎伦的意外怀孕感到非常失望，但她还是主动接纳并尽她所能提供了帮助。

在卡森出生后的几周内，组建家庭的艰难现实就让卡尔和莎伦无法克服。当他们共同照顾卡森时，卡尔觉得自己被莎伦和她母亲晾在了一边，他很生气。他们争吵不断，在一次争吵演变成暴力冲突之后，莎伦坚持要卡尔搬出去。四年后在我见她时,她证实卡尔被边缘化了,说她和母亲一直是照顾卡森的伙伴,"像夫妻一样"。卡尔的父母鼓励他站出来,做一个负责任的父亲,并与卡森保持定期接触。但他还是从来没有持续地提供经济或情感上的支持,也没有在这一节点发展到为人父母阶段。

虽然由于外祖母的密切参与带来了问题,但她对女儿成为父母的支持也值得赞扬。她支持女儿选择母乳喂养,并以这种方式在早期就强化了莎伦是母亲而她是帮手的这一事实。她成了"第三元",一个涵容的存在,就像其他家庭里的父亲一样。在卡森出生后的第一年,莎伦能够全职在家陪伴他。当他长到幼儿时,她才重新进入大学学习。当她又开始上学时,她妈妈在她必须去上课的时候照顾孩子。

卡森三岁时,他父亲突然时来运转。他参加了一场全国电视转播的体育赛事,并一度成为当地的名人。在受到公众关注的这段时间里,他用卡森作为公关道具,提升他虔诚而奉献的父亲形象。他开始带他去他父母家过周末,让他接触为数众多、让人应接不暇的人群。莎伦被这一切兴奋冲昏了头脑,甚至想象他们可能会复合。但她也感受到卡尔没有考虑卡森的需要,也没有充分保护他。当得知卡尔在没有事先通知她和卡森的情况下突然结婚时,她既震惊又愤怒。不久,卡尔和他妻子搬到了一个遥远的城市,他再次只是断断续续地与卡森联系。

在这样的情况下,我与莎伦因为卡森而开始以被描述为"通过父母治疗"的模式进行工作(R.Furman & Katan,1969)。这项工作目的是支持并帮助莎伦理解卡森行为困难的深层原因,这样她就可以亲自帮助他。这时,她再次成了一名全日制学生,并把卡森送进了日托中心,然而他在那里过得很艰难。当日托中心打电话说他的行为无法控制的时候,她经常让她妈妈去接他。我们工作一开始的任务是帮助她认识到,卡森仍然多么需要她并且只要她本人。无论这时她和她的母亲多么相信她们是可以互换的,但卡森都在乞求她的时间和关注。莎伦同意了一个计划,通过减少课程量让自己更有时间,这样她就可以陪他上学，并留在日托中心，在感情上支持他，直到他感到安全并能够独处。她的在场起到了镇静的作用，卡森开始明显好转。

莎伦和我每周都见面，试图了解是什么困扰着卡森，以及如何帮助他。在我们的谈话中，莎伦开始敞开心扉，讲述了她尝试成为一位母亲的种种经历。她说，她的怀孕过程在身体和情感上都很复杂。她认为她怀着一个外星宝宝，他会更像卡尔家的人，而不是她自家的人，她一直被这样的想法折磨着。她对自己让母亲失望感到无比内疚，认为自己的婚外性行为是一种罪恶，为此她受到了惩罚。当她可能早产时，她害怕自己对孩子造成了伤害，可能会失去他。卡森刚出生时的尖叫声使她相信他是"生而愤怒"的。她想象他长大后会成为一个杀人犯。通过投射自己无法忍受的攻击性和愤怒，她以牺牲与卡森的关系为代价，抽离了自己。幸运的是，她喜欢他的样子和他好奇的天性，这在某种程度上缓和了她的态度，但她仍然将任何痛苦的迹象都视为愤怒和指责。举个例子，当卡森被困在婴儿床里用撞头来表达挫败时，莎伦再次感觉他在某种程度上像个恶魔，没能将此与他可能想念她，想和她在一起，或者只是利用他日益增长的行走能力来探索他的世界联系起来。

我们的工作开始关注他们相互间的矛盾。当莎伦感到负担过重和愤怒时，她很容易斥责卡森或逃离他。这加剧了他的焦虑和攻击性行为，导致了关系的螺旋式下降，两人都不知道如何避免。莱恩太太的补救办法是试图接管，但这只是暂时的帮助，实际上使事情变得更糟，因为之后莎伦感到被拒绝和无能。在我们的工作中所学到的东西帮助莎伦感受到了自己的重要性，但也增加了她的负罪感。此外，卡森的进步意味着，就在她开始喜欢和他在一起的时候，他似乎正在远离她。作为回应，当新学期开始时，她再次报名了更多课程，并要求在必要的时候，允许她的母亲到日托中心接他。

因此，莱恩太太联系我，问她能不能在女儿不能出席家长会谈的时候，由她来参加。我决定与她会面，直接澄清我认为她如何能提供最大的帮助。我对她的支持和参与表示钦佩，这对卡森和他母亲的一生都非常重要。我们谈到了许多她帮助他们的实际做法。但我说，卡森真的仍然需要莎伦始终如一地做他的母亲，而不是从他身边抽离开。莱恩太太一直向莎伦施压，让她来接管卡森的照顾任务，这样莎伦就可以更快地完成学业。她用这样的方式让自己发挥母亲的作用，想要她的孩子在发展上取得进步。然而，幸运的是，她能够认识到，这可能会失去巩固卡森和莎伦已经取得的改善的机会。从那时起，她有时会帮忙送卡森来参加会谈，我们定期地联系，但以前的双重养育发生了转变。

卡森进入幼儿园后，他的行为再次变得更糟糕。这次，他正在体验的焦虑似乎不再与分离有关，而是长期存在的自尊问题干扰了学习和同伴关系。他会见诸行动，以避免因与他人比较或感到被冷落而产生的冲突。莎伦还敏锐地发现，她认为他"渴望有一个父亲①"，他似乎正在认同卡尔传达给他的好斗且不成功的男人形象。早前，我已经告诉过莎伦，在某个时候，卡尔参与我们正在做的工作是很重要的，她同意了。她有意识地尽量不在卡森面前说卡尔的坏话，但她对他感到失望已不是什么秘密。她也开始告诉我，她觉得她和卡森的努力不足以帮助卡森克服困难。我意识到"接管"的风险，因而劝告莱恩太太不要这样做。但我非常担心卡森的发展，建议以低得多的费用进行每周五次的分析。莎伦接受了这个建议，卡森和我在他六岁时开始了我们的工作。开始阶段的工作使卡森解决了他在母亲和祖母之间一直体验着的忠诚冲突，每周与莎伦同步进行的会谈也为她提供了针对这一点的感受再次工作的机会。

我在之前了解到，现实中卡森对拥有一个强大的、保护性父亲的愿望是失望的。他让我在办公室的一个地球仪上指出他父亲搬到了哪里。他说："我父亲脾气不好。"他用乐高讲述了一个故事，其中有一个父亲，一个爷爷，还有一个正在举办生日聚会的儿子。他扮演父亲用温柔的声音

---

① 他的评论让人想起了 J. 赫佐格（James Herzog）关于"对父亲的饥渴（father hunger）"（2004）的工作，以及父亲在帮助男孩，特别是驯服攻击性方面发挥的重要作用。

说："嗨，孩子们，你们的聚会愉快吗？"他说，这个父亲因为吃健康食品有六块腹肌，他还让这些角色玩滑雪板和自行车特技——为了安全起见，父亲给儿子买了一个自行车头盔。他在隔壁给父亲的弟弟盖了第二栋房子，并解释说叔叔把这个房子照看得很好，里面还种了花。

在我和卡森的母亲定期的会谈里，我听到了一个完全不同的故事。卡尔来城里为卡森过六岁生日，但没有给他买礼物。卡尔和他弟弟因为这种伤害性忽视而打了一架。卡森无视父亲的警告告诉了母亲，但他不想让她告诉我。（我认为这让人感觉太丢脸了。）莎伦鼓励他向我讲任何事，并说她允许他这样做。我让卡森知道他母亲已经告诉我了。之后，他的心情和游戏的内容从技巧变成了打斗。他开始谈论他班级里的一个男孩和父亲最近一起去旅行，并且他能够说出，当他听到这个男孩谈论他们在一起的乐趣时，他很嫉妒。

在分析进行了大约六个月后，卡尔联系了莎伦，说他希望卡森整个夏天都和他在一起。卡森很清楚，他不想去那么远的地方那么长时间，但他想让他的父亲来看他。我利用这个机会问莎伦和卡森，我是否可以亲自联系卡尔，他们都同意了。当我打电话给卡尔，他听到卡森在学校有困难时表示惊讶，但他并不反对做分析。他想知道我对他希望卡森在夏天来看他的看法，并说他会同意我的任何建议。我分享了卡森对这个计划的感受，并建议我们开始定期电话交谈，这样他可以更多地参与进来，并知道卡森为了什么而挣扎。尽管他同意了，但没有坚持到底。然而，他开始定期地打电话给卡森，并经常来看他。当卡尔在城里时，卡森偶尔会和他在祖父母家过夜。卡尔似乎更像叔叔，而不是父亲，他的参与更多的是基于他父母的敦促，而不是他自己主动的。在这些拜访后的分析会谈里，卡森会假装玩电子游戏并且不理我，让我感到忧伤和孤单。我开始诠释他和父亲之间的空虚感，以及卡森对此感到的愤怒和悲伤。

一天早上，卡森提前来到咨询室，我不得不让他等一分钟。当我让他进来时，他说："超过一分钟了。"他是对的。我说也许我让他等待是让他生气的事情。在这段时间，他非常努力地将他的分析保持为一个只能允许良好感觉存在的地方，同时他在学校仍然会见诸行动。他说他想去拿杯水，当听到我说他想让我等着时，他感到满意。他回来并且说他去了三分钟。"你让我只能等着，就像你只能等着我一样。"我说。我接着补充说，前一天我和他父亲通了电话，他父亲告诉我，卡森一直不接电话，让他等着。我说他还告诉我他一周后会来城里。"我得等很长时间。"卡森回应说。他又去喝水，回来问我，他这次去了多久。我问他离开时是否注意到我们当时正在谈论什么。"我爸爸。"我说他不得不经常等他爸爸。我好奇，他能不能让他爸爸知道，这让他很生气，而不是把对他的愤怒带到学校去。

在卡尔不在城里以及不经常参与会谈的那段时间里，我认为我有必要把他放在脑海中，并准备好当卡森在材料中明确和隐晦地提及他时做出反应。

卡森上二年级的时候，卡尔事业停滞、婚姻失败并搬回了家。他开始定期看望卡森，并在两人在一起的日子里带他参加他的分析会谈。他每隔几周就会和我见面，我惊讶于他对儿子越来越多的投入。他的父母对他成为父亲的支持和他们对莎伦的积极关注，似乎是他向为人父亲迈出新的发展步伐的重要因素。他开始参加学校的活动，并第一次在财务上做出贡献。卡森向父亲要了一个西洋双陆棋游戏作为生日礼物，这是他们现在喜欢一起玩的游戏，与过去疏离平行的电子游戏形成了对比（也与卡尔忘了买礼物那年卡森的自恋受伤，形成了鲜明的对比）。

卡森开始问他母亲很多问题，为什么她和他父亲"离婚"。她解释说，他们从来没有结过婚。这时期她和卡尔相处得更好，能够就看望达成一致，而不像过去那样争吵。万圣节前夕，他们作为父母为了卡森一起工作的能力出现了转折点。卡尔没有像过去那样不顾莎伦对恐怖服装的反对，而是打电话给她，询问卡森要的服装是否恰当。卡森要求父亲和他一起练习运动技巧，并给他买保护装备，这样他就不用那么担心受伤了。卡森向我透露，他曾经认为他的父母会订婚，但他说，他现在知道这不会发生了。他觉得妈妈和男友可能会结婚，但希望他们快点离婚，这样他的父母就可以在一起了。莎伦很看重卡森和卡尔之间新的亲密关系，有一次当卡森对她举止失礼时，她甚至打电话给卡尔，让他来接卡森。当母子之间的关系过于紧张时，他能够扮演这个角色，这对任何父亲来说都是非常有用的。

当卡森在他的材料里引入外星人时，很明显，他对自己的过去有了新的认识。我描述说，他以前常常自称外星人，但我想到的是他妈妈怀孕期间的幻想——她怀着一个外星人。第二天，卡森说他妈妈想带一本关于外星人的书给我看。"她认为其他七岁孩子不像我关注得这么多。"我借机说，他似乎知道他的母亲曾感觉他很奇怪，认为他在某种程度上与其他孩子不同。然后，他要了一本信笺簿，并详细记录了他母亲和祖母之间的争吵。他自言自语道："我以前常有的愤怒，现在我可以控制它了。"他的想法转向他的父亲，他说："我的父亲以前经常生气，但他不再这样了。"后来，我提供了一个重构，我告诉他所有的小宝宝都会生气，但对于有的母亲来说，要知道如何帮助孩子会更困难。他小时候经常用头撞婴儿床的栏杆，这看起来很奇怪，吓坏了他的妈妈。现在他七岁了，他和他的母亲都知道，愤怒并不那么可怕，也不意味着他有问题。

与此同时，莎伦的约会也代表她迈出了新的一步。她在外面待到很晚，这引起了她和她母亲之间更多的争吵。她似乎正在向独立发挥功能和性方面迈出了几步，这是她在青春期没有完成的。她和卡森搬到了他们与莱恩太太合住的房子楼上的公寓，这是她进入成年期的一个小而重要的标志。卡森对母亲和祖母之间愤怒地争吵感到非常不安，但他能观察到她们的苦恼，并且仍然把她们爱的部分记在心里。他说，他长大后不想变成那样——也许想象着到那时他将如何成为一个男人、一名丈夫以及一位父亲。

在分析中，卡森开始抱怨母亲的约会，并且说她和某个男人在一起的时间特别长。在一次父母会谈上，莎伦告诉我，卡森表现得好像他自己就是"她的男人"，他会无礼地问她的男朋友："你为什么在这里？"一天，他眼圈红红地来参加会谈。他不想说话，但随后苦涩地抱怨说："她不再把我放在第一位了……我也不只是在重复我姥姥说的话。"我诠释了他的体验，说其他一直和父母住在一起的男孩必须弄明白他们的父母有单独的成人关系。他和妈妈在一起很长一段时间了，现在和别人分享她特别难。"她一直也是这么说的。"他说。莎伦和我确实在我们正在进行的父母工作中讨论过这一点，这样，我们三个人之间的共同理解可以在家里和在他的分析中谈论。另外，卡森和我可以谈谈自从他来到我的家庭办公室，他对我丈夫的观察，以及他认为我没有把他放在第一位的感受。

当我在卡森四岁半第一次见他时，他经常穿着一件写着"便宜出售父母"的T恤。在选择并允许她的儿子穿这件T恤时，莎伦似乎在向全世界宣告，她觉得她和卡尔作为父母的表现是多么糟糕。在他们发展进入为人父母阶段的过程中，与他们俩一起工作是一种荣幸。在这个过程中，他们为人父母的发展从"初显"到稳固，并成为他们骄傲的源泉。在与卡森的工作中，他能够利用移情以及他父母更多的可用性和理解，第一次进入俄狄浦斯阶段。在我认识他们的那段时间里，莱恩太太也成长为莎伦的母亲和卡森的祖母。我没有与卡尔的父母接触，但他们坚定不移地维持他们的儿子和他儿子之间的关系的努力是无价的。当卡森的分析结束时，他已经有了一个母亲和一个父亲，他们作为他的父母在功能上取得了很大的进步。

评论 1

我很荣幸被邀请对这个案例发表评论，并认为可以以它为"镜头"来观察治疗群体里的父母工作。一方面，这个案例对我来说具有个人意义，因为它让我想起 E. 弗曼在参观我们当地研究院时所介绍的通过父母进行工作。另一方面，该案例呈现了持续的冲突——初显期的家长如何呈现孩子与母亲早期关系中的混乱依恋。我的评论将聚焦在莎伦这位母亲在初显的父母角色中的情感调节。父母工作充满了意象和重要的内容，让读者去探索被呈现出来的许多层面。分析师首先提供了该家庭的系统概述。这样一来，读者不仅可以跟随卡森，还可以跟随他父母卡尔和莎伦为人父母的观念和发展历程，来游历发展性时间线。

为了写这篇评论，我重读了 R. 霍尔（Ruth Hall）的文章《与父母一起工作》（Working with Parents，1993）和弗曼的《幼儿和他们的母亲》。霍尔的文章描述了，伴随着父母希望分析师神奇地拥有所有答案的愿望，父母工作如何成了父母和分析师的学习经历。重要的是要质疑，父母在多大程度上感受到足够独立或希望得到分析师的照顾，去创建一个循序渐进的系统来发展性地掌握为人父母阶段。在《幼儿和他们的母亲》一书中，弗曼关于"应对攻击（Coping with Aggression）"的章节不仅探讨了对攻击的恐惧，还探讨了对母亲的攻击以及母亲的攻击。弗曼提醒我们，幼儿的攻击性是日常生活中不可缺少的一部分，并且应对攻击性是幼儿人格成长中的一项重要任务。她继续解释，在区分自体和他体（self and other）上存在适龄的困难，所以任何人的愤怒都可能是他的。这可以延伸到母子关系中的爱恨冲动。弗曼说，这往往表现为忠诚冲突的形式。在探讨父母的攻击性时，弗曼提醒读者，父母进入养育角色中时，都有他们自己在处理愤怒上的各种困难。当孩子的行为威胁或削弱了他们的自我控制时，他们有时会表现得像他们的孩子一样。

无论对与父母一起工作的临床观点如何，考虑以下任务是很重要的。第一，解释父母工作的意义和重要性，以及如何应对来自家长的一些阻抗。我好奇，在这个案例中，有多少阻力来自母亲和外祖母在分担父母角色上的困惑。第二，分析师如何处理这个家庭的动力。这将包括识别出家庭中父权–母权主导的重要性及其与儿童生活的关系。第三，建立在父母工作中的角色，以及其他帮助者是否及如何能够被识别和承认。这使得父母工作能够辨识家庭内部的权力所在，以便形成支持任何治疗建议的联盟。在这个案例中，很明显，外祖母莱恩太太在家庭中很有影响力，她的参与是很重要的。与母亲的每周会谈在分析师和父母组成的二元关系中至关重要，它为莎伦创造了一个思考和开始理解她的挑战和情感体验的空间。对母亲来说，这是情感确认的重要一步。在辅助父母的过程中，分析师似乎对母亲的不安全感很敏感，因为她非常小心地帮助莎伦认识到自己对卡森的重要性，并慢慢地从替代母亲过渡到母亲。

开始觉察似乎是确保依恋的强有力的步骤。在工作初期，母亲似乎挣扎于决定自己做父母还是让她的母亲和/或分析师承担养育的角色。分析师通过帮助这位母亲既承认她自己的角色，又承认她的攻击性和内疚感，来应对她的矛盾心理。他们认识到，她对卡森的愤怒只会加剧他的焦虑和攻击性的选择。弗曼（Furman，1995）请分析师注意，父母的攻击性会加剧孩子的攻击性。他认为，人越长大，他们的愤怒也越来越强烈，越来越危险。与此同时，还暗示着来自父母的爱的丧失和对父母的爱的丧失，以及对自己身体的爱的自我投注带来的干扰。莎伦、卡森和莱恩太太之间似乎并行着三元攻击性模式。父母工作帮助母亲了解，她的攻击性如何在不知不觉中造成了双方的分裂、绝望且虚弱。莎伦在绝望中开始思考，她为何不把自己投入她所相信的事情中。在脆弱的尽头，是她认为她没有多少价值，需要被呵护和照顾的想法。也许如此一来，莱恩太太便获得了养育卡森的控制权，但这样做也照顾了莎伦的脆弱。在他们的努力中，分裂的双方需要被同时铭记在心，以获得理解。前文的案例描述是精彩的例证，展现了分析师和母亲精细的工作：探讨莎伦在解决冲突方面的困难，以及她发展情感容纳空间的愿望。莎伦似乎终于被倾听了并且觉察到更多的信心，能够创建一个可行的二元关系。通过这样做，莎伦能够探索她自己和卡森都有一个相似的愿望——希望有一个更可用的母亲。父母工作创造了一个可用的空间，让莎伦探索成为一个母亲的现实。

　　在该案例中，我发现最吸引人的是分析师如何呈现父亲近在咫尺，却又遥不可及。在幼儿园期间，卡森开始减少对母亲的依赖，他对攻击性的使用似乎更容易被莎伦倾听并诠释，而不是反应性地加入儿子的行列。分析师允许逐渐展开的行动和讨论来塑造这一过程，这使得莎伦变得更加能觉察到卡森的需要和愿望。分析师提醒这位母亲，在这段旅程中，她并不孤单，也许卡尔现在是更可用的。母亲同意了。这也是一个例子，分析师如何识别出莎伦情绪成长的出现，并且也许卡尔也是如此。卡森开始交流他是如何思考的，是如何组织认知内容的。当分析师讨论这位父亲如何持续努力有效地调节自己的愤怒时，这种情况似乎就发生了，并且卡森能够自我激活边界，并仍然与父亲保持联系。卡森会去看望他的父亲，但选择不去过夜，除非他们在他的祖父母家。他对于他父亲攻击性的态度是一个很好的迹象，表明卡森如何平衡并调节他自己的攻击性的问题，并面对三元俄狄浦斯冲突。

　　总之，父母工作让分析师协助母亲实现对孩子如何在情感上可及，并且因此通过母亲内部冲突的解决来解决亲子二元关系中的冲突。当分析师和莎伦一起工作时，这位母亲开始识别到她是如何将自己的无助攻击性地外化的，然后又对自己被卡尔唤起的原始冲动感到后悔。我发现在帮助父母认识他们外在和内在的攻击是如何影响儿子的方面，父母工作特别有技巧。该案例是为人父母初显阶段的一个很好的例子，也展示了这种合作如何不限于与占主导地位的父母工作，还包括缓慢而耐心地创建强大的联盟，发展成为共同养育的伙伴关系。

评论 2

我是对处于危机中的人进行紧急精神评估的临床医生。我在一家城市医院的急诊部工作，工作的一部分是诊治儿童和青少年。作为未成年人，他们与一个或多个成年人相关联。我的病人大多数都属于工薪阶层或穷人。读着这个案例，"成为心理上的父母"，我吃惊于它抹除了种族的印记。所呈现的案例中存在着一个价值体系。但是，它是否来自文化、阶层还是精神分析从业者经年累月的经验，是模糊不清的。这些价值观在多大程度上是由这些起源而产生的假设、可能性以及限制所构成的，这点也是模糊的。

作为一个受过精神分析训练的白人男性从业者，我既不是社会学家，也不是文化人类学家或研究者，我只是凭借着我的智力和敏感性来回应。虽然有人可能认为这种立场是一种推定和白人特权，但我还是把它定位为我作为临床医生面对所遇到的移情和症状缓解的期望。

这个案例报告本身呈现得简洁、直接又重点清楚，既引人入胜又恰如其分。这些品质来自对一个简短案例的要求，即其论点清晰；在我看来，这也是一种试图消除可变因素的研究模式的衍生品。然而，结果是，这个案例闪烁着上面提到的模糊性，既没有对我作为读者在工作中体验到的现实做出回应，也没有说明那些指导和误导其工作的假设。虽然这个回应所突出的具体性可能看起来是毫无必要的，但是我更希望把概念和政策作为前景和核心的问题。

有效养育的术语隐含在案例讨论中。在一个关键的评论中，作者说："我们工作一开始的任务是帮助[莎伦]认识到卡森仍然多么需要她并且只要她本人。"在童年早期母子二元关系的中心地位是当代精神分析的核心原则。任何一种原因造成的扰乱都会给儿童带来复杂的后果。在这个案例中，卡尔很早就被母亲/外祖母这个二元关系排除在外。分析师使这位外祖母退出，增加了莎伦和卡森之间的依恋特异性。作者在这里讨论了当为人父母初显期叠加了成年初显期时，对这二元关系的挑战。

欧洲中心论主题的变体，即个体被赋予高于团体的价值，也贯穿于这篇文章中。个体化和分离成为心理治疗会谈的中心原则：卡森对母亲的依恋必须得到保护，矛盾的是这可以促进他与母亲的分离；莎伦对卡森的依恋被鼓励，部分是为了促进她与她自己母亲的分离。这是作者为莎伦和卡森搬到外祖母家二楼的公寓独自居住而叫好的背景。这也是作者为莎伦"在青春期没有完成的独立发挥功能和性方面"而叫好的背景。

本评论的目的不是嘲笑或贬低这些被视为成就的选择。我也不想抨击精神分析框架内的发展心理学。因为每个人都是独一无二的，必须沿着发展线在个体和团体之间做出妥协。但放眼世界，我们可以观察到个体、二元体、家庭或团体如何协商这些价值观和结构的重大文化差异。

我在城市急诊室的工作揭示了与这个病例的概念理解相关的差异。处于危机中的儿童和青少年被祖母、阿姨、曾祖母、养母、亲生母亲，有时还有父亲带到我的儿科急诊室进行精神评估。病人的养育纽带可能是祖母，也可能是抚养孩子的阿姨，那个被称为"阿姨"的人可能是血亲也可能不是。事实上，孩子甚至可能是在寄养系统之外，在一个大家庭里被几个不同成员于不同时间抚养长大。我曾在急诊室与儿童和青少年一起工作，他们有理由希望与各种血亲和非血亲的亲人生活在一起。这样的结果使得孩子"仍然需要她和只需要她一个人"的想法变得复杂。由于本文中明显的欧洲中心论文化模式，在多大程度上是分析师对这需要创造了解决方案？

鉴于我所质疑的文化模式，并且我将其定位为与发展性结构相重叠的替代，让人好奇的是，除了有一处提及之外，就没有再关注分析师在这种"家庭结构"中的作用。并且我认为，那个提及是为了捍卫个体凌驾于集体之上的欧洲中心论模式。因为分析师恐惧在事实上他们会扮演他们正试图否认的卡森生活中的祖母角色。

然而，分析师确实在扮演的重要角色被忽略了。卡森不想离开去外地过暑假。至少在某种程度上，卡森不愿与之分离的是分析师吗？即使没有取代祖母，分析师是否作为一个新客体，并且在移情中扮演替代性的母亲形象——有或没有血缘关系的阿姨、祖母、母亲因从前的性经历所生的姐姐？替代性母亲在我所服务的美国非洲裔社区中是如此普遍。如果是这样，这位分析师选择推进这个家庭和社区模型的影响是什么？

我现在想把话题转移到攻击性的考虑上。为此，我想提出一个口语维恩图（Venn diagram），因为它们相互重叠、映照：我在急诊室与儿童和青少年的工作、美国非洲裔社区的历史，以及正在讨论的案例。

正如我在开始时所说的，这个案例没有种族的印记。它所具有的是足够的模糊性，以至调动了读者的假设和刻板印象。读着这个案例，我最初觉得描述的是一个白人家庭，因为有各种各样的机会——日托、看起来容易地进入社区大学、得到分析治疗——然而，因为父亲缺席并且有一位强大的祖母，我的一名美国非洲裔同事最初认为，这个是黑人家庭。她和我讨论了许多其他"印记"，并得出结论，我们根本不知道这个家庭的种族身份。

我提出这一点是为了表达精神分析的核心价值，即尊重患者的文化、经验和选择。我和我的同事各自认为对个体至上的偏见，如果正是那些被治疗的人的文化和愿望，可能就不是一种偏见。但是，如果接受治疗的是非洲裔美国人，她和我都觉得可能有一种微妙的不一致，或是与 W.E.B. 杜波依斯（W.E.B. Dubois）提出的著名的"双重意识（double consciousness）"的勾结。也就是说，被治疗家庭的经历、愿望和期望很可能在文化上与治疗师有所不同。那么我要辨明，占主导地位的白人文化遮蔽了这些。一个美国非洲裔家庭将学会偶尔抑制文化表达和行为规范，切换到占主导地位的白人文化的沟通和文化模式。但这是有心理代价的。

话虽如此，我还是回到攻击性的问题上来。我和我的非分析取向急诊室同事有一个争论，不是如何确定诊断，而是如何确定我们"见诸行动"的患者的问题和解决方案。问题是否属于"行为"问题，即需要明确、严肃的养育方式；或者属于心理方面的问题，即通过药物治疗、住院隔离和谈话来改变更有利。

每年的劳动节*过后，学校的社会工作者、母亲、曾祖母、阿姨，有时还有父亲，都会对孩子在课堂上的不当行为提出指责，而在家里的不当行为则较少。乱扔东西、骂脏话，掀翻课桌；孩子可能跑出教室或学校；威胁自杀、尝试自杀，孩子在学校可能打了老师或别的孩子，或者在家打了父母、表亲、兄弟姐妹。就卡森而言，据说"有些日子他的行为是无法控制的"。他经常不得不很早就被接走，无法忍受学前班的基本要求。

生活在城市贫民区的母亲，因生活环境中的贫困、痛苦、暗含的歧视和暴力而被重创成受伤的、愤怒的和具有攻击性的，这导致了孩子在课堂上的这些后遗症。她与她的孩子之间的二元关系常常被误解为不协调的、好争吵的、暴力的——糟糕的养育和不良的行为，而没有被理解为心理冲突和心理动力。

相反，我们面前的这个案例围绕着攻击性的诠释往往是尖锐的。首先，作者提到莎伦："在她痛苦的时候，她会对他变得严厉和具惩罚性，或者责怪别人""卡森刚出生时的尖叫使她相信他是生而愤怒的"，而且，"通过投射自己无法忍受的攻击性和愤怒，她以牺牲与卡森的关系为代价，抽离了自己"。

但是，如所呈现的，该案例缺乏文化和历史的因素。例如，如果这个案例发生在一个美国非洲裔家庭，前面提到莎伦"对卡森的行为感到尴尬，认为这反映了她的不好"，是否会有不同的解释？在黑人父母徜徉的文化里，"控制"你的孩子是很重要的，当孩子"失控"时，他们会感到尴尬。历史根源是至关重要的：如果生活在奴隶制或吉姆·克劳主义**的儿童越过了一条有时清晰、有时模糊的界限时，他们可能会面临受到伤害的严重风险，包括被"卖掉"或

---

* 美国的劳动节为每年九月的第一个星期一。——译者注
** 英文为 Jim Crow，美国统治阶级对黑人实行种族隔离和种族歧视的一套政策和措施。——译者注

像埃米特·蒂尔*（Emmett Till）一样被谋杀。

卡森很幸运。他有母亲、外祖母，最终父亲也来支持治疗，并且至关重要的是，他们拥有社会和经济资源让他们自己和孩子接受治疗（一个阶层的标志）。如果儿童、母亲以及小家庭或大家庭身边有一个像本案例所示的那样敬业、敏感以及有能力的治疗师，他们解决冲突和创建如此微妙的内部、家庭和社群结构的机会将大大增加。然而，由于社会政策问题，当通常情况下这是不可能的时候，对许多人来说，最好的策略还是鼓励提供在不同文化范式中"足够好"的养育方式吧？

评论3

在这个精彩的报告中，分析师向我们讲述了与卡森、母亲莎伦、外祖母莱恩夫人，以及父亲卡尔的工作。我们听到她如何与这些人创建工作关系，并在讲述的过程中，我们被邀请加入关于为人父母初显期的讨论。

这项工作体现了尊重地倾听、深思熟虑地询问以及时机精准地细致指导。鉴于本章将有多种回应，我将重点讨论准父亲的身份，以及当父亲不遵循更传统的时间进程持续共同参与父母的发展和家庭的发展时，支持和促进父亲参与的选择。

几年前，我报告了在一家儿童医院的新生儿重症监护病房和我们为追踪他们（包括婴儿和父母）而创建的随访门诊中进行的一项研究。①这项工作的要点是，在怀孕的已婚夫妇中，男性经历了包括一些阶段和时期的道路，这些阶段和时期概括了我以及其他人所说的，为人父亲的发展性道路的各个方面。我们

---

* 由于与白人女孩谈话而被谋杀的黑人男青少年。——译者注

① 这些研究的参考文献可在本卷的参考文献部分找到。

在这项研究中的焦点是由临床指导的。我们试图理解有时随着孩子早产而表现出来的严重的夫妻关系紧张，以及对于其配偶来说新手父亲似乎是竞争性的，而不是合作性和支持性的。我们还感兴趣的是这位新父亲对照顾他婴儿的护士的感受。他对她往往比对妻子更加友善。我们的结论以数据为中心，这些数据表明，男性需要将他们在养育中更多的母性认同转变为父性认同，并且这通常直到早产的孩子接近足月的时候才会发生。至少在情感上远离婚姻伴侣，且与护士创建新的联盟，似乎与男性在成为父母的发展上过早的中断有关。

在我们对这些家庭的后续随访中，很明显，对于诸如照顾的发展线这样的通则性概念，总是需要在关注具体案例时才会得到更充分的理解。更多的情况发生在那些在早产后与妻子竞争和指责妻子的男人身上，这可能与他们自己的童年和父亲的行为有关。在有压力时离开关系的历史是一个突出的特征。在孩子提前到来之前，父母的伴侣关系中似乎也有许多未解决的问题。还有一些迹象表明，母亲的抑郁可能是某些这类怀孕案例的特征之一。

在另一项研究中，我描述了在一所公立学校与一群青春期男孩进行的关于性和亲密关系的研究。再一次，为了建立共同特征，我们清晰阐述了这些青少年的性活动，这些性活动被描述为宣示性的、娱乐互动性的、生殖性的、成为父母的和整合性的。让青春期的男孩在团体中分享他们对性的幻想和想法不是一件容易的事，但我们尽了最大努力让这一切成为可能。这往往被群体之外发生的事情所推动：意外怀孕、堕胎，以为已经堕胎了但得知还没有堕胎时的反应；一名团体成员带来了他两岁的孩子然后管教他；一名团体成员害羞地透露，他未婚的妹妹有一个孩子，他和孩子非常亲密，并分享了他对这件事和对小男孩的感觉；每个男孩和自己父母的互动。

这些事件中的每一个都引起了团体成员的许多评论，这证明了思考他们对性活动的想法成果斐然。各种性活动所浮现的最重要的方面是我们所说的生殖能力和成为父母间的区别。这些男孩经常想生一个孩子，但很少有人想到要照顾孩子或孩子的母亲。这更多的是宣示性的，表明他有生育能力，甚至只是代表欢娱后的代价。"你搞大的，你负责，除非她打掉孩子或你一走了之。"一个团体成员说。其他许多人表示同意，尽管伴随着一系列的情感。谈话几乎从来不是以道德、伦理或宗教教义为中心，而是实事求是地谈论这个看似矛盾的问题：生孩子很酷，但想成为一名真正的父亲则完全是另一回事。我们称这组态度为生殖性性交，并将其与成为父母的性交区分开来。在我们的研究中，除了一名处于恋爱中的团体成员为未来制订了重大规划，其中包括在遥远的将来会有孩子，此外，没有发现成为父母的性交。

这些男孩处在非正式的关系中。除了一个例外，其余的人没有想过要结婚，也没有想过要组建家庭。似乎力比多和攻击性的驱力和情感在他们的性活动中是完全不整合的，而且某种程度上是混乱的。由于关于男性照顾的发展线的早期工作来自早产婴儿父亲的样本，并且我们假设在怀孕期间包括性、攻击性和自恋成分都在被整理以试图达成一个一致性的整体，所以遇到这一系列仍然比较早期的类似力量也就不足为奇了。

随着这两项工作和之后在儿童-父母-家庭发展诊所，还有儿童医院的努力，我们阐明了一个假设：带着所有这些个体的过去、倾向以及障碍，成为父亲最佳的发展在于三元环境，即父母彼此的关系，以及父母各自与孩子的关系。在这样的环境中，冲动与防御、风格与脆弱性可以被父母双方观察、追踪以及检视，并且孩子可以最理想地被视为他/她自己本身，并因此在成长中带着最小可能的致病性扭曲。我们还观察到，在我们每个家庭中，成为父亲（和成为母亲）是随着时间的推移而演变的。某种程度上，实践可能有助于改进，关于哪些是可行的和哪些是不可行的经验也能被考虑。所有这些观察结果都来自双亲家庭的大量样本。在我们最初的样本中，所有这些家庭都是由一名母亲和一名父亲组成的。

后来的研究工作在由父母双方组成的家庭中进行，首先是一个孩子，然后是两个孩子。我们报告了在父母一方在场的情况下，父母另一方可用的不同方式，这一不同方式也可能优化孩子的体验世界，并在内部表征世界中赋予更大的游戏能力。这项工作已被广泛复制，它强调了父亲的游戏风格及其在适应变换时的作用，以及攻击性行为和相关情感状态的调节和组织。也有评论指出，这可能与任何家庭系统的角色分工有关，而不只是在有母亲功能时发挥父亲功能。这一重要区别旨在反驳我们的假设，即当母亲和父亲都在场时，父母不同的偏好存在着性别特有的成分。到目前为止，除了有大量临床报告的支持，还没有研究证明这一公理。

最后，作为回应，我想提及一点，在我以及关系紧密的同行的分析经验中，我们观察到了这个分析师所报告的与卡森工作的多个例子。当孩子的分析开始后，他或她，更准确地说，分析促进了缺席的父亲回归更积极的角色。这一现象在其他多份儿童分析工作报告中是很明显的。这几乎就像孩子和分析师，作为分析中的一对二元组合能够向父亲发出一种邀请。这几乎总是表现为孩子具有先见之明的观察：与母亲一起生活的方式与父亲的回归是相关的，以及以何种方式相关。卡森早期的攻击性问题促成了最初的转介。这位分析师耐心而巧妙地帮助他的母亲在场，帮助他的外祖母理解他对母亲的需要，并最终帮助卡森开始分析。卡森也需要他父亲的帮助。以这种方式，这些力量最优化地引发了分析师和被分析者欣然接受父亲更积极的参与，并且事实上，他成了卡森所需要的父亲。

主编反思

本章强调了为人父母发展阶段的几个重要方面。我们了解到尊重父母角色的重要性，无论父母最初对这个角色有多不接受或者感到多不舒服。治疗师也面临着处理朝向儿童的以及他生活中成年人的攻击性的挑战。这会对治疗师产生强大的影响，导致他们可能会对父母感到愤怒，或者防御性地站在父母一边，只关注孩子的挑衅行为。任何家庭成员的愤怒都会引发愤怒不断增加的自我延续的循环，最后只能通过一些暴力行为来结束。分析师必须首先涵容自己的愤怒，然后帮助大人和孩子涵容他们自己的。

"涵容（containment）"是一个需要拆解的概念——针对家庭成员内部以及家庭成员之间的愤怒的多重功能，这个案例以及评论向我们指出了一个更复杂的理解。我们还了解到，在这一领域，分析师必须同时面对多个方向，帮助父母接受和涵容孩子以及他们自己的攻击性，此外还要努力感知并接受多个人的攻击性。然后，治疗师不得不处理自己对敌意的反应及其在家庭成员中的影响。评论者认为，随着家庭每一代人的发展和变化，家庭的价值观和治疗师的价值观都很重要；可以在每个人如何处理愤怒的改变中跟踪渴望和被支持的成长之间的交集。

我们还对父亲和母亲的生殖和养育之间、生孩子和养育孩子之间进行了重要区分（Herzog，1979，1984；K. Novick，1988）。莎伦、卡尔和卡森的故事说明，为了孩子的茁壮成长，这些链条需要合并和整合，以便在为人父母阶段进行巩固，并作为父母有效地发挥作用。这使我们想到父母对孩子治疗的发展性体验。

从技术上讲，我们重新认识到在努力实现治疗目标的背景下，在满足儿童世界中所有重要人物的需求上，灵活性是很重要的。这有助于我们在方法学的宽泛谱系上重新定义"父母工作"，包括在这种情况下谁是重要的，同时始终牢记核心重点是恢复儿童向前发展和恢复亲子关系到最具变革性的可能性。卡森的个体分析对他的成长是必要的。然而，本章也再次让我们理解治疗的双重目标。儿童的稳步发展不能在真空中进行，而是取决于照顾者和父母支持开放系统运作的能力，了解不适应的模式及其深层根源，接受现实，涵容和调节攻击，并与原初父母的爱相联结。卡森的父母知道了他们的重要性，并得到帮助来应对这种情况。

本章还提出了，也许是本书中最生动的，关于所有主要参与者的文化和背景对目标、价值观、期望、关系模式和动力的影响的问题。当我们让父母和其他家庭成员参与治疗时，我们远远超出了传统或理论上只关注儿童的心理表征性景观，而必须考虑到其他心理体系。这是对治疗师的挑战，也代表了父母工作的潜在隐患之一。

关注作为一个发展阶段的为人父母时期，使我们能够跟踪父母双方在为人父母的各个子阶段的运作。在完成治疗联盟的任务时，我们促进父母在为人父母各个阶段的进步，从为人父母的能力到接受自己作为心理父母的角色，再到与自己的父母保持积极的联系，同时在生理和心理上过着独立的生活。

第十五章

总结和未来方向

在第一章的导言中,我们说本书的目标是收集与父母实际工作的例子。当我们邀请同行分享他们的临床工作时,我们意外收集到了广泛的样本。从人口学上看,患者的年龄从四岁到二十六岁不等,大约有一半男孩和一半女孩,也有很好的青少年个案;家庭结构的种类很多(单亲、离异父母、养父母、同性父母、非常年轻的父母、移民父母等);这些孩子被分为许多诊断类别,大多数父母似乎比接受个体治疗的成人群体表现出更多困难。临床案例和评论的贡献者在各种各样的临床设置中工作,为我们带来了临床工作的许多领域,以及不同的培训背景和理论取向的经验。

我们决定展示做父母工作的现实情况:困难程度,挑战是什么,人们如何迎接这些挑战,有时能成功地使这些努力变得有效和获得回报的因素是什么,即使付出了巨大努力也无法奏效的因素又是什么,隐患、技术和它们的理论依据,以及和父母一起或不一起工作对分析师、患者和父母的影响。我们希望利用这些材料来挑战、改进和进一步阐述一个不断发展的父母工作模型。

在本章中,我们将思考过去二十年来发展起来的父母工作模型的特定元素,并看看本书中描述的工作如何改进、阐述、反驳、重新定向,或挑战各种假设和发现。

我们学到了什么？

首先，让我们面对一个基本问题：儿童和青少年的治疗是否应该包括与父母工作？

大多数儿童治疗案例都过早地结束，青少年案例则更不稳定（Novick, J. & Novick, K.K.; 2006）。大部分的过早结束发生在治疗过程的早期，通常是在计划和推荐治疗方案的时候（Novick, K.K. & Novick, J.; 2005）。在本书的案例中，尽管大多数父母都有明显的困扰，但只有一个案例提前结束——一名必须住院的青少年。尽管有些案例的结束时间比分析师原本希望的要早，但其余十四个案例能够维持长期的治疗，并取得显著的效果。如果将父母工作纳入儿童治疗的原因之一是对孩子的个体治疗有实际支持，我们便认为基本问题得到了肯定回答——与父母一起工作确实能使治疗奏效。

即使接受与儿童患者的父母工作，许多同行由于对发展性和动力性的考虑，对于与青少年患者的父母工作抱有不同看法。对父母工作最明确的担忧之一是相信这样青少年会把分析师当作父母的代理人，治疗内容无法得到保密，因此移情会受到污染。

然而，本书中的案例并没有提供任何证据，表明儿童或青少年会焦虑，担心治疗师可能背叛他们。父母和青少年都对秘密和隐私之间的区别感到放心，并对分析师将定期与父母会面以"帮助他们做父母"感到解脱。这一发现证实了先前的一项研究，年龄较大的青少年因为治疗师会优先考虑他们的治疗需求而感到解脱和信任（Novick, K.K. & Novick, J.; 2013）。

我们还从本书的集体经验和评论中学到了什么？从这里我们要去往何处？我们更详细地描述了父母工作实际上是什么样子的，它唤起了治疗师的什么，以及这如何挑战治疗师。我们发现，即使治疗师在理论层面认同父母工作模型，但治疗师的内在障碍会导致其无法充分利用模型的实际意义。

罗森鲍姆（Rosenbaum，1994）是首批描述在评估儿童是否需要治疗时，评估父母的必要性的人物之一。他试图预测父母功能上的困难，这些困难可能会干扰他们去理解并接受一个可行的和解决问题的治疗方案。罗伯特和弗曼以及他们在汉娜·帕金斯中心的同事[①]、奥尔特曼（Altman，2004）、埃奇库姆（2000）和其他人都对关于父母工作的稀少的文献做出了贡献。在一系列开创性论文和一本书中，诺维克夫妇详细研究了这个想法，并阐述了一个模型，该模型构成了本书的重要背景。[②]

所有这些作者还将治疗师的动机、心态、反应和感受的各个方面视为开始和维持儿童或青少年治疗的潜在障碍。所有儿童分析师在父母工作中呈现的内在阻力之一，是倾向于只关注作为患者的儿童或青少年。如果有人认为精神分析只涉及内心世界，那么病人是单一的，我们有限的关注将儿童与人、社区和文化的环境隔离开来。如果孩子是唯一与我们结盟的患者，那么对父母的许多感觉就会发挥作用。我们可以感受到竞争、挑剔、评判。

但如果我们将亲子关系视为治疗工作的正当对象，把自己转移到思考那些承担育儿功能的父母身上，就像我们对成人个体患者的思考一样，我们就会采取不同的立场。我们会调动中立性并中止评判，对他们尊重、同情、共情，并容忍困难和病理。这反过来又影响了我们随后采用的技术，我们必须利用所有对个体成人患者使用的相同的干预手段。

我们从本书的撰稿者那里学到的，正如安娜·弗洛伊德经常告诉我们的那样：当分析师维系着与父母的工作时，与所有的家庭成员保持同样的距离是多么的困难。所有从事临床工作的作者总会在某一节点上体会到他们的强烈情感、沮丧、愤怒、悲伤、无助、拯救幻想、无知、绝望，以及有时候对自己或

[①] 见《儿童分析：临床、理论和应用》（*Child Analysis: Clinical, Theoretical, and Applied*），还有 E. 弗曼和 R. 弗曼的众多文章，可以通过汉娜·帕金斯中心获得。

[②] Novick, J. and Novick, K.K. 2000, 2002; Novick, K.K. and Novick, J. 2000a, 2002a, 2005, 2013, 2014; Dowling, S. et al 2013.

孩子的恐惧。即便是在庆祝合作和改变的时刻，临床案例的作者和评论者都对不可避免地陷入移情/反移情活现的纠葛中进行了懊悔的反思。

正如一般的治疗关系不仅包括移情和反移情一样，父母和治疗师之间也有着更接近当前现实的力量在起作用。更甚于成人个体的治疗工作，那些想把孩子托付给我们的父母会把我们作为真实的人来评判。正如我们在一些案例中所看到的那样，他们的不信任可能有病态的根源，也可能最终导致治疗上的严重困难，但这也可以是他们适当照顾和关心孩子福祉的证据。我们的自尊和其他人一样脆弱，在被评判时感到难受，就像父母感觉到我们在评价他们的时候那么难受。我们的几位撰稿者都表示，在父母出人意料地对抗时，他们感到惊讶或沮丧，并由于被蒙蔽、漠视或诋毁而感到受伤。我们重新认识到包括父母工作在内的儿童和青少年治疗所需要的力量、情感肌肉和耐力。

治疗师的内在障碍的主要表现之一，是在最初的探索阶段没有花足够的时间与父母建立稳固的治疗联盟。在这本书的每一章中，我们都会听到关于与父母建立联盟的各式各样的挑战。这个主题既响亮又清晰。也许这本书最强烈的信息是召唤人们关注这一重要元素，这意味着要抵御父母和转介人寻求即时答案，以把他们从严重的痛苦中营救出来的压力。除非双方有合作性的工作关系，否则分析师和父母将无法经受孩子的治疗过程中不可避免的困难；他们需要一个建立在知识和转化的基础上的治疗联盟，这个联盟随着时间的推移会促进信任，能从理解和洞见中获得缓解和驾驭的体验，并包含联合工作。

我们从先前的经验中得知，这需要时间。关系不是在一两次会谈中建立的。只有在关系的情境下，通过分享获得洞见的体验，通过发起各种转化，才能完成联盟的建立，而最基本的转化可能是接触到原初的父母之爱。这就开始了一项长期的工作：帮助父母重构他们与孩子的关系，从利用孩子满足自己的心理需求，到变成将孩子视为一个独立的人，现实地投注父母的爱和关怀。这些初始的努力必须在最初的探索期内进行，然后才能提出治疗建议并开始治疗。父母和治疗师必须就治疗的双重目标达成一致。

我们在本书中引入的父母工作模型的根本贡献之一，是任何儿童或青少年治疗都有双重目标：

- 使儿童回到发展前进的道路上；
- 修复亲子关系，使之成为双方的终身资源。

双重目标是建立治疗联盟的基础，激励父母与分析师合作，并允许分析师使用所有技能。对所有治疗的双重目标的承诺，促使我们更加关注父母和孩子之间在动力上和实际上正在发生什么。

这可能促进我们对有争议和困难的问题的理解和处理，例如治疗情境中的保密。从思考本书相关材料和问题所获得的洞见，让我们尊重思想和情感的基本隐私权，同时也使得以积极的方式对秘密进行分析变得更加直截了当。秘密的内容可以有效地与秘密的效果分开。

有时候治疗师表现得好像他们没有权利对父母说任何事情，因为父母不是患者。通常治疗师会有一种有意识的恐惧，担心父母不高兴而结束孩子的治疗。正如一位治疗师所报告的，这可能是把对无性别的全能母亲（pregendered Ur-mother）的移情投放在母亲身上，认为她对包括治疗师在内的所有人拥有决定生死的绝对权力。治疗师独自承受着一个秘密或者所见之事的重担，比如母亲的严重崩溃，但是感觉无法与另一位家长分享，或者无法直接地、治疗性地处理情绪失调的父母。同样重要的是确认孩子感知到父母一方或另一方有某种"怪异"，或者觉察到孩子对他们所看到和感知到的东西进行防御，并对此进行工作，特别是置换的防御出现在治疗中时。在青少年的工作中更是如此，可能被视为移情的实际上是一种置换，本来是母亲的不安和恐慌带来的强大迫害感，被置换到了治疗情境中，因而治疗师被体验为把患者送进寒冬里的迫害者。

当我们完全接受双重目标的理念时，我们意识到与青少年父母合作的前提，是青少年和父母的目标是将他们的关系转化为一种将继续成为所有人的资源的关系。这也意味着尽可能让父亲参与工作，即使遇到阻碍时，仍然积极地把他们放在心中。这在本书的所有案例中都很重要。

本书的材料重新设定了双重目标的概念，以一种新的方式将其纳入关于生命周期的精神分析的情境中。在本书中，我们参考了父母－婴儿心理治疗，并检视了从学龄前到成年早期的患者。这促使我们思考父母工作在整个生命周期中的作用，思考我们是否以及如何提高我们对内部父母表征的运作、内化的父母功能，以及真实的父母对所有年龄段患者的作用的临床意识。本书中所描述的与年龄较大的青少年和成年早期的成人的父母的有效工作，引导我们思考如何将这些技术和理念应用到与成人的工作中。这将是建立全生命周期分析的进一步步骤，通过综合干预来实施，或将作为精神分析培训和实践的一个可能的未来方向。

诺维克夫妇之前关于父母工作的书以关于"父母工作在成人治疗中的应用"的章节结束（Novick, K.K. & Novick, J.; 2005）。在那一章中，他们对两者进行了比较，除了其他相似之处，他们还写到在治疗成人时要记住成年患者的伴侣。与孩子或青少年患者的父母一样，重要他人可能变得嫉妒、敌对，并且通常会给继续治疗制造障碍。成年患者可能会见诸行动，制造出一个同胞情境（sibling situation），让伴侣感到被排除在外，受到分析师的批评和评判，然后患者"不得不停止治疗"，因为伴侣非常生气。

分析工作的一个成就是患者能够现实地将自己的父母视为有优点和缺点的全人，转向一个不那么需要满足需求的立场，更加全面地投注于真实的人，这有别于仅仅从内部意象或幻想结构而产生的移情。这一发展途径并不局限于儿童和青少年患者；它在成功的成人治疗中起着强有力的作用。同样，我们寻求去增长患者在治疗之外的重要关系的力量，这些关系将支持他们，并帮助他们在一生中满足合理的人类需求。这种进步势头是所有年龄段患者开始结束治疗的标准，直接源于分析师对患者重要关系的关注。与儿童和青少年患者的父母一起工作会影响我们如何与成人患者一起工作，提高我们对他们生活的各个领域中父母维度的意识，包括将他们自己作为父母的功能纳入治疗中。

从本书撰稿者所描述的经历中，我们得到了一个强有力的经验：当我们与孩子或青少年进行个体治疗的同时进行同步父母工作，我们也会改变。我们的概念和理论会受到挑战；我们的情感范围会被拉伸和扩大；我们的技术储备势必变得更加灵活，对患者及其父母的动力变化更能做出反应。我们也拥有了发展性的体验。

不管这项工作是如何设置的，我们基于新的认识得出的结论是：关键的议题是将父母保留在临床环境中。我们希望本书慷慨的撰稿者的经验能激励其他同行和学生，将父母工作纳入治疗计划里，与彼此分享这项工作的快乐和磨难，以进一步完善技术和理念，并在我们的临床干预手段中确立父母工作的正当地位。

参考文献

Ainsworth, M. (1985). Patterns of attachment. *Journal of Clinical Psychology* 38(2): 27–29.

Ainsworth, M. (1991). Attachments and other affectional bonds across the life cycle. In *Attachment Across the Life Cycle*, ed. C. M. Parkes & J. Stevenson. New York: Tavistock/Routledge.

Ainsworth, M., Bell, S. M., & Stayton, D. J. (1991). Infant-mother attachment and social development: "Socialisation" as a product of reciprocal responsiveness to signals. In *Becoming a Person: Child Development in Social Context 1*, ed. M. Woodhead & R. Carr. Florence: Taylor & Francis/Routledge.

Altman, N. (2004). Child psychotherapy: Converging traditions. *Journal of Child Psychotherapy* 30(2): 189–206.

Altman, N., Briggs, R., Frankel, J., Gensler, D., & Pantone, P. (2002).*Relational Child Psychotherapy*. New York: Other Press.

Arnett, J. (2014). *Emerging Adulthood: The Winding Road from Late Teens Through the Twenties*. 2nd ed. Oxford: Oxford University Press.

Benedek, T. (1959). Parenthood as a developmental phase—A contribution to the libido theory. *Journal of the American Psychoanalytic Association* 7: 389-417.

Bettelheim, B. (1967). *The empty fortress: Infantile Autism and the Birth of the Self*. Oxford: Free Press of Glencoe.

Bion, W. R. (1970). *Attention and Interpretation*. London: Tavistock.

Blake, P. (2008). *Child and Adolescent Psychotherapy*. London: Karnac Books.

Bleger J. (1966). *Psicoigiene e psicologia istituzionale. Psicoanalisi applicata agli individui, ai gruppi e alle istituzioni*. Trad. it., Molfetta: La Meridiana, 2011.

Bowlby, J. (1969). *Attachment and Loss*. London: Pimlico.

Bründl, P. & Kogan, I. (2005): *Kindheit jenseits von Trauma und Fremdheit: Psychoanalytische Erkundigungen von Migrations-schicksalen im Kindes-und Jugendalter*. Frankfurt am Main: Brandes & Apsel.

Davids, J., Green, V., Joyce, A., & McLean, D. (2017). Revised provisional Diagnostic Profile: 2006. *Journal of Infant, Child, and Adolescent Psychotherapy* 16: 149–157.

Dowling, S., Lament, C., Novick, K.K., & Novick, J. (2013). Dialogue with the Novicks. *Psychoanalytic Study of the Child* 67: 137–145.

Edgcumbe, R. (2000). *Anna Freud: A View of Development, Disturbance, and Therapeutic Techniques*. London and Philadelphia: Routledge.

Engel, G. L., Reichsman, F.K., & Viederman, M. (1979). Monica: A 25- year longitudinal study of the consequences of trauma in infancy. *Journal of the American Psychoanalytic Association* 27(1): 107–126.

Erikson, E. H. (1980). On the generational cycle, an Address. *International Journal of Psycho-Analysis* 61: 213–223.

Evans-Pritchard, E. E. (1940). *The Nuer, A Description of the Modes, Livelihood and Political Institutions of a Nilotic People*. Oxford: Clarendon Press.

Ferenczi, S. (1949). Confusion of the tongues between the adults and the child—(the language of tenderness and of passion). *International Journal of Psycho-Analysis* 30: 225–230.

Fischer, G. & Riederesser, P. (1998). *Lehrbuch der Traumatologie*. München: UTB.

Fonagy, P., Moran, G.S., Edgcumbe, R., Kennedy, H., & Target, M. (1993). Theroles of mental representations and mental processes in therapeutic action. *Psychoanalytic Study of the Child* 48: 9–48.

Fonagy, P., & Target, M. (1996). Playing with reality: I. Theory of mind and the normal development of psychic reality. *International Journal of Psychoanalysis* 77: 217–233.

Fonagy, P., & Target, M. (1997). Attachment and reflective function: Their role in self-organization. *Developmental Psychopathology* 9: 679–900.

Freud, A. (1965). *Normality and Pathology in Childhood: Assessments of Development. Writings* 6. New York: International Universities Press.

Freud, A. (1970). Problems of termination in child analysis. *Writings* 7. New York: International Universities Press: 3–21.

Freud, S. (1892). Letter from Freud to Fliess, December 18, 1892. In *The Complete Letters of Sigmund Freud to Wilhelm Fliess, 1887–1904*, ed. J. M. Masson. Cambridge, MA: Belknap Press, pp. 36–37.

Freud, S. (1895). Project for a scientifi psychology. *Standard Edition* 1.

Freud, S. (1901). The Psychopathology of Everyday Life. Standard Edition 6.

Freud, S. (1905). Three essays on the theory of sexuality. *Standard Edition* 7: 130–243.

Furman, E. (1969). Treatment via the mother. In *The Therapeutic Nursery School*, ed. R. Furman, & A. Katan. New York: International Universities Press, pp. 64–123.

Furman, E. (1982). Mothers have to be there to be left. *Psychoanalytic Study of the Child* 37: 15–28.

Furman, E. (1992). *Toddlers and Their Mothers*. New Haven, CT: Yale University Press.

Furman, E. (1995). On working with and through the parents in child therapy. *Child Analysis: Clinical, Theoretical, and Applied* 6: 21–42.

Furman, R. (1995). Some aspects of the analyst-analysand relationship. *Child Analysis:Clinical, Theoretical, and Applied* 6: 106–127.

Furman, R. & Katan, A. (1969). *The Therapeutic Nursery School*. New York: International Universities Press.

George, C., Kaplan, N., & Main, M. (1985). The Adult Attachment Interview. Unpublished manuscript, University of California at Berkeley.

Green, A. (1973). Th negative capability—A critical review. *International Journal of Psycho-Analysis* 54: 115–119

Green, V. and Joyce, A. (2017). Revised Diagnostic Profile 2016: Revisions, rationale, and further thoughts. *Journal of Infant, Child, and Adolescent Psychotherapy* 16: 138–148.

Greenspan, S.I., & Shanker, S.G. (2004). *The First Idea: How Symbols, Language and Intelligence Evolved from Our Primate Ancestors to Modern Humans*. Cambridge MA: Da Capo Press.

Hall, R. (1993). Working with parents. *Child Analysis: Clinical, The oretical, and Applied* 4: 62–74.

Hart, O., & Horst, R. (1989). The dissociation theory of Pierre Janet. *Journal of Traumatic Stress* 2: 397–412.

Herzog, J. M. (1979). Patterns of expectant fatherhood. *Dialogue: A Journal of Psychoanalytic Perspectives* 301: 55–67.

Herzog, J.M. (1984). Boys who make babies. In *Adolescent Parenthood Spectrum*, ed. M. Sugar. New York: Wiley, pp. 65–77.

Herzog, J.M. (2004). Father hunger: Explorations with adults and children.Hillsdale, NJ: Analytic Press.

Jacobs, L. (2006). Parent-centered work: A relational shift in child treatment. *Journal of Infant, Child, and Adolescent Psychotherapy* 5 (2): 226–239.

Kanner, L. (1949). Problems of nosology and psychodynamics in early childhood autism. *American Journal of Orthopsychiatry* 19 (3): 416–23.

Klein, M. (1932). *The Psycho-Analysis of Children*. London: The Hogarth Press.

Klein, M. (1937). Love, guilt and reparation. In *Love, Guilt, Reparation and Other Works*. London: Hogarth, 1975, pp. 306–343.

Lane R.D. (2018). From reconstruction to construction: The power of corrective emotional experiences in memory reconsolidation and enduring change. *Journal of the American Psychoanalytic Association* 66: 507–516.

Lane R.D., Ryan, L., Nadel, L., & Greenberg L. (2015). Memory reconsolidation, emotional arousal and the process of change in psychotherapy: New insights from brain science. *Behavioral and Brain Sciences* 38:1–19.

Laplanche, J. (1997). The theory of seduction and the problem of the other.*International Journal of Psycho-Analysis* 78: 653–666.

Levy-Warren, M.H. (2005). To weep, to laugh, to mourn, to dance: Key factors for therapeutic change in the clinical exchange with an adolescent girl. *Journal of Infant, Child, and Adolescent Psychotherapy* 4(4): 351–372.

Levy-Warren, M.H. (2018). What does it mean to think developmentally in doing clinical work? *Journal of Child and Adolescent Psychotherapy* 17 (2): 84–89.

Liberman, A. F., & Van Horn, P. J. (2008). *Psychotherapy with Infants and Young Children: Repairing the Effects of Stress and Trauma on Early Attachment.* New York: Guilford Press.

Main, M., Kaplan, N., & Cassidy, J. (1985). Security in infancy, childhood, and adulthood: A move to the level of representation. *Monographs of the Society for Research in Child Development, 50* (1–2), 66–104.

Malinowski, B. (1929). *The Sexual Life of Savages in North-western Melanesia:An Ethnographic Account of Courtship, Marriage and Family Life Among the Natives of the Trobriand Islands, British New Guinea.* New York: Halcyon House.

Marquardt, E. (2005). *Between Two Worlds: The Inner Lives of Children of Divorce.* New York: Crown Publishing Group/Random House.

Matte-Blanco, I. (1959). Expression in symbolic logic of the characteristics of the system ucs or the logic of the system ucs. *International Journal of Psycho-Analysis* 40: 1–5.

Master, J. (2018). Eating Disorders: A Manifestation of Insecure Attachments to Primary Caregiver(s) in Early Childhood. PsyD dissertation, The Chicago School of Professional Psychology.

Mead, M. (1928). *Coming of Age in Samoa: A Psychological Study of Primitive Youth for Western Civilization.* New York: William Morrow & Co.

Meltzer D. (1973). Adolescent psychoanalytical theory. In *Adolescence by M. Harris-D. Meltzer.* London: Melanie Klein Trust.

Morgan, M. (2010). Unconscious beliefs about being a couple. *Fort Da* 16(1): 36–55.

Novick, J. (1980). Negative therapeutic motivation and negative therapeutic alliance. *Psychoanalytic Study of the Child* 35: 299–320.

Novick, J. & Novick, K.K. (2000). Parent work in analysis: Children, adolescents, and adults. Part One: The evaluation phase. *Journal of Infant, Child and Adolescent Psychotherapy* 1 (4): 55–77.

Novick, J. & Novick, K.K. (2002a). Parent work in analysis: Children, adolescents, and adults. Part Three: Middle and pretermination phases. *Journal of Infant, Child and Adolescent Psychotherapy* 2 (2): 17–41.

Novick, J. and Novick, K.K. (2006). *Good Goodbyes: Knowing How to End in Psychoanalysis and Psychotherapy.* Lanham MD: Aronson, Rowman and Littlefield.

Novick, J. & Novick, K.K. (2008). Expanding the domain: Privacy, secrecy and confidentiality. *Annual of Psychoanalysis* 36/37: 145–160.

Novick, J. & Novick, K.K. (2012). Emotional muscle in therapists—A strengths-based learning model for treatment. *Bulletin of the Michigan Psychoanalytic Council* 8: 3–23.

Novick, J. & Novick, K. K. (2016) *Freedom to Choose: Two Systems of Self- Regulation.* Astoria, NY:

International Psychoanalytic Books.

Novick, K.K. & Novick, J. (2002). Parent work in analysis. Children, adolescents, and adults. Part Two: Recommendation, beginning, and middle phases of treatment. *Journal of Infant, Child and Adolescent Psychotherapy* 2 (1): 1–27.

Novick, K.K. & Novick, J. (2005). *Working with Parents Makes Therapy Work.* Lanham MD: Rowman & Littlefield.

Novick, K.K. & Novick, J. (2013). Concurrent Work with Parents of Adolescent Patients. *Psychoanalytic Study of the Child* 67: 103–136.

Novick, K.K. and Novick, J. (2014). Psychoanalysis and child rearing. *Psychoanalytic Inquiry* 34: 440–451.

Novick, K.K. (1988). Childbearing and child-rearing. *Psychoanalytic Inquiry* 8 (2): 252–260.

Rizzolo, G.S. (2019). The life cycle (without regression). *Psychoanalytic Study of the Child* 72: 207–227.

Rosenbaum, A.L. (1994). The assessment of parental functioning: A critical process in the evaluation of children for psychoanalysis. *Psychoanalytic Quarterly* 63: 466–490.

Rustin, M.E. (1998). Dialogues with parents. *Journal of Child Psychotherapy* 24(2): 233–252.

Sandler, J. (1986). Reality and the stabilizing function of unconscious fantasy. *Bulletin of the Anna Freud Centre* 3: 177–194.

Sandler, J. (1989). Guilt and Internal Object Relationships. *Bulletin of the Anna Freud Centre* 12(4): 297–307.

Schafer, R. (1980). Action language and the psychology of the self. *Annual of Psychoanalysis* 8: 83–92.

Scharff, D. E., Losso, R., & Setton, L. (2017). Pichon Rivière's psychoanalytic contributions: Some comparisons with object relations and modern developments in psychoanalysis. *International Journal of Psycho-Analysis* 98(1): 129–143.

Schmukler, A., Atkeson, P., Keable, H., Dahl, K. (2012). *Ethical Practice in Child and Adolescent Analysis and Psychotherapy.* New York: Aronson.

Slade, A. (2008). The move from categories to process: Attachment phenomena and clinical evaluation. *New Directions in Psychotherapy and Relational Psychoanalysis* 2 (1): 89–105.

Spitz, R.A. (1945). Hospitalism—An inquiry into the genesis of psychiatric conditions in early childhood. *Psychoanalytic Study of the Child* 1: 53–74.

Steele, H., & Steele, M. (2008). On the origins of reflective functioning. In *Mentalization: Theoretical Considerations, Research Findings, and Clinical Implications,* ed. F. Busch. New York: Analytic Press, pp. 133–156.

Stern, D. (1985): *The Interpersonal World of The Infant. A View from Psychoanalysis and Developmental Psychology.* New York: Basic Books.

Whitefield, C., & Midgley, N. (2015). 'And when you were a child?': How therapists working with parents alongside individual child psychotherapy bring the past into their work. *Journal of Child Psychotherapy* 41(3): 272–292.

Winnicott, D.W. (1958). *Collected Papers: Through Pediatrics to Psycho- Analysis*. New York: Basic Books.

Winnicott, D.W. (1965). *The Maturational Processes and the Facilitating Environment. Studies in the Theory of Emotional Development*. New York: International Universities Press.

Winnicott, D.W. (1969). The use of an object. *International Journal of Psycho- Analysis* 50: 711–716.

Winnicott, D.W. (1971). *Playing and Reality*. London: Routledge.